U0252260

智能科学技术著作丛书

增强学习与近似动态规划

徐 昕 著

科学出版社

北 京

内 容 简 介

　　本书对增强学习与近似动态规划的理论、算法及应用进行了深入研究和论述。主要内容包括：求解 Markov 链学习预测问题的时域差值学习算法和理论，求解连续空间 Markov 决策问题的梯度增强学习算法以及进化-梯度混合增强学习算法，基于核的近似动态规划算法，增强学习在移动机器人导航与控制中的应用等。本书是作者在多个国家自然科学基金项目资助下取得的研究成果的总结，意在推动增强学习与近似动态规划理论与应用的发展，对于智能科学的前沿研究和智能学习系统的应用具有重要的科学意义。

　　本书可作为高等院校与科研院所中从事人工智能与智能信息处理、机器人与智能控制、智能决策支持系统等专业领域的研究和教学用书，也可作为自动化、计算机与管理学领域其他相关专业师生及科研人员的参考书。

图书在版编目(CIP)数据

增强学习与近似动态规划/徐昕著 . —北京:科学出版社,2010
（智能科学技术著作丛书）
ISBN 978-7-03-027565-3

Ⅰ.①增… Ⅱ.①徐… Ⅲ.①机器学习-研究②动态规划-研究
Ⅳ.①TP181

中国版本图书馆 CIP 数据核字（2010）第 085567 号

责任编辑：张海娜 / 责任校对：赵燕珍
责任印制：徐晓晨 / 封面设计：耕者设计工作室

科 学 出 版 社 出版
北京东黄城根北街 16 号
邮政编码：100717
http://www.sciencep.com

北京厚诚则铭印刷科技有限公司 印刷
科学出版社发行　各地新华书店经销

＊

2010 年 5 月第 一 版　　开本：B5（720×1000）
2021 年 4 月第四次印刷　　印张：14
字数：267 000
定价：88.00 元

（如有印装质量问题，我社负责调换）

《智能科学技术著作丛书》序

"智能"是"信息"的精彩结晶,"智能科学技术"是"信息科学技术"的辉煌篇章,"智能化"是"信息化"发展的新动向、新阶段。

"智能科学技术"(intelligence science&technology,IST)是关于"广义智能"的理论方法和应用技术的综合性科学技术领域,其研究对象包括:

· "自然智能"(natural intelligence,NI),包括"人的智能"(human intelligence,HI)及其他"生物智能"(biological intelligence,BI)。

· "人工智能"(artificial intelligence,AI),包括"机器智能"(machine intelligence,MI)与"智能机器"(intelligent machine,IM)。

· "集成智能"(integrated intelligence,II),即"人的智能"与"机器智能"人机互补的集成智能。

· "协同智能"(cooperative intelligence,CI),指"个体智能"相互协调共生的群体协同智能。

· "分布智能"(distributed intelligence,DI),如广域信息网、分散大系统的分布式智能。

1956 年,"人工智能"学科诞生,50 年来,在起伏、曲折的科学征途上不断前进、发展,从狭义人工智能走向广义人工智能,从个体人工智能到群体人工智能,从集中式人工智能到分布式人工智能,在理论方法研究和应用技术开发方面都取得了重大进展。如果说,当年"人工智能"学科的诞生是生物科学技术与信息科学技术、系统科学技术的一次成功的结合,那么,可以认为,现在"智能科学技术"领域的兴起是在信息化、网络化时代又一次新的多学科交融。

1981 年,"中国人工智能学会"(Chinese Association for Artificial Intelligence,CAAI)正式成立,25 年来,从艰苦创业到成长壮大,从学习跟踪到自主研发,团结我国广大学者,在"人工智能"的研究开发及应用方面取得了显著的进展,促进了"智能科学技术"的发展。在华夏文化与东方哲学影响下,我国智能科学技术的研究、开发及应用,在学术思想与科学方法上,具有综合性、整体性、协调性的特色,在理论方法研究与应用技术开发方面,取得了具有创新性、开拓性的成果。"智能化"已成为当前新技术、新产品的发展方向和显著标志。

为了适时总结、交流、宣传我国学者在"智能科学技术"领域的研究开发及应用成果,中国人工智能学会与科学出版社合作编辑出版《智能科学技术著作丛书》。需要强调的是,这套丛书将优先出版那些有助于将科学技术转化为生产力以及对社会和国民经济建设有重大作用和应用前景的著作。

　　我们相信,有广大智能科学技术工作者的积极参与和大力支持,以及编委们的共同努力,《智能科学技术著作丛书》将为繁荣我国智能科学技术事业、增强自主创新能力、建设创新型国家做出应有的贡献。

　　祝《智能科学技术著作丛书》出版,特赋贺诗一首:

智能科技领域广

人机集成智能强

群体智能协同好

智能创新更辉煌

中国人工智能学会荣誉理事长

2005 年 12 月 18 日

前　言

增强学习(reinforcement learning，RL)又称为强化学习或再励学习，它是近年来机器学习和智能控制领域的前沿和热点，与监督学习和无监督学习并列三大类机器学习方法之一。增强学习强调以不确定条件下序贯决策的优化为目标，是复杂系统自适应优化控制的一类重要方法，具有与运筹学、控制理论、机器人学等交叉综合的特点。特别是近十年来，有关近似动态规划(approximate dynamic programming，ADP)的研究成为增强学习、运筹学和优化控制理论等相关领域的关注热点。例如，美国国家科学基金会于 2006 年召开的近似动态规划论坛(NSF-ADP06)，IEEE 分别于 2007 年和 2009 年召开的近似动态规划与增强学习专题国际研讨会(IEEE ADPRL'2007、IEEE ADPRL'2009)等。另外，IEEE 计算智能学会于近年专门成立了近似动态规划与增强学习技术委员会(IEEE TC on ADPRL)。在以电梯调度、网络路由控制等为代表的大规模优化决策应用中，增强学习显示了相对传统监督学习和数学规划方法的优势。在智能机器人系统、复杂不确定系统的优化控制等领域，增强学习的应用也正在不断得到推广。

本书是作者多年从事增强学习与近似动态规划理论、算法与应用研究的成果总结，许多成果是近年来最新取得的研究成果，是一部系统探讨增强学习与近似动态规划的学术著作。

本书有以下几个特点：

(1) 新颖性和前沿性。本书深入论述了增强学习与近似动态规划的核心与前沿研究课题——大规模连续空间 Markov 决策过程的值函数与策略逼近问题，对近年来取得的研究进展进行了充分讨论。本书大多数理论、算法与实验结果都是作者近年来在研究工作中取得的成果。

(2) 多学科交叉。增强学习与近似动态规划的研究涉及机器学习、运筹学、智能控制、机器人学等多个学科领域，具有较强的学科交叉特点和较宽的学科覆盖面，对相关领域的学术创新起到了积极的促进作用。

(3) 理论与应用密切结合。本书在论述增强学习与近似动态规划理论和算法研究进展的同时，结合智能控制、机器人等领域的应用实例，在算法研究和理论分析的基础上，开展了大量的仿真和实验验证，有利于读者尽快把握理论和应用的结合点。

本书得到了国防科技大学贺汉根教授、胡德文教授的支持和鼓励，同时得到了国防科技大学无人车辆与机器学习项目组以及合作单位中南大学蔡自兴教授课题组、吉林大学陈虹教授课题组的帮助和支持,作者指导的研究生张洪宇、张鹏程等协助参加了相关的实验工作,在此作者一并向他们表示感谢。自 2000 年以来,作者先后主持或参与多个国家自然科学基金项目,其中两个项目为国家自然科学基金重点项目(有关项目资助号分别为 90820302、60774076、60075020、60234030、60303012)。在此,特别向国家自然科学基金委员会致以衷心的感谢。本书的研究工作还得益于国际学术交流提供的良好学术氛围。国家自然科学基金和俄罗斯国家基础科学研究基金将本书的部分研究工作列为中俄国际合作项目,作者通过在俄罗斯科学院信息与自动化研究所的访问研究,以及与俄罗斯科学院 Adil Timo-feev 教授的学术交流,进一步扩展了研究思路。在研究过程中,增强学习领域的奠基人之一、加拿大 Alberta 大学的 Sutton 教授以及 Littman 博士与作者多次通过互联网进行有关增强学习的学术讨论,使作者深受启发。国际人工智能研究基金(AI Access Foundation)、美国 Michigan 大学的增强学习学术资源库不仅及时提供了最新的研究资料,而且通过互联网建立了增强学习研究的活跃学术气氛。在此,作者向所有提供支持和帮助的国际同行表示由衷的感谢。

　　增强学习与近似动态规划的理论与应用还处在快速发展阶段,相关研究不断推陈出新。由于作者水平有限,本书难免存在不足之处,敬请读者批评指正。作者将充分吸取读者意见和建议,结合自身的科研工作,不断修改完善本书内容,为推动智能科学与技术相关领域的发展贡献绵薄之力。

徐　昕

2010 年 3 月 26 日

于国防科技大学

目　　录

第1章 绪 论

1.1 引 言

"失败乃成功之母"。在人类历史上,这句至理名言激励了许多仁人志士在挫折面前冷静反省,总结经验,最终通过不懈努力而取得成功。从失败中总结经验教训成为人类获取知识和技能的一个重要途径。有关学习心理学[1]的进一步研究表明,从挫折与失败中积累经验和知识不仅仅是人类学习的重要方式,在高等哺乳动物中也发现了大量的类似行为现象。在 20 世纪初有关动物学习心理学的研究中,这种基于"尝试与失败"(trial-and-error)或称为"试错法"的学习方式得到了以 Thorndike 为代表的学习心理学家的重视,并开展了大量的学习理论和动物学习实验的研究,形成了"行为主义"这一学习心理学的主要学派[2]。目前,大量的理论和实验结果已证明了"试错法"学习是高等动物获取直接经验的一种基本方式。

近年来,机器学习作为一个重要的研究热点和前沿,一直是智能科学和智能计算研究的核心,因为任何一个没有学习能力的计算系统都很难被认为是一个真正的智能计算系统。美国航空航天局 JPL 实验室的科学家在 *Science*(2001 年 9 月)上撰文指出:机器学习对科学研究的整个过程正起到越来越大的支持作用,该领域在今后的若干年内将取得稳定而快速的发展[3]。作为一个具有丰富学科背景的研究领域,机器学习与统计学、心理学等许多其他学科都有交叉,其中学习心理学与机器学习的交叉综合直接促进了增强学习(reinforcement learning,又称为强化学习或再励学习)[4]理论和方法的产生和发展。增强学习的一个基本特点是强调与环境的交互,利用评价性的反馈信号实现序贯决策的优化,因此与其他的机器学习方法如监督学习(supervised learning,又称有导师学习)和无监督学习(unsupervised learning,又称无导师学习)存在重要的区别。

目前,学术界通常把已提出的机器学习方法按照与环境交互的特点分为监督学习、无监督学习和增强学习三类。其中监督学习方法是目前研究得较为广泛的一种,该方法要求给出学习系统在各种环境输入信号下的期望输出(即教师信号)。在这种方法中,学习系统完成的是与环境没有交互的记忆和知识重组的功能。典型的监督学习方法包括归纳学习[5](如 ID-3、C4.5 决策树学习、AQ 系列算法等)、以反向传播(BP)算法为代表的监督式神经网络学习、基于实例的学习(instance-based learning)等。监督学习的应用领域包括模式分类、数据挖掘、基于神经网络的辨识与控制以及专家系统等。无监督学习方法主要包括各种自组织学习方法，如聚类学习、自组织神经网络学习（SOM、ART-1、ART-3）等，在无监督学习系统中输入仅包括环境的状态信息，也不存在与环境的交互。

　　与监督学习和无监督学习不同，增强学习基于动物学习心理学的有关原理，采用了人类和动物学习中的"尝试与失败"机制，强调在与环境的交互中学习，学习过程中仅要求获得评价性的反馈信号（reward/reinforcement signal，也称为回报或增强信号），以极大化未来的回报为学习目标，如图 1.1 所示。增强学习由于不需要给定各种状态下的教师信号，因此在求解先验信息较少的复杂优化决策问题中具有广泛的应用前景。在人工智能的早期研究中，由于受到学习心理学研究的影响，增强学习一度成为机器学习的研究热点之一。但由于增强学习问题本身的困难性和其他种种原因，在 20 世纪七八十年代，机器学习的研究工作和成果主要集中于监督学习和无监督学习，有关增强学习的研究则经历了一段类似于神经网络的"低谷"时期。到 20 世纪 80 年代末，增强学习的研究又重新得到了学术界的重视，并呈现了与运筹学、控制理论、机器人学等交叉综合的特点[1,6]。

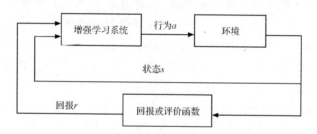

图 1.1　增强学习系统与环境的交互情况

　　目前，增强学习在理论和算法研究方面已取得了若干重要成果，并且显示了在求解复杂序贯（sequential）优化决策问题（通常建模为 Markov 决策问题）中的应用潜力[4,6~8]。但已有的理论研究结果仍然主要是针对小规模、离散状态空间问题，对大规模和连续空间的优化决策问题通常难以保证算法的收敛性，且存在学习效率不高的缺点。而现实世界的许多工程应用问题都具有大规模或连续的状态和决策空间，因此如何实现增强学习方法在大规模或连续状态和决策空间中的泛化（generalization），提高增强学习在求解复杂问题时的学习效率，是决定增强学习方法能否得到广泛应用的关键。近十年来，有关近似动态规划（approximate dynamic programming，ADP）[9,10]的研究成为增强学习、运筹学和优化控制理论等相关领域共同关注的热点之一。在以电梯调度、网络路由控制等为代表的大规模优化决策应用中[4]，增强学习都显示了相对传统监督学习和数学规划方法的性能优势。在智能机器人系统、复杂不确定系统的优化控制器设计等领域，增强学习的应用也正在不断得到推广。

　　智能移动机器人是一类能够通过传感器感知环境和自身状态,实现在有障碍物的环境中面向目标的自主运动(navigation,也称为导航),从而完成一定作业功能的机器人系统。目前,有关移动机器人导航方法已开展了许多研究,并获得了若干成功的应用[11~13]。由于移动机器人运动的环境多变,其导航控制方法涉及环境认知、优化决策、知识表示与获取等多项智能科学的关键问题,因此移动机器人的导航控制一直是机器人学和人工智能界的研究热点之一。在21世纪,移动机器人在工业、航天、建筑、服务业等领域的不断推广应用将对其导航控制技术提出越来越高的要求。

　　随着1997年美国的"Sojourner"火星探测机器人(图1.2)首次登上火星执行科学考察任务,利用移动机器人技术进行空间探测和开发成为21世纪全球各国开展科技和空间资源竞争的主要目标[14,15]。中国也针对这一趋势制定了以月球为近期目标的空间探测计划[16,17]。研究和发展中国的月球探测移动机器人技术,不但对于中国在激烈的空间技术和资源竞争中取得有利地位具有关键意义,同时对包括移动机器人导航控制在内的相关技术也具有巨大的促进作用。

图1.2　美国的"Sojourner"火星探测机器人及其面临的复杂导航环境

　　移动机器人在月球和火星等外星球表面执行任务时,将面临未知环境的导航问题。在未知环境中的移动机器人导航控制技术成为月球和火星探测机器人的一项关键技术。在已有的移动机器人导航控制方法研究中,有关确定性环境中的导航方法已取得了大量的研究和应用成果。针对未知环境中的导航方法虽然也开展了一些研究,并提出了若干方法,但还有许多关键问题有待解决。这些关键问题主要包括未知环境中的移动机器人环境建模和定位、基于传感器的反应式(reactive)导航控制器的自适应和优化、环境理解、在线规划和决策等[18]。上述问题涉及人工智能和机器学习中的环境认知、知识表示和获取等有待进一步研究的重要领域。

另外,在移动机器人的导航控制系统中,运动控制是一项重要技术。由于移动机器人机电系统动力学建模的复杂性,以及移动机器人运动学特性的非完整特性,使得高性能的运动控制器设计成为移动机器人应用的一个难题。智能控制方法具有对模型信息的依赖较少、能够实现控制器的自适应和优化的特点,因此针对不确定模型的智能运动控制方法的研究是移动机器人导航控制的一项重要研究课题[19~24]。

近年来,随着增强学习算法和理论研究的深入,应用增强学习与近似动态规划方法实现移动机器人行为对环境的自适应和控制器的优化成为国际机器人领域研究的热点[25~30]。

本书的研究工作是在国家自然科学基金项目“基于核的增强学习与近似动态规划方法研究”(60774076)、“高速公路车辆智能驾驶中的关键科学问题研究”(90820302)与“增强学习泛化方法研究及其在移动机器人导航中的应用”(60075020)等多项国家自然科学基金的支持下,研究用于求解大规模和连续空间优化决策问题的增强学习算法和理论,以及增强学习方法在移动机器人导航与控制中的应用。本书的研究成果对于推动求解大规模和连续状态与行为空间 Markov决策问题的增强学习理论与方法研究及其在实际工程问题中的应用,以及利用机器学习方法提高移动机器人系统的自主导航和控制性能,都具有重要的科学意义和工程应用价值。

1.2　增强学习与近似动态规划的研究概况

增强学习的基本思想与动物学习心理学有关“试错法”学习的研究密切相关,即强调在与环境中的交互中学习,通过环境对不同行为的评价性反馈信号来改变行为选择策略以实现学习目标。来自环境的评价性反馈信号通常称为回报或增强信号,增强学习系统的目标就是极大化(或极小化)期望回报信号。虽然监督学习方法如神经网络反向传播(BP)算法[31]、决策树学习算法[5]等的研究取得了大量成果,并在许多领域得到了成功的应用,但由于监督学习需要给出不同环境状态下的教师信号,因此限制了监督学习在复杂优化控制问题中的应用。无监督学习虽然不需要教师信号,但仅能完成模式聚类等功能。由于增强学习方法能够通过与环境的交互获得评价性反馈信号,并且实现行为决策的优化,因此在求解复杂的优化控制问题中具有更为广泛的应用价值。

基于增强学习的上述特点,在早期的人工智能研究中曾一度将增强学习作为一个重要的研究方向,如 Minsky 有关增强学习的博士论文[32]、Samuel 的跳棋学习程序[33]等,但后来由于各种因素特别是求解增强学习问题的困难性,在 20 世纪七八十年代人工智能和机器学习的研究主要面向监督学习和无监督学习方法。进入 20 世纪 90 年代,增强学习在理论和算法上通过与其他学科如运筹学、控制理论的交叉综合,取得了若干突破性的研究成果,并且在机器人控制、优化调度等许多复杂优化决策问题中获得了成功的应用[4,6]。

1.2.1　增强学习研究的相关学科背景

增强学习在算法和理论研究方面的一个重要特点就是体现了多学科的交叉综合。增强学习的研究与动物学习心理学、运筹学、进化计算、自适应控制、神经网络等学科领域都具有密切的联系。

1. 动物学习心理学

有关动物学习心理学的研究为增强学习的算法和理论提供了思想和哲学基础。在动物学习心理学的研究中,关于动物"试误"(trial)型学习的思想最早由Thorndike 于 1914 年提出[2],该思想的实质是强调行为的结果有优劣之分并成为行为选择的依据。Thorndike 称这种规律为"效应定律"(law of effect),并指出效应定律描述了增强性事件对于动物行为选择趋势的影响,即能够导致正的回报的行为选择概率将增加,而能够导致负回报的行为选择概率将降低。文献[1]指出,效应定律包括了"试误"型学习的两个主要方面,即选择性和联想性。进化学习中的自然选择具有选择性,但不具有联想性;监督学习则仅具有联想性而不具有选择性。另外,"效应定律"反映了增强学习的另两个重要特性,即搜索和记忆。

在动物学习心理学中与增强学习密切相关的另一个研究内容是时域差值(temporal-difference,或称为时间差分)理论[4,34]。所谓时域差值是指对同一个事件或变量在连续两个时刻观测的差值,这一概念来自于学习心理学中有关"次要增强器"(secondary reinforcers)的研究。在动物学习心理学中,次要增强器伴随主要增强信号如食物等的刺激,并且产生类似于主要增强信号的行为增强作用[1]。在早期的增强学习研究中,时域差值学习方法是一个重要研究内容,如 Samuel[33]的跳棋学习程序中就采用了时域差值学习的思想。在近十年来的增强学习算法和理论研究中,时域差值学习理论和算法也同样具有基础性的地位。

2. 运筹学

运筹学是与增强学习紧密联系的另一个学科。运筹学中有关 Markov 决策过程[35](Markov decision process,MDP)和动态规划的算法和理论为增强学习的研究提供了数学模型和算法理论基础,其中主要包括 Bellman 的最优性原理和 Bellman 方程、值迭代、策略迭代等动态规划算法[35,36]。动态规划和增强学习方法的联系由 Minsky[32]在分析 Sameul 的跳棋学习程序时首先提出,并逐渐得到了普遍重视。许多增强学习算法如 Q-学习算法[37]等都可以看做无模型的自适应动态规划算法。增强学习和动态规划两个学科的交叉综合成为推动增强学习算法和理论研究的重要因素。近年来,求解大规模状态空间的动态规划方法如值函数逼近方法[38]等在增强学习领域也得到了广泛的重视。

3. 进化计算

进化计算(evolutionary computation)[39,40]是基于生物界的自然选择和基因遗传原理实现的一类优化算法,并被广泛应用于求解机器学习问题。目前,进化计算在算法和理论上已取得了大量研究成果,形成了遗传算法[39]、进化策略[40]和进化规划[41]三个主要的分支,并且在组合优化、自动程序设计、机器学习等领域[42]获得了成功的应用。虽然早期的进化计算与增强学习的研究相互独立,但随着研究的深入,进化计算方法在求解增强学习问题中的应用逐步得到重视。对于利用评价性反馈的增强学习问题,进化计算方法能够通过将回报信号映射为个体的适应度进行求解。在应用进化计算方法求解增强学习问题时,一个关键问题是如何对延迟回报进行时间信用分配(temporal credit assignment)。Holland 的分类器系统(classifier system)[43]对上述问题进行了开拓性地研究,在该算法中体现了时域差值学习的思想。近年来,求解增强学习问题的进化增强学习方法成为一个重要的研究课题。文献[44]对进化增强学习算法进行了深入研究。如何综合利用两种方法的优点实现多策略的高效增强学习系统是一个值得研究的课题。

4. 自适应控制

自适应控制是控制理论的一个重要分支,研究模型未知或不确定对象的控制问题。在自适应控制中,按照是否对模型进行在线估计,可以分为直接自适应控制方法和间接自适应控制方法两类。其中,直接自适应控制方法不建立对象的显式估计模型,而直接通过调节控制器参数实现闭环自适应控制;间接自适应控制方法则基于对象模型的在线辨识,对控制器的参数进行调节。文献[45]对增强学习作为一类直接自适应最优控制方法的特性进行了分析和研究,指出了增强学习与自适应控制理论的联系。与动态规划不同,增强学习不需要 Markov 决策过程的状态转移模型,而直接根据与环境的交互信息实现 Markov 决策过程的优化控制。在自适应控制中得到普遍关注的辨识与控制的关系类似于增强学习中行为探索(exploration)和利用(exploitation)的关系。行为探索是指不采用当前策略的随机化行为搜索,与自适应控制的辨识信号输入相对应;行为利用是指采用当前策略进行行为选择的优化,对应自适应控制的控制器参数优化设计。

5. 神经网络

神经网络的研究起源于对人类大脑的神经生理学和神经心理学的研究,目前已取得了丰富的研究成果,其中包括多种神经网络的结构模型和学习算法。在神经网络的学习算法中,针对监督学习和无监督学习已开展了大量的研究工作,近年来神经网络的增强学习算法以及增强学习与监督学习的混合算法也成为研究的热点。神经网络作为一种通用的函数逼近器,对于解决增强学习在大规模和连续状态空间中的泛化(generalization)问题具有重要的意义。研究神经网络在增强学习值函数逼近和策略逼近中的应用,克服增强学习和动态规划的"维数灾难"(curse of dimensionality),是实现增强学习方法在实际工程中广泛应用的关键[38]。

1.2.2 增强学习算法的研究进展

按照学习系统与环境交互的类型,已提出的增强学习算法可以分为非联想增强学习(non-associative RL)算法和联想增强学习(associative RL)算法两大类。非联想增强学习系统仅从环境获得回报,而不区分环境的状态;联想增强学习系统则在获得回报的同时,具有环境的状态信息反馈,其结构类似于反馈控制系统。

在非联想增强学习研究方面,主要研究成果包括:Thathachar 等针对 n 臂赌机问题(n-armed bandit)提出的基于行为值函数的估计器方法和追赶方法(pursuit method)、Sutton 等提出的增强信号比较方法(reinforcement comparison)等[4]。由于非联想增强学习系统没有环境的状态反馈,因此主要用于一些理论问题的求解,如多臂赌机等。

联想增强学习按照获得的回报是否具有延迟可以分为即时回报联想增强学习和序贯决策(sequential decision)增强学习两种类型。即时回报联想增强学习的回报信号没有延迟特性,学习系统以极大(或极小)化期望的即时回报为目标,已提出的算法包括联想搜索(associative search)方法、可选自助方法等[4]。

由于大量的实际问题都具有延迟回报的特点,因此用于求解延迟回报问题的序贯决策增强学习算法和理论成为增强学习领域研究的重点,也是本书的主要研究内容。在序贯决策增强学习算法研究中,采用了运筹学中的 Markov 决策过程模型,增强学习系统也类似于动态规划将学习目标分为折扣型回报指标和平均回报指标两种。同时根据 Markov 决策过程行为选择策略的平稳性(即概率分布不随时间变化),增强学习算法可以分为求解平稳策略 Markov 决策过程值函数的学习预测(learning prediction)方法和求解 Markov 决策过程最优值函数和最优策略的学习控制(learning control)方法。下面按照优化指标的不同,分别对折扣型回报指标增强学习和平均回报增强学习在算法和理论方面的研究概况进行介绍。

1. 折扣型回报指标增强学习算法

1) TD(λ)学习算法

时域差值(temporal difference,TD)学习方法在早期的增强学习和人工智能中占有重要的地位,并取得了一些成功应用(如著名的跳棋学习程序等),但一直没有建立统一的形式化体系和理论基础。Sutton[34]首次提出了求解平稳 Markov 决策过程策略评价问题的时域差值学习算法——TD(λ)算法,并给出了时域差值学习的形式化描述,证明了 TD(λ)学习算法在一定条件下的收敛性,从而为时域差值学习奠定了理论基础。TD(λ)学习算法是一种学习预测算法,即在 Markov 决策过程的模型未知时实现对平稳策略的值函数估计。在 TD(λ)学习算法中利用了一种称为适合度轨迹(eligibility traces)的机制来实现对历史数据的充分利用,并且通常采用增量式(accumulating)适合度轨迹。Singh 和 Sutton[46]提出了一种新的替代式(replacing)适合度轨迹,并验证了该方法的有效性。

为提高 TD 学习算法的收敛速度,同时克服学习步长的设计困难,文献[47]提出了一种基于线性值函数逼近的最小二乘 TD(0)学习算法,该算法直接以 Markov 决策过程值函数逼近的均方误差为性能指标,没有采用适合度轨迹机制,因此称为 LS-TD(0)学习算法和 RLS-TD(0)学习算法。文献[48]中 Boyan 提出了一种 LS-TD(λ)学习算法,该算法能够获得优于 TD 学习算法的收敛速度,但存在计算量大和矩阵求逆的数值计算病态问题,难以实现在线学习。

2) Q-学习算法

针对具有折扣回报指标的学习控制问题,Watkins[7]提出了表格型的 Q-学习算法,用于求解 Markov 决策过程的最优值函数和最优策略;Peng 与 Williams[49]提出了 $Q(\lambda)$算法,在该算法中结合了 Q-学习算法和 TD 学习算法中的适合度轨迹,以进一步提高算法的收敛速度。基于自适应控制中模型辨识的思想,Sutton[4]提出了具有在线模型估计的 Dyna-Q 学习算法,Peng[50]提出了优先遍历方法(prioritized sweeping)。上述方法都在学习过程中对 Markov 决策过程的模型进行在线估计,虽然能够显著提高效率,但必须以较大的计算和存储量为代价。

3) Sarsa 学习算法

在 Q-学习算法的基础上,Rummery 等[51]提出了一种在线策略(on-policy)的 Q-学习算法,称为 Sarsa 学习算法。在 Q-学习算法中,学习系统的行为选择策略和值函数的迭代是相互独立的,而 Sarsa 学习算法则以严格的 TD 学习形式实现行为值函数的迭代,即行为选择策略与值函数迭代是一致的。Sarsa 学习算法在一些学习控制问题的应用中被验证具有优于 Q-学习算法的性能。在 Sarsa 学习算法中,行为探索策略的选择对算法的收敛性具有关键作用,文献[52]提出了两类行为探索策略,即渐近贪心无限探索(greedy in the limit and infinitely exploration,GLIE)策略和 RRR 策略(restricted rank-based randomlized policy),以实现对 Markov 决策过程最优值函数的逼近。

4) 直接策略梯度估计算法

增强学习控制算法的另一种类型是不对 Markov 决策过程的值函数进行估计,而只进行策略学习的算法。早期的研究如 Williams 的 REINFORCE 算法[4],与前面两类增强学习算法相比,这一类算法存在策略梯度估计困难、学习效率低的缺点。

5) Actor-Critic 学习算法

上述学习控制算法具有的一个共同特点是仅对 Markov 决策过程的值函数进行估计,行为选择策略则由值函数的估计来确定。Barto 和 Sutton 提出的 Actor-Critic[53](执行器-评价器)学习算法则同时对值函数和策略进行估计,其中执行器(actor)用于进行策略估计,而评价器(critic)用于值函数估计。在 Actor-Critic 学习算法中,评价器采用 TD 学习算法实现值函数的估计,执行器则利用一种策略梯度估计方法进行梯度下降学习。在文献[53]提出的 Actor-Critic 学习算法仅针对离散行为空间,文献[54]进一步研究了求解连续行为空间 Markov 决策过程最优策略的 Actor-Critic 学习算法。

2. 平均回报指标增强学习算法

随着对折扣型回报指标的增强学习方法研究的不断深入,平均回报指标的增强学习方法也逐渐得到重视。这是由于在某些工程问题中,优化目标更适合用平均回报指标来描述,如果采用折扣回报指标,则要求折扣因子接近 1。目前平均回报指标的增强学习已提出了多种算法,主要包括以下几种。

1) 基于平均回报指标的时域差值学习算法

在文献[38]中,Bertsekas 等将求解平均回报指标 Markov 决策过程策略评价问题的动态规划理论和方法应用于时域差值学习,提出了基于平均回报指标的时域差值学习算法。在该算法中,通过引入动态规划中相对值函数(relative value function)的概念,实现了在 Markov 决策过程模型未知时对平稳策略 Markov 决策过程的值函数估计。文献[55]提出了类似的平均回报 TD 学习算法。

2) R-学习算法

为求解基于平均回报指标 Markov 决策过程的学习控制问题,类似于 Q-学习算法,文献[56]提出了 R-学习算法。在 R-学习算法中,通过相对值函数的迭代和贪心的行为选择策略实现广义策略迭代过程。在文献[56]的仿真研究中,R-学习算法在某些情况下可以获得优于 Q-学习算法等折扣型增强学习算法的性能。

3) H-学习算法

H-学习算法[57]可以看做一种基于在线模型估计的 R-学习算法。为验证 H-学习算法的有效性,文献[57]对 H-学习算法在一个仿真的室内自动导引车辆(AGV)调度问题中的应用进行了研究,获得了较好的学习性能。

需要说明的是,由于折扣型指标的增强学习算法在折扣因子接近 1 时的性能与平均回报指标的性能类似,而在理论分析方面,折扣指标算法要远比平均回报指标算法简易,因此在本书的研究中,将主要针对折扣型指标的增强学习算法和理论进行研究。

1.2.3　增强学习的泛化方法与近似动态规划

上面介绍的增强学习算法主要针对离散状态和行为空间 Markov 决策过程，即状态的值函数或行为值函数采用表格的形式存储和迭代计算。但实际工程中的许多优化决策问题都具有大规模或连续的状态或行为空间，因此表格型增强学习算法也存在类似于动态规划的"维数灾难"。为克服"维数灾难"，实现对连续状态或行为空间 Markov 决策过程最优值函数和最优策略的逼近，必须研究增强学习的泛化（generalization）或推广问题，即利用有限的学习经验和记忆实现对一个大范围空间的有效知识获取和表示。由于增强学习泛化方法的研究是影响其广泛应用的关键，因此对该问题的研究成为当前的研究热点。目前提出的增强学习泛化方法主要包括以下三个方面。

1. 值函数逼近与策略空间逼近方法的研究

虽然值函数逼近在动态规划中的研究中开展得较早，但增强学习中的值函数逼近方法研究则与神经网络研究的重新兴起密切相关。随着神经网络的监督学习方法如反向传播算法的广泛研究和应用，将神经网络的函数逼近能力用于增强学习的值函数逼近逐渐得到学术界的重视。在时域差值学习的研究中，线性值函数逼近器是研究得最为广泛的一类函数逼近器。Sutton 在首次提出 TD(λ) 学习算法时[34]，就给出了线性值函数逼近的 TD(λ) 学习算法（以下简称线性 TD(λ) 学习算法或TD(λ)学习算法）。在线性 TD(λ) 学习算法的基础上，Brartke 等[47]利用递推最小二乘方法提出了 LS-TD(0) 学习算法和 RLS-TD(0) 学习算法。Boyan[48]给出了直接求解 TD(λ) 学习算法稳态方程的 LS-TD(λ) 学习算法。文献[58]研究了采用线性最小二乘逼近的策略迭代算法，该算法具有较好的近似最优策略收敛性，但由于采用线性基函数，仍然存在特征选择与非线性空间的泛化问题。文献[59]研究了基于 Bayes 推理的核方法，即高斯过程（Gaussian processes）的增强学习算法，但其计算效率和收敛性还需要深入研究。

在以神经网络作为值函数逼近器的研究中，小脑模型关节控制器（cerebellar model articulation controller, CMAC）是应用得较为广泛的一种。Watkins[37]首次将 CMAC 用于 Q-学习算法的值函数逼近中，Sutton 在文献[34]和文献[60]中分别将 CMAC 成功地用于连续状态空间 Markov 决策过程的时域差值预测学习和学习控制问题中。基于一般的前向多层神经网络的值函数逼近方法也得到了广泛研究，如文献[61]利用神经网络的时域差值学习实现了西洋棋的学习程序 TD-Gammon。在上述研究中，神经网络的学习算法都采用了与线性 TD(λ) 学习算法相同的直接梯度（direct gradient）下降形式。Biard 指出上述直接梯度下降学习在使用非线性值函数逼近器求解 Markov 决策过程的学习预测和控制问题时都可能出现发散的情况[62]，并且提出了一种基于 Bellman 残差指标的梯度下降算法，称为残差梯度(rcsidual gradient)学习。残差梯度学习可以保证非线性值函数逼近器在求解平稳 Markov 决策过程的学习预测问题时的收敛性，但无法保证求解学习控制问题时的神经网络权值收敛性。

与值函数逼近方法不同，策略空间逼近方法通过神经网络等函数逼近器直接在 Markov 决策过程的策略空间搜索，但存在如何估计策略梯度的困难。早期的 REINFORCE 算法只针对二值回报信号，文献[63]提出了一种离散行为空间的策略梯度估计方法，但仍然需要解决策略梯度算法收敛速度十分缓慢的问题。RE-INFORCE 算法只能处理有限的周期性 Markov 决策过程问题，Baxter 等在文献[64]中提出了 GPOMDP 算法，把 REINFORCE 算法推广到能处理无限时间域的 Markov 决策过程问题，同时在该方法中结合了适合度轨迹机制，以提高算法的性能。Schraudolph 等提出的利用增益向量自适应的方法(SMDPOMDP)来提高策略梯度算法的收敛速度。仿真实验表明，SMDPOMDP 方法比 GPOMDP 和自然梯度策略梯度方法收敛得都要快[65]。

2. 结构化增强学习

为解决增强学习中的维数灾难问题，近年结构化或分层的增强学习(hierarchical RL，HRL)理论与方法得到了广泛关注[66]。HRL 的核心思想是引入抽象机制对学习任务进行分解，抽象允许 Agent 忽略与当前任务无关的一些细节。HRL 是一种能将增强学习扩展到高维复杂问题的重要方法。在 HRL 中，一个复杂的任务被划分成若干可以独立完成的子任务。每个子任务都可描述为一个子 Markov 决策过程模型，在这个模型中允许选择合适的状态、动作和回报，并通过这种方式简化学习复杂度、改善策略性能。另外，HRL 也能使学习泛化问题变得更简单，如某个子任务学习到的知识可以传递(共享)给其他子任务。

目前较为典型的 HRL 方法主要有 Sutton 等提出的 Option[67]、Parr 提出的 HAM[68] 和 Dietterich 提出的 Max-Q 方法等[69]。不同 HRL 方法中，任务分解和问题表达方式有所不同，但其本质均可归结为划分 Markov 决策过程，抽象出系列子 Markov 决策过程，从而实现状态与动作空间的降维。HRL 方法通常以半 Markov 决策过程(SMDP)[67] 为理论基础，即允许动作在多步时间内完成，决策点的时间间隔不再仅仅是单个时间步，而是一个变量(时间步的整数倍)。Option 方法只在子目标点进行决策，其他时刻按照 Option 内部事先确定好的策略执行。HAM 只对有限状态机中的非确定点进行动作决策。Max-Q 方法将任务按照一定的层次进行组织并只在调用子任务时才进行决策。Option 方法和 Max-Q 方法目前使用较为广泛，二者各具特色：Option 方法便于自动划分子任务，且子任务粒度易于控制，但利用先验知识划分子任务时，任务划分结果表达不够明晰，且子任务的内部策略难于确定；Max-Q 方法在线学习能力强，但自动分层能力较弱，且分层粒度不够精细。目前对大多数 HRL 来说，任务分层和子任务提取都是采取人工的方法[66]。

3. 近似动态规划方法

目前策略梯度增强学习算法存在的主要问题是计算量大、收敛速度慢，因此策略估计与值函数估计相结合的混合结构增强学习（即 Actor-Critic 学习）算法[70,71] 成为学术界关注的热点方向，同时也是近似动态规划理论的主要研究内容。其基本计算与反馈结构如图 1.3 所示。在 Actor-Critic 学习算法中，评价器用于对 Markov 决策过程的策略进行评价，即利用 TD 学习理论估计与策略对应的值函数；执行器则用于根据值函数估计的结果选择和优化策略，实现对最优策略的搜索。文献[72]和文献[73]分别研究了基于模糊系统和基于模糊神经网络的自适应启发评价（adaptive heuristic critic，AHC）学习算法，给出了网络结构和参数同时在线调整的算法。在上述研究中，评价器通常采用基于神经网络的时域差值 TD(λ)学习算法，而执行器网络则基于一种具有高斯分布的随机行为探索机制对策略梯度进行在线估计。

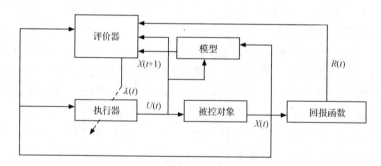

图 1.3　近似动态规划的基本计算与反馈结构

近年来，在神经网络自适应控制中得到广泛研究的自适应评价设计（adaptive critic design，ACD）方法也是基于评价器-执行器结构的思想[71]，并且结合了基于神经网络的动态系统建模技术，也称为近似动态规划或自适应动态规划（adaptive dynamic programming，ADP）方法[74,75]。因此，近似动态规划与已有的增强学习理论研究有着不可分割的联系，并且直接针对实时动态系统优化控制的应用需求，具有若干新的特点和内涵。

典型的 ACD 或 ADP 方法包括启发式动态规划（heuristic dynamic programming，HDP）、对偶启发式规划（dual heuristic programming，DHP）和全局对偶启发式规划（GDHP）等[71]。与传统的增强学习算法相比，ACD 等近似动态规划方法除了利用了增强学习的 Actor-Critic 学习控制结构外,还强调利用对 Markov 决策过程模型的估计来设计高效的学习控制算法,部分 ACD 算法如 DHP 还对 Markov 决策过程值函数的导数进行估计,以提高算法的收敛性能。Prokhorov 和 Wunsch 等[70]在 ACD 方法的具体实现与实际应用方面作出了重要贡献,他们主要采用回归神经网络作为值函数逼近器。上述采用神经网络的近似动态规划方法存在网络结构的设计与学习参数的优化问题,学习过程中容易陷入局部极小值,并且算法的收敛性理论仍然有待完善。将核函数方法引入近似动态规划中将是值得研究的方向,将在本书第 6 章进行研究和讨论。概括来说,基于 ACD 的近似动态规划方法在复杂非线性系统的学习控制方面有广泛的应用价值[76],并且取得了一些初步成果,但在学习算法与理论分析方面还需要进一步加强研究。

1.2.4 增强学习相关理论研究与多 Agent 增强学习

类似于自适应控制中对闭环系统稳定性的研究,算法的收敛性研究也成为增强学习理论的主要研究内容。另外,对于增强学习泛化的有关基础理论如值函数逼近方法的权值学习收敛性和性能误差上界分析等也取得了若干成果。

1. 时域差值学习理论和 TD(λ)预测学习算法的收敛性

时域差值学习理论的建立以 Sutton[34]首次给出时域差值学习的形式化描述和 TD(λ)学习算法为标志,并已取得了许多研究成果,并成为其他增强学习算法如 AHC 学习算法、Q-学习算法的基础。针对 TD(λ)学习算法在求解平稳策略 Markov 决策过程值函数预测时的收敛性,文献[77]证明了任意 $0<\lambda<1$ 的表格型折扣回报 TD(λ)学习算法的概率收敛性;对于采用线性 TD(λ)学习算法,文献[78]证明了平均意义下的收敛性;Tsitsiklis 等[79]证明了线性 TD(λ)学习算法在概率 1 意义下的收敛性,并给出了收敛解的逼近误差上界。针对 TD(λ)学习算法中 λ 的选取对学习性能的影响,文献[80]研究了 TD(λ)学习算法均方误差与 λ 的函数关系,给出了一定假设下的表达式,并通过计算实验进行了验证。

2. 表格型增强学习控制算法的收敛性

用于求解 Markov 决策过程学习控制问题的增强学习方法主要包括 Q-学习算法、Sarsa 学习算法和 AHC 学习算法等。Watkins 等[37]在 1992 年证明了在学习因子满足随机逼近迭代算法条件并且 Markov 决策过程状态空间被充分遍历时,表格型 Q-学习算法以概率 1 收敛到 Markov 决策过程的最优值函数和最优策略。文献[81]进一步基于异步动态规划和随机逼近理论证明了 Q-学习算法的收敛性。Singh 等[52]研究了表格型 Sarsa(0)学习算法的收敛性,证明了在两类学习策略(GLIE 和 RRR)条件下 Sarsa 学习算法的收敛性。

3. 有关增强学习泛化的理论研究

对于采用值函数逼近器的增强学习控制算法,目前在收敛性分析理论方面还比较欠缺。Baird 提出的残差梯度算法[62]仅能保证在平稳学习策略条件下的局部收敛性,无法实现对 Markov 决策过程最优值函数的求解。VAPS 算法[82]虽然能够保证权值的收敛性,但无法保证策略的局部最优性。Heger[83]研究了值函数逼近误差上界与策略性能误差上界的关系,指出当值函数逼近误差上界较小时,获得的近似最优策略具有性能保证,从而为基于值函数逼近的增强学习泛化方法提供了理论分析基础。

基于解释的学习是一种结合归纳学习和演绎推理的混合策略机器学习方法,在符号学习领域中已得到了广泛的研究和应用。Thrun[84]提出了一种基于解释的神经网络学习方法,并应用于增强学习的值函数逼近中。该方法通过对神经网络的梯度信息的归纳解释,在一定条件下加速了增强学习值函数逼近的收敛。

4. 融合领域先验信息的增强学习理论和算法

由于大多数增强学习算法都是基于环境模型完全未知的假设,通过学习系统与环境不断交互来实现序贯优化决策,因而对于复杂大规模问题的求解往往学习代价大、算法收敛速度较慢,而现实世界的许多复杂应用往往并不是模型完全未知,而是至少存在不少可以借鉴的领域先验信息,如系统运行的历史采样数据、采用传统系统辨识与控制器设计方法得到的模型结构和初始化控制器等,因此,融合领域先验信息的增强学习算法和理论成为当前增强学习研究的重要发展趋势。这里的先验信息可以是领域相关的模型信息,而更多的是利用其他方法获得的系统经验数据。为充分结合各种可以利用的先验信息来改善增强学习与近似动态规划的在线性能,目前采用的研究思路主要有两个方面:一方面的思路是研究增强学习与监督学习结合的混合型算法;另一方面的思路就是结合先验信息直接对增强学习中值函数逼近器的结构与参数进行优化设计,使得增强学习算法具有更好的泛化性能。例如,文献[85]提出采用支持向量机来确定策略梯度增强学习的函数逼近器结构与初始参数,从而改善策略梯度增强学习的性能。

5. 分布式增强学习理论及其应用

近年来,结合对策论(game theory)的研究成果,基于 Markov 对策模型的分布式增强学习理论和算法取得了一些研究进展。文献[86]将单个 Agent 的 Q-学习算法扩展到零和(zero-sum)随机对策中,基于对策论中著名的 Nash 均衡原理,提出了 Minimax-Q 学习算法,但该算法不能处理广义和(general-sum)随机对策问题。文献[87]提出了 Nash Q-学习算法,也采用了 Nash 均衡原理,由于每个

Agent同时对所有其他 Agent 的 Q 值函数进行更新迭代,因此能够处理广义和随机对策的某些特殊情况。文献[88]提出的算法通过估计其他 Agent 行为策略的信念函数,实现了对合作型(common-payoff,即共同回报)的广义随机对策问题的求解。上述算法都存在 Nash 均衡点不唯一时算法收敛性难以保证的缺点,并且已有的收敛性分析都是基于自博弈(self-play)的假设。文献[89]对已有的分布式增强学习算法进行了分析,指出 Nash 均衡点的不唯一性需要研究探索新的机制来克服。最近,文献[90]研究的基于部分可观测 Markov 决策过程模型(POMDP)的分布式增强学习算法为多 Agent 增强学习理论研究提供了新的研究思路,但由于 POMDP 增强学习理论[91]本身需要研究新的求解大规模问题的高效算法,因此进一步的工作需要结合 POMDP 增强学习理论的研究,探索分布式增强学习的新算法和新理论。

1.2.5 增强学习应用的研究进展

随着算法和理论研究的深入,增强学习方法在实际的工程优化和控制问题中得到了日益广泛的应用。目前增强学习方法已在非线性控制、机器人规划和控制、组合优化和调度、人工智能的复杂问题求解、通信和数字信号处理、多智能体系统、模式识别和交通信号控制等领域取得了若干成功的应用。

1. 增强学习在非线性控制中的应用

对于非线性系统的控制问题,虽然在控制理论的研究中已取得了大量研究成果,但仍然有许多问题需要进一步完善解决。增强学习方法具有的自适应控制特性为非线性系统控制器的设计提供了另外一条途径。利用增强学习方法可以在仿真模型的基础上对非线性系统的控制器进行优化设计,并且在设计过程中不需要直接对模型的复杂性进行处理。目前,增强学习在若干非线性系统控制器的自动优化设计中得到了初步应用,其中包括汽车发动机燃空比控制[92]、倒立摆控制[93,94]、大时滞过程的控制[95]等。

2. 增强学习在机器人规划和控制中的应用

在机器人学中,基于行为的机器人体系结构由 Brooks[96] 等于 20 世纪 80 年代提出,近十年来已取得了大量的研究成果。该体系结构与早期提出的基于功能分解的体系结构逐渐相互结合,成为实现智能机器人系统的重要指导性方法。在基于行为的智能机器人控制系统中,机器人能否根据环境的变化进行有效地行为选择是提高机器人自主性的关键。要实现机器人的灵活和有效的行为选择能力,仅依靠设计者的经验和知识是很难获得对复杂和不确定环境的良好适应性的。为此,必须在机器人的规划与控制系统引入学习机制,使机器人能够在与环境的交互中不断增强行为选择能力。

　　机器人的学习系统研究是近年来机器人学界的研究热点之一。一些著名大学都建立了学习机器人实验室，并且开展了机器人学习特别是增强学习的有关研究。有关成果包括：Tham[97]等采用模块化 Q-学习算法实现了机器人手臂的任务分解和控制；Lin[26]提出了结构化 Q-学习方法用于移动机器人的控制和导航（有关增强学习在移动机器人导航中的应用综述，参见 1.3 节）；Singh 采用复合 Q-学习算法用于机器人的任务规划和协调[98]；在 Jacobs[99]等的工作中也采用了模块化神经网络进行机器人手臂逆动力学的学习。在文献[100]中，Zhou 把模糊增强学习成功应用到两足步行机器人的平衡控制中。

3. 增强学习在组合优化和调度中的应用

　　基于 Markov 决策过程的增强学习算法将随机动态规划与动物学习心理学的"尝试与失败"和时域差值原理相结合，利用学习来计算状态的评价函数，因而能够求解模型未知的优化和调度问题。采用基于函数逼近的增强学习算法来求解大规模的优化和调度问题是增强学习应用的一个重要方面。

　　Boyan 提出了一种基于值函数学习和逼近的全局优化算法——STAGE 算法，在一系列大规模优化问题的求解中，STAGE 算法的性能都超过了模拟退火算法（SA）[101]。

　　采用结合广义策略迭代的 TD(λ)算法和神经网络逼近器，Crites 和 Barto[102]进行了电梯调度的优化，Zhang 和 Dieterich[103]进行了生产中的 Job-Shop 问题的优化，上述应用都取得了优于启发式算法的结果，显示了增强学习在优化和调度中广泛的应用前景。

　　增强学习在优化调度中的其他应用还包括基于线性函数逼近 Q-学习算法的多处理机系统的负载平衡调度[104]等。

4. 人工智能中的复杂问题求解

　　各种复杂问题的求解一直是人工智能研究的重要领域，早期的各种启发式搜索方法和基于符号表示的产生式系统在求解一定规模的复杂问题中取得了成功。但这些方法在实现过程中都存在知识获取和表示的困难，如 IBM 的国际象棋系统 Deep Blue 有大量参数和知识数据库，必须通过有关专家进行手工调整才能获得好的性能。

　　增强学习算法与理论的研究为人工智能的复杂问题求解开辟了一条新的途径，增强学习的基于多步序贯决策的知识表示和基于"尝试与失败"的学习机制能够有效地解决知识的表示和获取的问题。在早期的 Samuel 跳棋学习程序中就大量应用了增强学习的思想。

　　目前，增强学习在人工智能的复杂问题求解中已取得了若干研究成果，其中有代表性的是 Tesauro[61] 的 TD-Gammon 程序,该程序采用前馈神经网络作为值函数逼近器,基于 TD(λ)算法通过自我学习对弈实现了专家级的 Back-Gammon 下棋程序。

其他的相关工作还有:Thrun[105] 研究了基于增强学习的国际象棋程序,并取得了一定的进展。

5. 增强学习在其他领域的应用

增强学习除了在上述领域得到了广泛的应用外,在其他领域也取得了初步的应用成果,包括在 MAS(多智能体系统)中的应用[106,107] 和交通信号的控制[108,109] 等。

综合分析国内外的研究现状,虽然关于增强学习的研究已经取得了若干重要的进展,但仍然有许多关键问题有待解决。在算法和理论方面,对于连续、高维空间的 Markov 决策问题仍然需要克服“维数灾难”问题。已提出的增强学习泛化方法如基于神经网络的增强学习方法等仍然存在学习效率不高、在理论上的收敛性难以保证等缺点,还有待进一步研究,以扩大增强学习在实际工程问题中的应用。在应用方面,实现增强学习在复杂、不确定系统优化和控制问题中的应用对于推动工业、航天、军事等各个领域的发展都具有显著的意义和工程价值,特别是对于移动机器人系统来说,增强学习是实现具有自适应、自学习能力的智能移动机器人系统的重要途径,是解决智能系统的知识获取瓶颈问题的一个重要研究方向。

1.3　移动机器人导航控制方法的研究现状和发展趋势

移动机器人的导航问题在 20 世纪 60 年代就已经提出,其研究内容是在具有障碍物的环境内,按照一定的评价标准,实现移动机器人从起始位置到目标位置的无碰撞运动。在早期的工作中,主要针对已知环境中的移动机器人导航控制方法进行了研究,并且已取得了大量的研究成果,如各种全局和局部路径规划方法、基于传感器的单元分解(cell decomposition)建模技术、几何建模技术和拓扑建模技术、基于功能分解的体系结构等[18,110]。

移动机器人导航控制的研究涉及体系结构、传感器、运动规划和运动控制等多个方面。近年来,针对不断扩大的应用需求,这一领域的研究已在移动机器人体系结构、视觉信息处理和环境建模、局部路径规划方法和运动控制等方面广泛展开。其中有两个重要的方向成为当前研究的热点:一个方向是,随着应用范围的扩大,移动机器人系统面临着越来越多的在不确定或完全未知环境下实现导航控制任务的要求,因此未知环境中移动机器人导航控制方法的研究成为目前的重要研究课题。针对未知环境中移动机器人的导航控制问题,近年来在移动机器人的体系结构、反应式导航(reactive navigation)控制方法等方面开展了许多研究工作[111,112]。另一个方向是,在许多应用场合下,如自主地面车辆(autonomous land vehicles, ALV)和室内自动导引车辆(AGV),由于对移动机器人系统的运行速度和控制性能提出了越来越高的要求,以及移动机器人系统动力学模型的复杂性和非完整特性,用于移动机器人系统的高性能运动控制方法成为一个重要的研究课题。下面就针对有关上述研究方向的发展概况和趋势进行简要综述。

1.3.1　移动机器人体系结构的研究进展

在早期的移动机器人导航控制方法的研究中,主要针对确定性已知环境进行了大量研究,并且与人工智能的研究进展密切联系。早期的移动机器人系统普遍采用基于功能分解的体系结构,即按照“感知—建模—规划—行动”的模式实现移动机器人的导航控制,并且提出了多种全局路径规划方法[18,110]。这种序列化控制方法要求移动机器人能够充分获得环境信息,且计算量较大,其全局规划一般是离线完成的。对于不确定和未知环境中的导航问题,基于功能分解的移动机器人体系结构面临环境感知和建模的困难,存在实时性和适应性差的缺点。

为提高移动机器人在未知环境中的适应性和灵活性,近年来人们针对未知环境中的移动机器人体系结构和局部运动规划方法开展了一些研究工作。其中具有创造性的成果是基于行为的移动机器人体系结构(architecture)[96],这种体系结构又称为包容式(subsumption)体系结构,具有类似于动物条件反射的特点。在基于行为的体系结构中,移动机器人采取“感知—行为”的反应式(reactive)导航控制模式,因此可以克服“感知—规划—行为”模式在未知环境中缺乏灵活性和快速反应能力的缺点。基于行为的机器人体系结构最早由 Brooks 提出,并成为人工智能行为主义学派的主要观点。在 Brooks 提出的机器人包容体系结构中,若干并行的行为模块直接完成从传感器信息到执行器件动作的映射功能,同时行为模块之间具有一定的控制和选择机制。基于行为的机器人体系结构具有反应式系统的特点,不需要对环境的建模、表示和推理,对动态、不确定环境具有一定的适应能力,采用该体系结构构造的机器人系统能够有效地完成在不确定环境中的避障等行为。Brooks 据此提出了没有推理和表示的智能的观点。但经过深入研究后人们发现,基于行为的反应式机器人系统仅能完成一些基本的类似“昆虫”的智能行为,无法适应更为复杂的任务的要求。

针对上述两种体系结构的优缺点,近年来人们开展了一些将两种体系结构的特点相结合的混合式体系结构的研究工作,如基于 LICA(locally intelligent control agent)的体系结构[113]、Somass 系统的体系结构[111]以及 Chella 等提出的三层体系结构[112]。基于 LICA 的体系结构具有多个反应式行为模块,同时具备一定的高层推理能力,其中的一部分行为模块可以完成类似于功能分层结构中的符号表示层的功能。在 Somass 系统中,采用类似于 Strips-Planex 系统的高层推理模块,在底层采用行为模块完成从符号表示到执行器动作的转换。Chella 等提出的三层体系结构则较好地结合了功能分层的体系结构和基于行为的反应式体系结构各自的优点。在该体系结构中,底层由多个行为模块构成,称为子概念层(subconceptual level),具有反应式系统的特点,能够完成避障等反应式行为;中间层称为概念层(conceptual level),由独立于符号语言的认知信息描述构成;最高层称为语言层,为符号语言表示的信息。

混合式体系结构由于结合了功能分解型体系结构和包容式体系结构的优点,同时有效地避免了两者的缺点,因此成为目前移动机器人体系结构研究的重要方向。在这一领域,为适应未知或快速变化环境的要求,移动机器人体系结构的研究需要进一步对系统的自适应和学习模块的功能集成进行研究。目前针对进化机器人和其他移动机器人学习导航方法的研究都体现了上述研究思想。

1.3.2　移动机器人反应式导航方法的研究概况

移动机器人的反应式导航(reactive navigation)方法是通过直接在环境感知信息和行为控制命令之间建立一种映射关系,而不需要环境建模和规划阶段的导航方法。反应式导航的思想起源于 Brooks 关于基于行为分解的体系结构研究,目前已成为实现移动机器人在未知或快速变化环境导航的重要方法。在混合式体系结构中,反应式导航通常作为一个基本功能模块与其他功能模块结合,以实现更为复杂的导航任务。

实现移动机器人反应式导航的关键是建立从感知信息到行为控制命令的映射关系,这也是移动机器人反应式导航方法的主要研究内容。Khatib[114]提出的引力势场法(potential field method)通过对目标建立虚拟引力和对探测的障碍建立虚拟斥力来实现移动机器人到目标的无碰撞运动,但存在局部极值的缺点,并且引力和斥力参数需要手工调解,缺乏对环境的适应性。有的学者对引力势场法进行了改进,以克服局部极值,但仍然无法实现对不同环境和任务要求的自适应特性。

近年来,随着模糊逻辑理论和方法研究的不断发展,应用模糊逻辑方法实现移动机器人的反应式导航成为一个研究热点。Reignier[115]将分布在移动机器人四周的 24 个超声传感器分为三组来处理,建立了基于模糊规则的反应式导航控制器。Lee[116]等利用模糊逻辑实现了自动导引车辆的避碰控制。上述模糊控制方法都存在规则数多、实现推理的计算量大的缺点。Marinez[117]等设计了仅利用两个超声和两个红外传感器信息的移动机器人模糊导航控制器,虽然规则数少,但对环境理解粗糙,无法适应复杂环境要求。在基于模糊逻辑的移动机器人反应式导航方法中存在的另一个关键问题是参数的优化和对环境的自适应。虽然模糊规则的建立可以利用人类的语言知识,但仍然有许多参数需要调整和优化,才能获得满意的效果,而且一旦环境发生改变,模糊控制器往往缺乏自适应和自学习的能力。

神经网络作为人工智能和机器学习研究的一个热点,已成功地应用于模式识别、自适应控制、系统辨识等领域。神经网络具有良好的非线性函数逼近能力和容错能力,且能够实现自适应和学习。神经网络在移动机器人反应式导航中的应用目前也得到了广泛的注意和研究。Dubrawski[118]等采用模糊自适应谐振(ART)神经网络来实现传感器空间的自动划分和联想记忆,利用一种称为自监督学习的机制来生成和选择控制命令。张明路[119]将模糊逻辑和神经网络相结合,提出了基于模糊神经网络的反应式导航方法。该方法首先建立了用于移动机器人超声传感器导航的模糊规则集合,然后利用监督学习训练前馈神经网络来记忆模糊规则。以上基于神经网络的导航方法采用了神经网络的无监督学习或监督学习方法,其中无监督学习方法仅能够实现对环境特征的自组织分类和识别,难以实现行为选择的优化,而监督学习方法则要求构造各种条件下的教师信号,因此缺乏对未知或快速变化环境的自适应能力。

进化计算是模拟自然界生物进化过程的一种计算智能方法,目前已在算法和理论上取得了大量的研究成果,并成功地应用于组合优化、自适应控制、规划设计、机器学习和人工生命等领域。从广义上讲,由于进化计算方法可以用于求解Markov决策过程的学习控制问题,因此也可以作为直接在策略空间搜索的增强学习方法。目前,进化计算在移动机器人导航中的应用已得到了学术界的注意,并逐渐形成了进化机器人学[120]这样一个相对独立的研究方向。在进化机器人学中,进化算法往往与模糊逻辑和神经网络方法结合,以实现移动机器人导航行为的优化。Hoffman[121]等提出了一种利用遗传算法优化参数的移动机器人模糊导航控制器。Floreano[122]等研究了进化神经网络在移动机器人自主导航中的应用。利用进化计算方法虽然可以实现移动机器人反应式导航控制器对环境的自适应和优化,但存在计算时间长、学习效率不高的缺点。

针对上述方法存在的问题,近年来增强学习在移动机器人反应式导航中的应用成为一个重要的研究方向。增强学习方法采用"试误法"的学习机制,不需要监督学习的导师信号,同时能够实现序贯决策的优化,因此对于移动机器人在未知或快速变化环境的反应式导航具有重要的应用价值。与进化计算方法对每个个体分别进行评价不同,增强学习方法充分利用了行为序列的序贯决策特点,基于动态规划的思想,能够实现在线、增量式学习,因而在学习效率方面具有明显的优势。目前,增强学习在移动机器人反应式导航中的应用已取得了若干研究成果。早期的基于增强学习的移动机器人反应式导航研究包括 Mahadevan[123]等和 Maes[124]等的工作,上述研究仅针对传感器数量少、环境简单的情形。Lin[26,27]提出了采用基于 CMAC 和 Q-学习算法的移动机器人反应式导航控制方法,通过定义回报函数来实现移动机器人导航行为的自学习。Braga[125]等研究了移动机器人在状态和行为空间离散化的条件下,在未知固定环境中基于增强学习的导航方法,并进行了仿真研究。上述研究成果虽然通过增强学习实现了移动机器人导航控制策略的自学习,但普遍缺乏对高维、连续状态空间的良好泛化能力,且学习效率不高,训练次数多,难以实现在线学习。因此如何实现具有良好泛化能力和学习效率的神经网络增强学习方法并且应用于移动机器人反应式导航控制器是一个有待研究的重要课题。

1.3.3　移动机器人路径跟踪控制的研究概况

移动机器人的路径跟踪控制是指在完成路径规划的条件下,通过设计反馈控制律实现移动机器人对规划路径的闭环跟踪控制。路径跟踪控制问题在许多移动机器人的应用场合具有重要的作用,如包括无人驾驶汽车在内的自主地面车辆(ALV)和用于运输环境的自动导引车辆(AGV)等。在上述应用条件下,全局路径往往可以事先规划完成,移动机器人对规划路径的高性能跟踪成为有效完成导航任务的一个关键。

目前针对移动机器人的动力学建模和路径跟踪控制问题已开展了大量的研究工作。移动机器人作为一类具有非完整特性的机电系统,难以建立其精确的动力学模型,并且系统的动力学特性还受到运行速度和环境条件变化的影响,特别是对于高速运行的无人驾驶汽车等移动机器人系统,其动力学参数随车速变化明显。因此移动机器人的路径跟踪控制成为控制理论和工程界的一个研究热点和难点。已经提出的移动机器人路径跟踪控制方法包括 PID 控制[126~130]、滑模控制[131,132]、非线性状态反馈控制[133~136]和智能控制方法[137,138]等。PID 控制是目前在实际系统中应用较多的一种设计方法,该方法对系统模型依赖较少,且具有一定的鲁棒性,但参数优化困难,难以实现对模型变化的自适应调节。滑模控制和非线性反馈控制能够在一定模型假设下通过离线设计保证系统的稳定性,但存在对模型依赖性大、难以实现在线学习和自适应的缺点。移动机器人路径跟踪的智能控制方法是近年来得到普遍注意的一个研究领域,有关学者已提出了多种用于移动机器人路径跟踪的智能控制方法,如模糊路径跟踪控制器[19,137]、基于神经网络的路径跟踪控制[20]和模糊神经网络控制器[23,24]等。上述智能控制方法都具有不依赖于系统的动力学模型,具有自适应和学习能力等优点,但仍然需要解决知识自动获取的问题,即监督学习的教师信号设计。增强学习方法作为一类基于机器学习的自适应最优控制方法,在复杂系统的控制器优化设计方面具有广泛的应用前景,目前已成功地应用于某些非线性系统的学习控制中[92,95]。

1.4　全书的组织结构

作为一类具有多学科交叉特点的机器学习方法,增强学习在模型复杂或未知的优化决策和控制问题中具有广泛的应用前景。但目前在增强学习算法和理论方面还有许多关键问题有待解决,如连续和大规模空间 Markov 决策问题中的泛化方法和算法的收敛性能及学习效率等,因而限制了增强学习方法的进一步推广应用。另外,应用增强学习方法实现移动机器人对未知环境的自适应以及高性能的运动控制系统,是进一步扩大移动机器人系统应用范围的有效途径之一。因此本书的内容主要围绕求解大规模和连续空间 Markov 决策问题的增强学习与近似动态规划算法和理论展开,同时针对增强学习在移动机器人导航和控制器优化设计中的应用问题,研究探讨利用增强学习方法实现移动机器人对未知环境的行为自适应和运动控制器的优化。

本书主要包括以下内容:

第 1 章对相关研究背景进行了简要介绍,并且对增强学习与近似动态规划的算法、理论和应用进行了综述,讨论了移动机器人导航控制领域的研究进展和发展趋势。

第 2 章对线性时域差值(TD)学习理论与算法进行了深入讨论。简要介绍了时域差值学习作为一类通用多步预测学习方法的特点和数学模型。在已有研究工作的基础上,给出了一种多步递推最小二乘 TD 学习算法——RLS-TD(λ)学习算法,并建立了其一致收敛性理论。RLS-TD(λ)是 RLS-TD(0)算法在任意 $0 \leqslant \lambda \leqslant 1$ 条件下的推广。由于同时采用了系统辨识领域的递推最小二乘方法和用于多步学习预测的适合度轨迹机制,因此 RLS-TD(λ)算法在学习性能方面远优于常规的线性 TD(λ)学习算法,克服了线性 TD(λ)学习算法中学习因子优化选择的困难,并且可以获得优于 RLS-TD(0)的学习性能。

第 3 章对基于核函数方法的时域差值学习算法和理论进行了深入研究,在分析介绍了核方法基本原理的基础上,提出了一种基于核的多步时域差值学习算法 KLS-TD(λ)。KLS-TD(λ)算法实现了在核函数映射特征空间的高效非线性值函数逼近,并且具有基于核的适合度轨迹机制,因此在非线性值函数学习和逼近性能方面远优于已有的线性 TD(λ)学习算法。通过对 Markov 链值函数学习预测问题的仿真实验研究,比较了 KLS-TD(λ)与已有算法在不同参数条件下的性能,验证了该算法的有效性。

第 4 章对求解连续空间 Markov 决策过程的梯度增强学习算法进行了研究。应用神经网络等值函数逼近器对 Markov 决策过程的值函数或策略进行逼近是实现增强学习在连续状态行为空间的泛化、克服"维数灾难"的重要途径。本章首先对基于小脑模型关节控制器(CMAC)的直接梯度增强学习算法进行了分析,设计了两种用于增强学习的改进的 CMAC 编码结构,即非邻接重叠编码和多尺度编码结构,并且分别成功地应用于倒立摆和自行车平衡的学习控制仿真问题中。上述改进的 CMAC 编码结构为利用先验知识进行增强学习控制器的设计提供了有效手段。针对 CMAC 等线性编码网络存在难以实现对高维状态空间泛化的缺点,研究了采用连续可微非线性函数逼近器的增强学习梯度方法,提出了具有非平稳行为策略的残差梯度下降增强学习算法——RGNP 算法,并分析了其收敛性和近似最优策略的性能。该算法克服了已有的基于非线性函数逼近器的直接梯度算法无法保证权值学习收敛性的缺点,同时在学习控制问题的仿真研究中显示了良好的学习效率和泛化性能。针对同时具有连续状态和行为空间的增强学习问题,研究了一种改进的自适应启发评价(AHC)学习算法——Fast-AHC 算法。该算法在评价器网络中采用了 RLS-TD(λ)算法改进状态值函数的预测学习效率,从而有效地提高了算法求解学习控制问题的性能。通过大量的仿真研究验证了 Fast-AHC 算法在数据利用效率和收敛性方面优于已有的 AHC 算法。

第 5 章研究了求解 Markov 决策问题的进化-梯度混合学习算法。针对梯度增强学习算法存在的局部收敛性问题,将进化计算方法与采用值函数逼近的梯度增强学习算法结合,用于实现对 Markov 决策过程最优值函数和最优策略的全局逼近。针对离散行为空间和连续行为空间两种情形,分别提出了进化 RGNP 算法和进化 AHC 学习算法。这两种算法都采用了进化学习和梯度学习的混合学习模式,利用进化算法来实现权值学习的大范围空间搜索,利用梯度学习算法来实现权值的局部搜索。通过小车爬山问题和欠驱动机器人系统学习控制的仿真研究表明,混合学习算法由于采用了值函数逼近和梯度算法进行局部搜索,能够实现高效的在线、增量式学习,同时利用进化算法的大范围搜索有效地克服了梯度算法的局部收敛性。

第 6 章研究了近似动态规划中的核函数方法,提出基于核的最小二乘策略迭代(kernel-based least-squares policy iteration,KLSPI)算法,并且分析了算法的收敛性。KLSPI 算法采用了一种新的基于核的行为值函数逼近算法 KLSTD-Q 作为贪心策略迭代的策略评价算法,并且结合了基于近似线性相关(approximate linear dependence,ALD)分析的核稀疏化方法来提高核方法的泛化性能,因此能够在高精度的非线性值函数逼近的基础上,实现对最优策略的高效逼近。在理论上对 KLSPI 算法的收敛性进行了分析,并且通过大量的仿真实验对 KLSPI 算法和已有的线性 LSPI 算法及其他增强学习算法进行了性能比较,结果显示了 KLSPI 算法作为一种新的高效近似动态规划算法的优越性。

第 7 章研究了增强学习在移动机器人反应式导航中的应用。针对不确定或未知环境中的移动机器人导航问题,提出了一种基于分层学习的混合式体系结构。该体系结构结合了反应式导航模块和在线地图建模与路径规划功能,通过增强学习实现对反应式导航模块的优化,同时地图建模和路径规划功能为进一步实现未知环境中复杂导航任务提供了基础。在以上体系结构的基础上,设计实现了基于增强学习的移动机器人反应式导航学习控制器。在 CIT-AVT-VI 移动机器人的仿真和物理系统实验平台上对提出的学习导航方法进行了室内未知环境的超声导航实验研究。结果显示了增强学习导航方法具有对环境的自适应、自编程（self-programming）和自优化的功能，并且能够克服传统方法如引力势场法等在某些环境中存在的困难问题。

　　第 8 章研究了增强学习与近似动态规划在移动机器人运动控制器优化设计中的应用。针对移动机器人的路径跟踪控制问题，设计了具有变参数 PID 控制结构的增强学习控制器。该控制器有效地利用了神经网络增强学习的自适应优化控制性能，通过增强学习实现了 PID 参数的自适应和优化。分别针对无人驾驶汽车的侧向控制问题和一类室内移动机器人的路径跟踪控制问题进行了仿真研究，并且基于 CIT-AVT-Ⅵ 室内移动机器人系统进行了实时在线学习路径跟踪控制的实验研究。仿真和实验结果验证了增强学习 PID 控制器的有效性。另外，研究了基于近似策略迭代 KLSPI 算法的双轮驱动移动机器人路径跟随控制器设计方法，可以在缺乏机器人动力学先验模型知识的情况下利用观测数据来离线优化控制器性能。

　　第 9 章对全书进行了总结，讨论了增强学习与近似动态规划的未来发展趋势，并且对相关理论方法的应用前景进行了展望。

参 考 文 献

[1] 张奇. 学习理论. 当代心理学丛书[M]. 武汉：湖北教育出版社，1999.

[2] Thorndike E L. Educational Psychology：Briefer Course [M]. New York：Teachers College, Columbia University, 1914.

[3] Mjolsness E, de Coste D. Machine learning for science：State of the art and future prospects [J]. Science, 2001, 293 (14)：2051-2055.

[4] Sutton R, Barto A. Reinforcement Learning, An Introduction [M]. Cambridge：MIT Press, 1998.

[5] 洪家荣. 归纳学习[M]. 北京：科学出版社，1999.

[6] Kaelbling L P, et al. Reinforcement learning：A survey [J]. Journal of Artificial Intelligence Research, 1996, 4：237-285.

[7] Watkins C. Learning from Delayed Rewards [D]. Cambrige：King's College, University of Cambridge, 1989.

[8] Seymour B, John P, O'Doherty, et al. Temporal difference models describe higher-order learning in humans [J]. Nature, 2004, 429(10)：664-667.

[9] Powell W B. Approximate Dynamic Programming：Solving the Curses of Dimensionality [M]. New Jersey：John Wiley & Sons, Inc. , 2007.

[10] Venayagamoorthy G K, Harley R G, Wunsch D C. Comparison of heuristic dynamic programming and dual heuristic programming adaptive critics for neurocontrol of a turbogenerator [J]. IEEE Transactions on Neural Networks, 2002, 13(3)：764-773.

[11] Reignier P. Fuzzy logic techniques for mobile robot obstacle avoidance [J]. Robotics and Autonomous Systems, 1994, 12：143-153.

[12] Marinez A, et al. Fuzzy logic based collision avoidance for a mobile robot [J]. Robotica, 1994, 12: 521-527.

[13] Dubrawski A, et al. Learning locomotion reflexes: A self-supervised neural system for a mobile robot [J]. Robotics and Autonomous System, 1994, 12: 133-142.

[14] Volpe R, et al. The Rocky 7 Mars rover prototype [A]. Proc. IEEE/RSJ International Conference on Intelligent Robots and Systems [C], Osaka, 1996: 1558-1564.

[15] Huntsberger T. Fault-tolerant action selection for planetary rover control [A]. Proc. Sensor Fusion and Decentralized Control in Robotic Systems [C], SPIE 3523, Boston, 1998: 150-156.

[16] 徐昕. 增强学习及其在移动机器人导航控制的应用[D]. 长沙: 国防科技大学, 2002.

[17] 徐昕, 贺汉根. 机器学习在月球探测机器人智能导航中的应用研究[A]. 第二届月球探测技术研讨会论文集[C], 北京, 2001: 319-323.

[18] Salichs M A, Moreno L. Navigation of mobile robots: Open questions [J]. Robotica, 2000, 18: 227-234.

[19] Sanchez O, Ollero A, Heredia G. An adaptive fuzzy control for automatic path tracking of outdoor mobile robots-application to Romeo 3R [A]. IEEE Int. Conf. On Fuzzy Systems [C], Barcelona, 1997, 1: 593-599.

[20] Fierro R, Lewis F L. Control of a nonholonomic mobile robot using neural networks [J]. IEEE Transactions. on Neural Networks, 1998, 9(4): 589-600.

[21] Rajagopalan R, Minano D. Variable learning rate neuromorphic guidance controller for automated transit vehicles [A]. IEEE Int. Conf. on Intelligent Control [C], Monterey, 1995: 435-440.

[22] Yang X X, et al. An intelligent predictive control approach to path tracking problem of autonomous mobile robot [A]. Proc. of the IEEE Int. Conf. on Sys. Man and Cybernetcs, San Diego, 1998, 4: 3301-3306.

[23] Topalov A V, et al. Fuzzy-net control of nonholonomic mobile robot using evolutionary feed-back-error-learning [J]. Robotics and Autonomous Systems, 1998, 23(3): 187-200.

[24] Watanabe K, et al. A fuzzy-Gaussian neural network and its application to mobile robot control [J]. IEEE Transactions on Control Systems Technology, 1996, 4(2): 193-199.

[25] Ortiz M, et al. Evaluation of reinforcement learning autonomous navigation systems for a Nomad 200 mobile robot [A]. Proc. IFAC Intelligent Autonomous Vehicles [C], Madrid, 1998: 309-314.

[26] Lin L J. Reinforcement Learning for Robots Using Neural Networks [D]. Pittsburgh: Carnegie Mellon University, 1993.

[27] Lin L J. Self-improving reactive agents based reinforcement learning, planning and teaching [J]. Machine Learning, 1992, 8(3/4): 293-321.

[28] Zalama E. et al. Reinforcement learning for the behavioral navigation of a mobile robot [A]. Proc. of the 14th IFAC World Congress [C], Beijing, 1999: 157-162.

[29] 徐昕, 等. 基于增强学习的移动机器人导航控制[J]. 中南工业大学学报(专辑), 2000, 31: 462-464.

[30] 贺汉根, 徐昕, 等. 增强学习及其在机器人控制中的应用[J]. 中南工业大学学报(专辑), 2000, 31: 170-173.

[31] Rumelhart D E, Hinton G E, Williams R J. Learning internal representations by error propagation [A]. Parallel Distributed Processing [C], Cambridge: MIT Press, 1986, 1: 318-362.

[32] Minsky M L. Theory of neural-analog reinforcement systems and its application to the brain-model

problem [D]. Princeton: Princeton University. 1954.

[33] Samuel A L. Some studies in machine learning using game of checkers [J]. IBM Journal on Research and Development, 1959, 3: 211-229.

[34] Sutton R. Learning to predict by the method of temporal differences [J]. Machine Learning, 1988, 3(1): 9-44.

[35] Howard R A. Dynamic Programming and Markov Processes [M]. Cambridge: MIT Press, 1960.

[36] Bertsekas D P. Dynamic Programming and Optimal Control [M]. Belmont: Athena Scientific, 1995.

[37] Watkins C, Dayan P. Q-learning [J], Machine Learning, 1992, 8: 279-292.

[38] Bertsekas D P, Tsitsiklis J N. Neuro-Dynamic Programming [M]. Belmont: Athena Scientific, 1996.

[39] Holland J H. Adaptation in Natural and Artificial Systems [M]. Cam bridge: MIT Press, 1991.

[40] Back T. Evolutionary Algorithms in Theory and Practice [M]. New York: Oxford University Press, 1996.

[41] Fogel L J, et al. Artificial Intelligence Through Simulated Evolution [M]. New York: John Wiley, 1966.

[42] Goldberg D E. Genetic Algorithms in Search, Optimization and Machine Learning [M]. Cambridge: Addison -Wesley Publishing, 1989.

[43] Holland J H. Genetic algorithms and classifier systems, foundations and future directions [A]. Proc. of the Second International Conf. on GA [C], Cambridge, MA, 1987:82-89.

[44] Moriarty D E. Efficient reinforcement learning through symbiotic evolution [J]. Machine Learning, 1996, 22: 11 32.

[45] Sutton R S, et al. Reinforcement learning is direct adaptive optimal control [J]. IEEE Control Systems Magazine, 12(2): 19-22.

[46] Singh S P, Sutton R. Reinforcement learning with replacing eligibility traces [J]. Machine Learning, 1996, 22: 123-158.

[47] Brartke S J, Barto A. Linear least-squares algorithms for temporal difference learning [J]. Machine Learning, 1996, 22: 33-57.

[48] Boyan J. Least-squares temporal difference learning [A]. Machine Learning: Proceedings of the Sixteenth International Conference (ICML) [C], Bled: 1999: 49-56.

[49] Peng J, Williams R J. Incremental multi-step Q-learning [J]. Machine Learning, 1996, 11: 283-290.

[50] Peng J. Efficient Dynamic Programming-based Learning for Control [D]. Boston: Northeastern University, 1993.

[51] Rummery G A, Niranjan M. On-line Q-learning using connectionist systems [R]. Technique Report, CUED/ F-INFENG/TR-166, Cambridge University Engineering Department, 1994.

[52] Singh S P, et al. Convergence results for single-step on-policy reinforcement learning algorithms [J]. Machine Learning, 2000, 38: 287-308.

[53] Barto A G, Sutton R, Anderson C W. Neuronlike adaptive elements that can solve difficult learning control problems [J]. IEEE Transactions on System, Man, and Cybernetics, 1983, 13: 834-846.

[54] Lin C T, Lee C S G. Reinforcement structure/parameter learning for neural-network-based fuzzy logic control system [J]. IEEE Trans. Fuzzy System, 1994, 2(1): 46-63.

[55] Hu G H, et al. TD(λ) algorithms for average reward problems [A]. Proc. of the 14th IFAC World Congress [C], Beijing, 1999: 375-380.

[56] Schwartz A. A reinforcement learning method for maximizing undiscounted rewards [A]. Proceedings of the Tenth International Conference on Machine Learning [C], San Mateo, 1993.

[57] Tadepalli P, et al. H-learning: A reinforcement learning method to optimize undiscounted average reward [R]. Technical Report 94-30-1, Oregon State University, Department of Computer Science, 1994.

[58] Lagoudakis M G, Parr R. Least-squares policy iteration [J]. Journal of Machine Learning Research, 2003, 4: 1107-1149.

[59] Rasmussen C E, Kuss M. Gaussian processes in reinforcement learning [A]. Thrun S, Saul L K, Schölkopf B. Advances in Neural Information Processing Systems 16 [C], Cambridge: MIT Press, 2004: 751-759.

[60] Sutton R. Generalization in reinforcement learning: Successful examples using sparse coarse coding [A]. Advances in Neural Information Processing Systems 8 [C], Cambridge: MIT Press, 1996: 1038-1044.

[61] Tesauro G J. Temporal difference learning and TD-gammon [J]. Communications of ACM, 1995, 38: 58-68.

[62] Baird L C. Residual algorithms: Reinforcement learning with function approximation [A]. Proc. of the 12th Int. Conf. on Machine Learning [C], San Francisco, 1995.

[63] Sutton R, et al. Policy gradient methods for reinforcement learning with function approximation [A]. Proc. of Neural Information Processing Systems[C], Cambridge: MIT Press, 2000: 1057-1063.

[64] Baxter J, Bartlett P L. Infinite-horizon policy-gradient estimation [J]. Journal of Artificial Intelligence Research, 2001, 15(1): 319-350.

[65] Schraudolph N, Yu J, Aberdeen D. Fast online policy gradient learning with SMD gain vector adaptation [A]. Advances in Neural Information Processing Systems (NIPS) [C], Cambridge: MIT Press, 2006.

[66] Barto A G, Mahadevan S. Recent advances in hierarchical reinforcement learning [J]. Discrete Event Dynamic Systems-Theory and Applications, 2003, 13(1,2): 41-77.

[67] Sutton R S, Precup D, Singh S. Between MDPs and semi-MDPs: A framework for temporal abstraction in reinforcement learning [J]. Artificial Intelligence, 1999, 112: 181-211.

[68] Parr R. Hierarchical control and learning for markov decision processes [D]. Berkeley: University of California, 1998.

[69] Dieterich T G. Hierarchical reinforcement learning with the max-Q value function decomposition [J]. Journal of Artificial Intelligence Research, 2000, 13: 227-303.

[70] Prokhorov D, Santiago R, Wunsch D. Adaptive critic designs: A case study for neurocontrol [J]. Neural Networks, 1995, 8: 1367-1372.

[71] Prokhorov D, Wunsch D. Adaptive critic designs [J]. IEEE Transactions on Neural Networks, 1997, 8(5):997-1007.

[72] Berenji H R, Khedkar P. Learning and tuning fuzzy logic controllers through reinforcements [J]. IEEE Transactions on Neural Networks,1992, 3(5): 724-740.

[73] Wang X S, Cheng Y H, Yi J Q. A fuzzy Actor-Critic reinforcement learning network [J]. Information Sciences, 2007, 177(18): 3764-3781.

[74] Xu X, Hu D W, Lu X C. Kernel-based least-squares policy iteration for reinforcement learning [J].

IEEE Transactions on Neural Networks, 2007, 18(4),973-992.

[75] Wang F Y, Zhang H, Liu D. Adaptive dynamic programming: An introduction [J], IEEE Comput. Intell. Mag. , 2009: 39-47.

[76] Saeks R, Cox C, Neidhoefer J, et al. Adaptive critic control of a hybrid electric vehicle [J]. IEEE Transactions on Intelligent Transportation Systems, 2002, 3(4): 213-234.

[77] Dayan P, Sejnowski T J. TD(λ) converges with probability 1 [J]. Machine Learning, 1994, 14: 295-301.

[78] Dayan P. The convergence of TD(λ) for general λ [J]. Machine Learning, 1992, 8: 341-362.

[79] Tsitsiklis J N, Roy B V. An analysis of temporal difference learning with function approximation [J]. IEEE Transactions on Automatic Control, 1997, 42(5): 674-690.

[80] Singh S, Dayan P. Analytical mean squared error curves for temporal difference learning [J]. Machine Learning, 1998, 32: 5-40.

[81] Tsitsiklis J. Asynchronous stochastic approximation and Q-learning [J]. Machine Learning, 1994, 16: 185-202.

[82] Baird L C, Moore A. Gradient descent for general reinforcement learning [A]. Proc. of NIPS- 11 [C], Cambridge: MIT Press, 1999: 968-974.

[83] Heger M. The loss from imperfect value functions in expectation-based and minimax-based Tasks [J]. Machine Learning, 1996, 22: 197-225.

[84] Thrun S. Explanation-based Neural Network Learning: A Lifelong Learning Approach [M]. The Netherlands: Kluwer Academic Press, 1996.

[85] Wang X N, Xu X, Wu T, et al. Hybrid reinforcement learning combined with SVMs and its applications [A]. Proceedings of the International Conference on Sensing, Computing and Automation [C], Chongqing, 2006, 5: 3740-3745.

[86] Littman M. Markov games as a framework for multi-agent reinforcement learning [A]. Proceedings of the Eleventh International Conference on Machine Learning [C], San Francisco, 1994: 157-163.

[87] Hu J, Wellman M P. Multiagent reinforcement learning: Theoretical framework and an algorithm [A]. 15th Intl. Conference on Machine Learning [C], Madison, 1998: 242-250.

[88] Kapetanakis S, Kudenko D. Reinforcement learning of coordination in cooperative multi-agent systems [A]. Proceedings of the 17th National Conference on Artificial Intelligence (AAAI-02) [C], Edmonton, 2002.

[89] Shoham Y, Powers R, Grenager T. Multi-agent reinforcement learning: A critical survey [R]. Technical Report, Stanford University, 2003.

[90] Doshi P, Gmytrasiewicz P J. Approximating State Estimation in Multiagent Settings Using Particle Filters [C]. Autonomous Agents and Multi-agent Systems (AAMAS), 2005: 320-327.

[91] Gmytrasiewicz P J, Doshi P. A framework for sequential planning in multi-agent settings [J]. Journal of Artificial Intelligence Research (JAIR), 2005, 24: 49-79.

[92] Liu D, Javaherian H, Kovalenko O, et al. Adaptive critic learning techniques for engine torque and air-fuel ratio control [J]. IEEE Transactions on Systems, Man and Cybernetics-Part B: Cybernetics, 2008, 38(4):988-993.

[93] Zhang P, Stephane C. Uncertainty estimate with pseudo-entropy in reinforcement learning [J]. Control Theory and Applications, 1998, 15(1): 100-104.

[94] 蒋国飞，吴沧浦. 基于 Q-学习算法和 BP 神经网络的倒立摆控制[J]. 自动化学报，1998，24(5)：662-666.

[95] 李友善，李军. 模糊控制理论及其在过程控制中的应用[M]. 北京：国防工业出版社，1993.

[96] Brooks R, et al. A robust layered control system for a mobile robot [J]. IEEE Transactions on Robotics and Automation, 1986, 2: 14-23.

[97] Tham C K, Prager R W. A modular Q-learning architecture for manipulator task decomposition [A]. Proc. of the 11th Int. Conf. on Machine Learning [C], San Francisco, 1994: 309-317.

[98] Singh S. Transfer of learning by composing solutions of elemental sequential tasks [J]. Machine Learning, 1992, 8(3/4): 323-339.

[99] Jacobs R, Jordan M. Learning piecewise control strategies in a modular neural network architecture [J]. IEEE Transactions on Systems, Man and Cybernetics, 1993, 23(2): 337-345.

[100] Zhou C J, Meng Q C. Dynamic balance of a biped robot using fuzzy reinforcement learning agents [J]. Fuzzy Sets and Systems, 2003, 134(1):169-187.

[101] Boyan J. Learning Evaluation Function for Global Optimization [D]. Pittsburgh: Carnegie Mellon University, 1998.

[102] Crites R H, Barto A G. Elevator group control using multiple reinforcement learning Agents [J]. Machine Learning, 1998, 33(2/3): 235-262.

[103] Zhang W, Dietterich T G. High-performance Job-shop scheduling with a time-delay TD(lambda) network [A]. Touretzky D S, Mozer M C, Hasselmo M E. Advances in Neural Information Processing Systems [C], 1996, 8: 1024-1030.

[104] Schaerf A, Shoham Y, Tennenholtz M. Adaptive load balancing: A study in multi-agent learning [J]. Journal of Artificial Intelligence Research, 1995, 2: 475-500.

[105] Thrun S. Learning to play the game of Chess [A]. Advances in Neural Information Processing Systems 7 [C], Cambridge: MIT Press, 1995.

[106] Stone P. Layered Learning in Multiple Agents Systems [D]. Pittsburgh: Department of Computer Science, CMU, 1998.

[107] Sandholm T W, Crites R H. On multiagent Q-learning in a semi-competitive domain [A]. Lecture Notes in Artificial Intelligence 1042 of Lecture Notes in Computer Science [C], Berlin: Springer-Verlag, 1996: 191-205.

[108] Xu X, He H G. Multi-phase intelligent traffic controller based on reinforcement learning [J]. Advances in System Science and Applications, 2000, 2: 77-82.

[109] Thorpe T L. Vehicle Traffic Light Control Using SARSA [D]. Colorado: Department of Computer Science, Colorado State University, 1997.

[110] Lozano P T. Spatial planning: A configuration space approach [J]. IEEE Transactions on Computers, 1983, 32(2): 108-120.

[111] Malcom C, Smithers T. Symbol grounding via a hybrid architecture in an autonomous assembly system [J]. Robotics and Autonomous Systems, 1990, 6: 123-144.

[112] Chella A, et al. An architecture for autonomous agents exploiting conceptual representations [J], Robotics and Autonomous Systems, 1998, 25: 231-240.

[113] Hu H, Brady J M, et al. LICAs: A modular architecture for intelligent control of mobile robots [A]. Proc. of the International Conference on Intelligent Robots and Systems [C], Pittsburgh, 1995:471.

［114］Khatib O. Real-time obstacle avoidance for manipulators and mobile robot［J］. International Journal of Robotic Research, 1986, 5(1): 90-98.

［115］Reignier P. Fuzzy logic techniques for mobile robot obstacle avoidance［J］. Robotics and Autonomous Systems, 1994, 12: 143-153.

［116］Lee P S, Wang L L. Collision avoidance by fuzzy logic control for automated guided vehicle navigation ［J］. Journal of Robotic Systems, 1994, 11(8): 743-760.

［117］Marinez A, et al. Fuzzy logic based collision avoidance for a mobile robot［J］. Robotica, 1994, 12: 521-527.

［118］Dubrawski A, et al. Learning locomotion reflexes: A self-supervised neural system for a mobile robot ［J］. Robotics and Autonomous System, 1994, 12: 133-142.

［119］张明路. 基于神经网络和模糊控制的移动机器人反应导航和路径跟踪的研究［D］. 天津：天津大学, 1997.

［120］Meeden L A. Trends in evolutionary robotics［A］//Jain L C, Fukuda T, et al. Soft Computing for Intelligent Robotic Systems［M］. New York: Physical Verlag, 1998: 215-233.

［121］Hoffman F, et al. Evolutionary design of a fuzzy knowledge base for a mobile robot［J］. International Journal of Approximate Reasoning, 1997, 17(4): 447-469.

［122］Floreano D, Mondada F. Evolutionary neuro-controller for autonomous mobile robots［J］. Neural Networks, 1998, 11(7,8): 1461-1478.

［123］Mahadevan S, Connell J. Automatic programming of behavior-based robots using reinforcement learning ［R］. Research Report RC16359#72625, IBM T. J. Watson Research Center, Yorktown Heights, 1990.

［124］Maes P, Brooks R. Learning to coordinate behaviors［A］. Proceedings of the 8th AAAI Conference ［C］, Morgan Kaufmann, 1990: 796-802.

［125］Braga A P, et al. Robot navigation in complex and initially unknown environments［A］. Proc. of the 14th IFAC World Congress［C］, Beijing, 1999: 179-184.

［126］deSantis R M. Modeling and path-tracking control of a mobile wheeled robot with a differential drive ［J］. Robotica, 1995, 13: 401-410.

［127］Egerstedt M, et al. Control of a car-like robot using a dynamic model［A］. Proc. of IEEE Int. Conf. On Robotics and Automation［C］, Leuven, 1998: 3273-3278.

［128］Jagannathan S, et al. Path planning and control of a mobile base with non-holonomic constraints［J］. Robotica, 1994, 12: 529-539.

［129］Lee S S, et al. A fast tracking error control for an autonomous mobile robot［J］. Robotica, 1993, 11: 209-215.

［130］Shin D H, et al. Explicit path tracking by autonomous vehicles［J］. Robotica, 1992, 10: 539-554.

［131］Balluchi A, et al. Path tracking control for Dubin's car［A］. Proc. of the 1996 IEEE International Conf. on Robotics and Automation［C］, Minneapolis, 1996, 3123-3128.

［132］Yang J M, et al. Sliding mode control of a nonholonomic wheeled mobile robot for trajectory tracking ［A］. Proc. of the 1998 IEEE International Conf. on Robotics and Automation［C］, Leuven, 1998, 2983-2988.

［133］Aguilar M, et al. Robust path-following control with exponential stability for mobile robots［A］. Proc. of the 1998 IEEE International Conf. on Robotics and Automation［C］, Leuven, 1998:

3279-3284.

[134] Astolfi A. Exponential stabilization of a car-like vehicle [A]. Proc. of the 1995 IEEE International Conf. On Robotics and Automation [C], Nagoya, 1995: 1391-1396.

[135] Hemami A, et al. Optimal kinematic path tracking control of mobile robots with front steering [J]. Robotica, 1994, 12: 563-568.

[136] Jiang Z P, Nijmeijer H. Tracking control of mobile robots: A case study in back-stepping [J]. Automatica, 1997, 33(7): 1393-1399.

[137] Baxter J W, Bumby J R. Fuzzy control of a mobile robotic vehicle [J]. Journal of Systems and Control Engineering, 1995, 209(2): 79-91.

[138] Fikes R E, Hart P E, Nilsson N J. Learning and executing generalized robot plans [J]. Artificial Intelligence, 1972, 3: 251-288.

第 2 章 线性时域差值学习理论与算法

作为一类求解序贯优化决策问题的机器学习方法,增强学习与动态规划、自适应控制等学科有着密切的联系。类似于自适应控制中的辨识与控制,以及动态规划中的策略估计与迭代,增强学习问题可以分为学习预测问题和学习控制问题两类,并且学习预测问题的求解为实现以优化决策为目标的学习控制提供了基础。在讨论增强学习控制算法之前,本章将以一类称为时域差值(temporal difference,或称为时间差分)学习[1,2]的学习预测方法为研究内容,开展有关的算法和理论研究。

所谓预测是指根据系统的输入或状态对系统的输出进行判断或估计。预测问题在模式识别、系统辨识、函数逼近等领域都得到了广泛的研究,也是机器学习理论和方法研究的基本问题之一。按照观测数据的时间特性,预测问题可以分为单步预测(single-step prediction)和多步预测(multi-step prediction)两类[2]。单步预测问题是指根据历史数据对系统当前时刻的输出进行预测,而多步预测问题则需要根据历史数据对系统在未来时刻的输出进行预测。模式分类、函数逼近中的许多问题可以作为单步预测问题来求解,而动态系统辨识和预测、语音识别、中长期天气预报等具有时间序列特性的预测问题则往往属于多步预测问题。在机器学习研究领域,对于求解单步预测和多步预测问题的机器学习方法已进行了大量的研究工作,其中监督学习和时域差值学习是研究和应用最为广泛的两类机器学习方法。

时域差值学习作为求解多步预测问题的一类有效方法,与基于监督学习的预测方法存在重要的区别。监督学习方法根据预测值和实际观测值的误差修正预测模型,而时域差值学习则根据在时间上连续的两次预测的差值来修正预测模型。对于多步预测问题,监督学习方法只有在获得全部观测数据后才能通过计算预测误差来修正预测模型和参数;时域差值学习则可以根据每两个时刻的预测值和局部观测数据来修正预测模型和参数。因此,在多步预测问题中,时域差值学习可以实现在线学习,并且在减少存储量和计算量的同时,能够获得更高的学习效率。对于具有延迟回报的序贯优化决策问题(learning control problem,又称学习控制问题),时域差值学习则成为解决时间信念分配(temporal credit assignment)的基本方法[1,3]。因此,时域差值学习的算法和理论对于其他用于求解学习控制问题的增强学习算法也具有基础性的指导作用。

时域差值学习的基本思想起源于心理学中针对次要增强信号(secondary reinforcer，或称二级强化物）的学习机理和实验研究，所谓次要增强信号即伴随食物、疼痛等主要增强信号的刺激，如连续两次获得食物数量的差别和其他中性刺激物等。在人工智能领域，有关时域差值学习的早期工作有：Minsky[4] 首次指出了次要增强信号在机器学习研究中的潜在价值，Sameul[5] 在他设计的跳棋学习程序 Checker 中成功地利用了时域差值学习的机制和思想。上述这些有关时域差值学习的早期研究工作还基本停留在概念性的认识和经验层次上，缺乏完整的算法和理论体系。近年来，时域差值学习在算法和理论研究方面取得的一个突破性进展是 Sutton 在 1988 年[2] 提出的 Markov 链学习预测的形式化理论和 TD(λ)学习算法。在 Sutton 的论文中，时域差值学习被作为一类基于 Markov 链的多步预测学习方法，可用于求解平稳 Markov 决策过程的策略评价或值函数预测问题，并给出了时域差值学习的算法描述，即 TD(λ)学习算法和初步的收敛性分析。目前，结合 Markov 链和平稳策略 Markov 决策过程的有关理论，学术界对于时域差值学习理论和 TD(λ)学习算法的收敛性已开展了许多研究工作。对于大规模状态空间 Markov 链学习预测的泛化问题，采用线性值函数逼近的 TD(λ)学习算法和收敛性分析也取得了若干研究成果[6,7]，但如何进一步提高算法的学习效率和收敛性能是一个值得研究的课题。

本章将对时域差值学习理论和算法进行深入讨论和研究。2.1 节首先介绍 Markov 链与多步学习预测（multi-step learning prediction）问题的有关基础理论；2.2 节对已有的表格型 TD(λ)学习算法和基于值函数逼近的 TD(λ)学习算法以及有关收敛性理论进行简要介绍；2.3 节研究一种新的多步递推最小二乘线性 TD(λ)学习算法，并证明其一致收敛性，同时讨论收敛解的误差上界；在 2.4 节中，针对两个 Markov 链的多步学习预测问题，验证和比较不同算法的性能；2.5 节对本章进行了小结。

2.1　Markov 链与多步学习预测问题

2.1.1　Markov 链的基础理论

Markov 链作为一类重要的随机过程，由于其广泛的工程应用背景，在概率论、统计学和运筹学等学科中得到了大量研究。在时域差值学习的理论和算法研究中，Markov 链作为一个基本的多步预测模型，是进行算法理论分析的基础。为方便后面的算法分析和研究，本节将对 Markov 链的有关基础理论进行简要介绍，详细讨论可参见相关文献[8]。

1. Markov 链及其转移概率

定义 2.1　设$\{X_n : n = 0, 1, 2, \cdots\}$为一列只取非负整数值的随机变量，若对任

意 $n>1$,任意非负整数 $i_0,i_1,i_2,\cdots,i_{n-1},i$ 与 j 恒有下式成立:

$$p\{X_{n+1}=j\,|\,X_n=i,X_{n-1}=i_{n-1},\cdots,X_1=i_1,X_0=i_0\}$$
$$=p\{X_{n+1}=j\,|\,X_n=i\} \tag{2.1}$$

则称 $\{X_n:n=0,1,2,\cdots\}$ 为一个离散时间 Markov 链,其中,$p\{x\,|\,y\}$ 为条件转移概率。

上述定义表述的性质称为 Markov 性,或无后效性。在实际应用的许多随机问题中,通过适当选择状态变量,往往可以满足或近似满足这一性质。因此 Markov 链成为研究工程问题的一个有力数学工具。齐次 Markov 链作为一类特殊的 Markov 链,在理论分析和实际应用中具有重要地位。为简化叙述,在本书后面有关 Markov 链的讨论中,如不特别说明,均针对离散时间齐次 Markov 链。以下为离散时间齐次 Markov 链的定义。

定义 2.2　称 Markov 链为齐次的,若对于任意非负整数 i 与 j,恒有

$$p(X_{n+1}=j\,|\,X_n=i)=p(X_1=j\,|\,X_0=i) \tag{2.2}$$

在 Markov 链的有关理论分析中,状态的转移概率和转移概率矩阵具有重要的地位和作用。离散时间齐次 Markov 链的转移概率和转移概率矩阵的定义如下。

定义 2.3(Markov 链的转移概率)　对于 Markov 链 $\{X_n:n=0,1,2,\cdots\}$,设状态空间为 S,记

$$p_{ij}^n=p(X_n=j\,|\,X_0=i),\quad\forall i,j\in S,n\in\mathbf{N} \tag{2.3}$$

并称其为 Markov 链自状态 i 出发,经 n 步后转移至 j 的 n 步转移概率。

定义 2.4(Markov 链的转移概率矩阵)　称以 $p_{ij}^n(i,j\in S)$ 为全部元素所组成的矩阵

$$P^{(n)}=(p_{ij}^n) \tag{2.4}$$

为 Markov 链的 n 步转移概率矩阵,记一步转移概率矩阵为 P。

关于 Markov 链的转移概率矩阵,有以下定理[8]。

定理 2.1　设 X 为 Markov 链,$P^{(n)}$ 为 n 步转移概率矩阵,则有

$$P^{(n+1)}=P^{(n)}P,\quad P^{(n)}=P^n \tag{2.5}$$
$$P^{(m+n)}=P^{(m)}P^{(n)},\quad\forall m,n\geqslant0\ (\text{Kolmogorov-Chapman 方程}) \tag{2.6}$$

2. 状态的常返性和周期性

在有关 Markov 链概率性质的研究中,通常将状态分为不同的类别,其中状态的常返性和周期性是两个重要的分类特征。下面首先介绍状态的首达概率和常返性。

记状态 j 的首达时为

$$\tau_j=\inf\{n\geqslant1:X_n=j\},\quad\forall j\in S \tag{2.7}$$

则状态 j 的首达概率定义为

$$f_{ij}^{(n)} = p(\tau_j = n \,|\, X_0 = i), \quad \forall n \geqslant 1 \tag{2.8}$$

$$f_{ij} = \sum_{n=1}^{\infty} f_{ij}^{(n)} = p(\tau_j < \infty \,|\, X_0 = i) \leqslant 1 \tag{2.9}$$

根据状态首达概率的性质,可以将状态分为常返和非常返两类。

定义 2.5　若 $f_{ii} = 1$,称状态 i 为常返的;若 $f_{ii} < 1$,称状态 i 为非常返的。

对于常返状态 i,易知 $\{f_{ii}^{(n)} : n \geqslant 1\}$ 为离散概率分布,则可以定义状态的平均返回时间为

$$\mu_i = \sum_{n=1}^{\infty} n f_{ii}^{(n)} = E[\tau_i \,|\, X_0 = i] \tag{2.10}$$

由状态的平均返回时间可以将常返状态分为正常返的($\mu_i < +\infty$)和零常返($\mu_i = +\infty$)的两类。

周期性是 Markov 链状态分类的另一个重要性质。下面给出状态周期性的有关定义。

定义 2.6(非负序列的周期)　称满足下述条件的最大正整数 d 为非负序列 $\{a_n, n \geqslant 1\}$ 的周期:

$$a_n = 0, \quad \forall n \neq kd, \; k = 1, 2, \cdots \tag{2.11}$$

定义 2.7(状态的周期性)　称非负序列 $\{p_{ii}^{(n)} : n \geqslant 1\}$ 的周期为状态 i 的周期,记为 $d(i)$;若 $d(i) = 1$,则状态 i 为非周期的;若 $d(i) \geqslant 2$,则状态 i 为周期的。

3. 状态的遍历性和 Markov 链的平稳分布

在定义了状态的常返性和周期性后,可以定义一类特殊的状态,即遍历(ergodic)状态。所谓遍历状态,即既是正常返的又是非周期的状态。在遍历状态中,满足 $p_{ii} = 1$ 的状态称为吸收状态。

为进行齐次 Markov 链状态空间按状态类别的分解,还需要引入如下两个概念:状态的互通性和状态空间的不可约性。

定义 2.8(两个状态的互通)　对于两个状态 i 和 j,若存在 $n_1, n_2 \geqslant 1$,使得 $p_{ij}^{(n_1)} > 0$ 且 $p_{ji}^{(n_2)} > 0$,则称状态 i 和 j 互通,记作 $i \leftrightarrow j$。

定义 2.9(不可约 Markov 链)　一个齐次 Markov 链称为不可约的,若任意两个状态均为互通的,即如下条件满足:

$$\forall i, j, \quad i \leftrightarrow j$$

根据上述讨论,可以定义一类具有重要性质的 Markov 链——遍历 Markov 链。

定义 2.10(遍历 Markov 链)　如果 Markov 链是不可约的,并且所有状态是遍历的,则称为遍历 Markov 链。

在时域差值学习算法的理论分析中,有关遍历 Markov 链的假设和性质将起

到关键的作用,其中一个重要性质就是平稳分布的存在性。

定义 2.11(齐次 Markov 链的平稳分布)　设齐次 Markov 链的一步转移概率矩阵为 P,若定义在状态空间 S 上的离散概率分布 π 满足

$$\pi^{\mathrm{T}} = \pi^{\mathrm{T}} P \tag{2.12}$$

则 π 称为齐次 Markov 链的平稳分布。

定理 2.2　设齐次 Markov 链是遍历的,令 $\pi = (\pi_1, \pi_2, \cdots)$,其中 $\pi_j = 1/\mu_j (j \geqslant 1)$,则 π 是 Markov 链的唯一平稳分布,且有

$$\lim_{n \to \infty} P^{(n)} = 1 \cdot \pi \tag{2.13}$$

2.1.2　基于 Markov 链的多步学习预测问题

考虑具有回报函数 $r: S \times S \to \mathbf{R}$ 的 Markov 过程 $\{X_t\}$,其中 S 为状态空间,回报函数 $r(s, s')$ 定义为状态转移 $s \to s'$ 的代价函数(cost-to-go function)。定义状态的值函数为

$$V(s) = E\Big[\sum_{t=0}^{\infty} \gamma^t r(s_t, s_{t+1}) \,\big|\, s_0 = s \Big] \tag{2.14}$$

其中,$0 < \gamma < 1$ 为折扣因子;$r(s_t, s_{t+1})$ 为状态转移 $s_t \to s_{t+1}$ 的代价。

上述定义与动态规划中关于状态值函数的定义相同,即状态的值函数等于从该状态出发所产生的代价总和的期望值。在动态规划中,状态值函数的定义还与 Markov 决策过程和相应的行为选择策略有关,当 Markov 决策过程的行为选择策略为平稳策略时,Markov 决策过程的状态值函数就等同于对应 Markov 链的状态值函数。有关 Markov 决策过程的行为策略和状态值函数,本书将在第 4 章给予详细讨论。

在 Markov 决策过程和动态规划的研究中,一个重要问题是计算平稳行为策略 Markov 决策过程的状态值函数,即策略评价问题(policy evaluation problem)。由于具有平稳策略的 Markov 决策过程等同于一个 Markov 链,因此平稳 Markov 决策过程的策略评价问题也等价于 Markov 链状态值函数的计算问题。对于模型已知的平稳 Markov 决策过程或 Markov 链,可以利用动态规划中的有关算法求解状态的值函数。在动态规划中,策略评价算法成为策略迭代(policy iteration)等求解 Markov 决策过程最优值函数方法的基础。

由于增强学习的目标是求解模型未知 Markov 决策过程的最优值函数,所以在 Markov 决策过程的状态转移概率和回报函数等模型信息未知的条件下,计算对应 Markov 链的状态值函数就成为增强学习的一个重要研究课题。

对模型未知 Markov 链的状态值函数进行求解是一类多步学习预测问题(multi-step learning prediction problem),即学习的目标是根据当前信息实现对未来多个时刻状态和相关信息的预测。而传统的监督学习一般仅用于单步学习预测

问题,即根据当前信息对当前时刻的输出进行预测。虽然 Monte-Carlo 方法作为一类监督学习方法可以用于求解多步学习预测问题,但往往具有效率低下的缺点。时域差值学习则通过利用连续两个时刻预测量的差值来更新预测模型,是求解多步学习预测问题的一种有效方法。类似于动态规划的策略评价与策略迭代的关系,时域差值学习求解的多步学习预测问题可以看做学习控制的一个子问题,因此时域差值学习算法如 TD(λ)学习算法等也是 Q-学习、Sarsa 学习等学习控制算法(参见本书第 4 章)的基础。本章以下各节将对时域差值算法及其收敛性理论进行深入研究。

2.2　TD(λ)学习算法

TD(λ)学习算法由 Sutton 首次提出[2],并建立了时域差值学习的形式化理论基础。已提出的 TD(λ)学习算法包括表格型 TD(λ)学习算法和基于值函数逼近的TD(λ)学习算法两类。本节将对上述算法进行简要的介绍。

2.2.1　表格型 TD(λ)学习算法

TD(λ)学习算法作为一类多步学习预测算法,参数 $\lambda(0\leqslant\lambda\leqslant1)$ 是决定算法性能的一个关键参数。下面对 $\lambda=0$ 和 $0<\lambda\leqslant1$ 两种情况分别进行介绍。

1. 表格型 TD(0)学习算法

考虑具有离散状态空间 $S=\{s_1,s_2,\cdots,s_n\}$ 的 Markov 链$\{X_t\}$,回报函数为 r:$S\times S\rightarrow\mathbf{R}$,状态值函数的定义如式(2.14)所示。为求解上述 Markov 链的多步学习预测问题,在表格型 TD 学习算法中采用表格形式存储和计算状态值函数的估计。设状态 s 的值函数估计为$V(s)$,在 TD(0)学习算法中,定义时刻 t 的时域差值为

$$\delta_t = r_t + \gamma V(s_{t+1}) - V(s_t) \tag{2.15}$$

其中,s_t,s_{t+1}分别为时刻 t 和 $t+1$ 的状态;$0<\gamma<1$ 为折扣因子。

设学习因子为 α_t,则 TD(0)的迭代计算公式为

$$V(s_t) = V(s_t) + \alpha_t\delta_t = V(s_t) + \alpha_t[r_t + \gamma V(s_{t+1}) - V(s_t)] \tag{2.16}$$

2. n 步截断回报与 λ-回报

TD(0)学习算法在迭代过程中仅利用了当前时刻的时域差值,因此可以称为单步时域差值方法。作为一种多步学习预测方法,在时域差值学习中利用 Markov 链在多个时刻的时域差值信息,是提高算法效率的一个重要手段。对于任意 $0<\lambda\leqslant1$,TD学习算法通过采用 n 步截断回报(truncated return)和 λ-回报(λ-return)的概念,从而实现了对 Markov 链在多个时刻的时域差值信息的利用。因此具有 $0<\lambda\leqslant1$ 的 TD 的算法可以称为多步时域差值学习算法。

对于定义了状态转移代价函数 $R(s,s')$ 的离散状态 Markov 链 $\{X_n\}$,设状态轨迹为 $s_0,s_1,\cdots,s_t,\cdots$,各个时刻对应的状态转移代价为 $r_0,r_1,r_2,\cdots,r_t,\cdots$,状态值函数的估计为 $V(s)$,则 t 时刻的 n 步截断回报定义如下:

$$R_t^{(n)} = r_t + \gamma r_{t+1} + \cdots + \gamma^{n-1} r_{t+n-1} + \gamma^n V(s_{t+n}) \tag{2.17}$$

其中,s_n 为时刻 n 的状态。对于吸收 Markov 链,设 x_T 为吸收状态,则当 $t+n>T$ 时,有

$$R_t^{(n)} = R_T = r_t + \gamma r_{t+1} + \cdots + \gamma^{T-t-1} r_{T-1} + \gamma^{T-t} r_T \tag{2.18}$$

根据上述 n 步截断回报的定义,可以给出如下的 n 步时域差值学习迭代公式:

$$V(s_t) = V(s_t) + \alpha_t [R_t^{(n)} - V(s_t)] \tag{2.19}$$

虽然采用随机逼近理论可以分析以上 n 步时域差值学习算法的收敛性,但该算法在实现上要求获得 n 步状态转移的回报,当 n 较大时往往导致算法收敛缓慢,因此对 n 步时域差值算法的研究一般仅用于辅助 TD(λ)学习算法的理论分析。

为阐明 TD(λ)学习算法的基本原理,在 n 步截断回报的基础上,可以定义 Markov 链在 t 时刻的 λ-回报

$$R_t^{\lambda} = (1-\lambda)\sum_{n=1}^{\infty} \lambda^{n-1} R_t^{(n)} \tag{2.20}$$

其中,$0<\lambda<1$。对于有限长的吸收 Markov 链(长度为 T),相应的 λ-回报形式为

$$R_t^{\lambda} = (1-\lambda)\sum_{n=1}^{T-t-1} \lambda^{n-1} R_t^{(n)} + (1-\lambda^{T-t-1})R_T \tag{2.21}$$

式(2.20)和式(2.21)定义的 λ-回报可以看做对不同的 n 步截断回报的加权平均,λ 为加权因子。在定义了 λ-回报的基础上,下式给出了基于 λ-回报的时域差值学习迭代公式:

$$V(s_t) = V(s_t) + \alpha_t [R_t^{\lambda} - V(s_t)] \tag{2.22}$$

其中,α_t 为学习因子。

3. 适合度轨迹

基于 λ-回报的时域差值学习迭代仍然存在不利于算法实现的缺点,即难以得到增量式、在线学习算法的形式。为克服上述缺点,TD(λ)学习算法通过引入适合度轨迹(eligibility traces)的机制,有效地实现了在线、增量式的时域差值学习算法。文献[1]对表格型 TD(λ)学习算法在一定条件下与基于 λ-回报的时域差值学习迭代的等价性进行了分析和证明。

在已提出的适合度轨迹方法中,主要包括两类适合度轨迹的定义和计算方法,即增量式(accumulating)适合度轨迹和替代式(replacing)适合度轨迹。

对于离散状态 Markov 链,状态的增量式适合度轨迹的定义如下:

$$e_t(s) = \begin{cases} \gamma\lambda e_{t-1}(s), & s \neq s_t \\ \gamma\lambda e_{t-1}(s) + 1, & s = s_t \end{cases} \tag{2.23}$$

其中,$\lambda(0<\lambda<1)$为常数。

状态的替代式适合度轨迹定义为

$$e_t(s) = \begin{cases} \gamma\lambda e_{t-1}(s), & s \neq s_t \\ 1, & s = s_t \end{cases} \tag{2.24}$$

两种状态的适合度轨迹定义都以递推的方式记录了状态最近被访问的频度,当一个状态被访问后,其适合度轨迹增加,否则其适合度将按指数规律衰减。

在定义了状态的适合度轨迹后,表格型 TD(λ)学习算法的迭代公式可由下式给出:

$$V(s) = V(s) + \alpha_t[r_t + \gamma V(s_{t+1}) - V(s_t)]e_{t+1}(s) \tag{2.25}$$

4. 表格型 TD(λ)学习算法及其收敛性理论

在定义了适合度轨迹后,下面给出表格型 TD(λ)学习算法的完整描述。

算法 2.1　表格型 TD(λ)学习算法[1]。

给定离散状态空间 Markov 链$\{S_t\}$的状态转移轨迹 $s_0, s_1, \cdots, s_n, \cdots$,各个时刻的回报 r_t,学习因子的迭代公式 $\alpha_{t+1} = f(\alpha_0, t)$。

(1) 初始化状态值函数的估计 $V(s)$,状态的适合度轨迹 $e(s)=0$,学习因子初始值 α_0,时间 $t=0$。

(2) 循环,直到满足以下停止条件:

① 对当前状态 s_t,观测状态转移 $s_t \rightarrow s_{t+1}$ 和回报 r_t;

② 计算时刻 t 的时域差值

$$\delta_t = r_t + \gamma V(s_{t+1}) - V(s_t) \tag{2.26}$$

③ 更新所有状态的适合度轨迹

$$e(s) = \begin{cases} \gamma\lambda e(s), & s \neq s_t \\ \gamma\lambda e(s) + 1, & s = s_t \end{cases} \tag{2.27}$$

④ 更新所有状态的值函数估计

$$\begin{cases} V(s) = V(s) + \alpha_t\delta_t e(s) \\ \alpha_{t+1} = f(\alpha_0, t) \end{cases} \tag{2.28}$$

⑤ $t=t+1$,返回①。

算法 2.1 给出了求解遍历 Markov 链学习预测问题的表格型 TD(λ)学习算法,对于吸收 Markov 链的情形,当进入吸收状态 s_T 时,可以通过对状态重新初始化来继续算法的迭代过程。有关表格型 TD(λ)学习算法的收敛性分析已较为完善,文献[9]证明了对任意 $0 \leq \lambda \leq 1$,表格型 TD(λ)学习算法在一定条件下以概率 1 收敛到 Markov 链的真实状态值函数。

2.2.2　基于值函数逼近的 TD(λ)学习算法

由于实际的工程应用问题往往具有大规模或连续的状态空间,表格型算法在求解上述问题时将面临计算和存储量巨大的困难。为实现时域差值学习在大规模和连续状态空间 Markov 链学习预测问题中的泛化,基于值函数逼近的 TD(λ)学习算法得到了增强学习和运筹学领域有关学者的普遍研究和注意。在已提出的值函数逼近方法中,按照值函数逼近器的类型,可以分为基于线性值函数逼近和基于非线性值函数逼近的 TD(λ)学习算法两类。下面分别对上述两类算法进行介绍。

1. 基于线性值函数逼近的 TD(λ)学习算法

在基于线性值函数逼近的 TD(λ)学习算法中,值函数的估计具有如下形式:

$$\widetilde{V}_t(x_t) = \phi^{\mathrm{T}}(x_t)W_t \tag{2.29}$$

其中,x_t 为 Markov 链在时刻 t 的状态;$\phi(x) = (\phi_1(x), \phi_2(x), \cdots, \phi_n(x))^{\mathrm{T}}$ 为状态的基函数向量;$W_t = (w_1, w_2, \cdots, w_n)^{\mathrm{T}}$ 为权值向量。

与式(2.25)表达的表格型 TD(λ)学习算法迭代公式对应,基于线性值函数逼近的 TD(λ)学习算法的迭代公式为

$$W_{t+1} = W_t + \alpha_t [r_t + \gamma \phi^{\mathrm{T}}(x_{t+1})W_t - \phi^{\mathrm{T}}(x_t)W_t]Z_{t+1} \tag{2.30}$$

其中,$Z_t(s) = (z_{1t}(s), z_{2t}(s), \cdots, z_{nt}(s))^{\mathrm{T}}$ 为适合度轨迹向量,其迭代形式为

$$Z_{t+1} = \gamma \lambda Z_t + \phi(x_t) \tag{2.31}$$

对于线性 TD(λ)学习算法的收敛性分析,文献[2]证明了线性 TD(0)在平均意义下的收敛性,文献[6]证明了对于任意 $0 \leqslant \lambda \leqslant 1$,线性 TD($\lambda$)学习算法以概率 1 收敛到如下方程的唯一解:

$$E_0[A(X_t)]W^* - E_0[b(X_t)] = 0 \tag{2.32}$$

其中,$X_t = (x_t, x_{t+1}, Z_{t+1})$($t=1,2,\cdots$)构成一个新的 Markov 链 $\{X_t\}$,x_t 为 Markov 链 $\{x_t\}$ 在时刻 t 的状态;$E_0[\cdot]$ 为定义在 $\{X_t\}$ 平稳分布上的数学期望;$A(X_t)$ 和 $b(X_t)$ 定义为

$$A(X_t) = Z_t[\phi^{\mathrm{T}}(x_t) - \gamma \phi^{\mathrm{T}}(x_{t+1})] \tag{2.33}$$

$$b(X_t) = Z_t r_t \tag{2.34}$$

并且学习因子满足如下的随机逼近收敛性条件:

$$0 \leqslant \alpha_t \leqslant 1, \quad \sum_{t=0}^{\infty} \alpha_t = \infty, \quad \sum_{t=0}^{\infty} \alpha_t^2 < \infty \tag{2.35}$$

2. 基于非线性值函数逼近的 TD(λ)学习算法

当采用前馈神经网络等非线性值函数逼近器时,TD(λ)学习算法具有如下的迭代形式:

$$W_{t+1} = W_t + \alpha_t [r_t + \gamma \hat{V}(x_{t+1}) - \hat{V}(x_t)] Z_{t+1} \tag{2.36}$$

$$Z_{t+1} = \gamma \lambda Z_t + \frac{\partial \hat{V}(x_t)}{\partial W_t} \tag{2.37}$$

其中,值函数估计为权值的非线性函数,即

$$\hat{V}(x_t) = f(x_t, W_t) \tag{2.38}$$

在相关的理论研究中,文献[10]指出了在一定条件下上述算法可能出现发散的情况,并给出了实例。为得到具有收敛性的梯度学习算法,文献[11]提出了残差梯度 TD(λ)学习算法,即采用 Bellman 残差梯度进行权值的学习,其迭代公式为

$$W_{t+1} = W_t + \alpha_t [r_t + \gamma \hat{V}(x_{t+1}) - \hat{V}(x_t)] Z_{t+1} \tag{2.39}$$

$$Z_{t+1} = \gamma \lambda Z_t + \frac{\partial \hat{V}(x_t)}{\partial W_t} - \gamma \frac{\partial \hat{V}(x_{t+1})}{\partial W_t} \tag{2.40}$$

根据随机梯度下降的有关理论,残差梯度 TD(λ)学习算法在一定条件下将收敛到 Bellman 残差的局部极小值。但由于对解的误差上界难以给出理论估计,因此限制了其实用性。

2.3　多步递推最小二乘 TD 学习算法及其收敛性理论

在已有的基于线性值函数逼近的 TD(λ)学习算法中,学习因子的选择对算法性能具有关键的作用,同时也普遍存在对数据利用效率不高的缺点。为克服 TD(λ)学习算法中学习因子选择的困难,提高数据的利用效率和算法的收敛速度,文献[11]提出了基于线性值函数逼近的最小二乘 TD(0)学习算法(LS-TD(0))。在 LS-TD(0)学习算法中,采用如下的误差性能指标:

$$J = \sum_{t=1}^{T} [r_t - (\phi_t^{\mathrm{T}} - \gamma \phi_{t+1}^{\mathrm{T}}) W]^2 \tag{2.41}$$

采用线性参数估计的辅助变量法,可以得到针对上述指标的最小二乘解为

$$W_{\mathrm{LS\text{-}TD}(0)} = \Big\{ \sum_{t=1}^{T} [\phi_t (\phi_t - \gamma \phi_{t+1})^{\mathrm{T}}] \Big\}^{-1} \Big(\sum_{t=1}^{T} \phi_t r_t \Big) \tag{2.42}$$

其中,ϕ_t 为与输入输出观测噪声不相关的辅助变量。为减少矩阵求逆的计算量和实现在线学习,文献[11]进一步给出了 LS-TD(0)的递推算法 RLS-TD(0),该算法具有如下的形式:

$$W_{t+1} = W_t + P_t \phi_t [r_t - (\phi_t - \gamma \phi_{t+1})^{\mathrm{T}} W_t] / [1 + (\phi_t - \gamma \phi_{t+1})^{\mathrm{T}} P_t \phi_t] \tag{2.43}$$

$$P_{t+1} = P_t - P_t \phi_t (\phi_t - \gamma \phi_{t+1})^{\mathrm{T}} P_t / [1 + (\phi_t - \gamma \phi_{t+1})^{\mathrm{T}} P_t \phi_t] \tag{2.44}$$

有关 LS-TD(0)和 RLS-TD(0)学习算法一致收敛性证明的详细论述参见文献[11]。

上述算法虽然克服了常规线性 TD 学习算法中学习因子选择的困难,并且利用最小二乘方法来提高对数据的利用率,但由于学习参数 $\lambda = 0$,因此没有采用适合度轨迹机制来进一步提高时域差值学习的效率。有关 TD 学习算法的大量理论和实验研究表明,当学习参数 $0 < \lambda < 1$ 时,算法的收敛性能通常优于 $\lambda = 0$ 的情形。通过结合递推最小二乘参数估计方法和适合度轨迹机制,文献[12]提出一种多步递推最小二乘 TD(λ) 学习算法——RLS-TD(λ)。与 RLS-TD(0) 学习算法不同,RLS-TD(λ) 学习算法采用了适合度轨迹机制,因此是一种基于递推最小二乘方法的多步时域差值学习算法,而 RLS-TD(0) 则是一种单步时域差值学习算法。本节将对 RLS-TD(λ) 学习算法进行详细讨论。

2.3.1 多步递推最小二乘 TD(RLS-TD(λ))学习算法

考虑采用线性值函数逼近器的 Markov 链学习预测问题,设 x_t 为 Markov 链在时刻 t 的状态,$\phi(x) = (\phi_1(x), \phi_2(x), \cdots, \phi_n(x))^{\mathrm{T}}$ 为状态的基函数向量,$W = (w_1, w_2, \cdots, w_n)^{\mathrm{T}}$ 为权值向量。基于线性基函数逼近的值函数的估计由式(2.29)给出。定义如下的误差性能指标:

$$J = \left\| \sum_{t=1}^{T} A(X_t)W - \sum_{t=1}^{T} b(X_t) \right\|^2 \qquad (2.45)$$

其中,$A(X_t) \in \mathbf{R}^{n \times n}$,$b(X_t) \in \mathbf{R}^n$ 的定义如式(2.33)和式(2.34)所示,式中 T 为 Markov 链观测数据的长度。

定义

$$A_T = \sum_{t=0}^{T} A(X_t) = \sum_{t=0}^{T} Z_t [\phi^{\mathrm{T}}(x_t) - \gamma \phi^{\mathrm{T}}(x_{t+1})] \qquad (2.46)$$

$$b_T = \sum_{t=0}^{T} b(X_t) = \sum_{t=0}^{T} Z_t r_t \qquad (2.47)$$

当 A_T 为非奇异矩阵时,性能指标 J 的最小二乘解为

$$W_{\text{LS-TD}(\lambda)} = A_T^{-1} b_T = \left[\sum_{t=1}^{T} A(X_t) \right]^{-1} \left[\sum_{t=1}^{T} b(X_t) \right] \qquad (2.48)$$

在文献[7]和文献[13]中对上述直接对式(2.32)进行求解的 LS-TD(λ) 学习算法进行了研究和讨论,但没有给出严格的收敛性分析和证明。同时 LS-TD(λ) 学习算法存在计算量大(计算复杂性为 $O(K^3)$,K 为线性状态特征的维数)、矩阵求逆等计算问题,难以实现在线估计。下面将基于递推最小二乘参数估计方法,给出多步递推最小二乘 TD(λ) 学习算法,即 RLS-TD(λ) 学习算法,并建立其一致收敛性理论。首先引入如下的矩阵求逆引理。

引理 2.1[14]　设矩阵 $A \in \mathbf{R}^{n \times n}$,$B \in \mathbf{R}^{n \times 1}$,$C \in \mathbf{R}^{1 \times n}$,且 A 可逆,则有

$$(A + BC)^{-1} = A^{-1} - A^{-1}B(I + CA^{-1}B)^{-1}CA^{-1} \qquad (2.49)$$

引理 2.1 在线性递推参数估计理论中具有重要地位,详细证明可参见有关文献。在以上讨论的基础上,RLS-TD(λ)学习算法的推导过程如下。

由于

$$A(X_t) = Z_t[\phi^T(x_t) - \gamma\phi^T(x_{t+1})] \tag{2.50}$$

其中

$$Z_t = (z_{t1}, z_{t2}, \cdots, z_{tn})^T \tag{2.51}$$

$$z_{ti} = \sum_{j=1}^{t} \lambda^{t-j}\phi_i(x_j), \quad i = 1, 2, \cdots, n \tag{2.52}$$

则根据引理 2.1,有

$$A_t^{-1} = \Big[\sum_{i=1}^{t} A(X_i)\Big]^{-1} = [A_{t-1} + A(X_t)]^{-1}$$
$$= A_{t-1}^{-1} - A_{t-1}^{-1}Z_t\{I + [\phi^T(x_t) - \gamma\phi^T(x_{t+1})]A_{t-1}^{-1}Z_t\}^{-1}[\phi^T(x_t) - \gamma\phi^T(x_{t+1})]A_{t-1}^{-1} \tag{2.53}$$

令

$$P_t = A_t^{-1} \tag{2.54}$$

$$P_0 = \beta I \tag{2.55}$$

$$K_{t+1} = P_{t+1}Z_t \tag{2.56}$$

则

$$P_{t+1} = A_{t+1}^{-1}$$
$$= P_t - P_tZ_t\{1 + [\phi^T(x_t) - \gamma\phi^T(x_{t+1})]P_tZ_t\}^{-1}$$
$$\cdot [\phi^T(x_t) - \gamma\phi^T(x_{t+1})]P_t \tag{2.57}$$

$$K_{t+1} = P_{t+1}Z_t$$
$$= P_tZ_t/\{1 + [\phi^T(x_t) - \gamma\phi^T(x_{t+1})]P_tZ_t\} \tag{2.58}$$

$$W_{t+1} = A_{t+1}^{-1}b_{t+1}$$
$$= P_{t+1}\Big(\sum_{i=0}^{t} Z_ir_i\Big)$$
$$= P_{t+1}(P_t^{-1}W_t + Z_tr_t)$$
$$= P_{t+1}\{[P_{t+1}^{-1} - Z_t(\phi^T(x_t) - \gamma\phi^T(x_{t+1}))]W_t + Z_tr_t\}$$
$$= W_t + P_{t+1}\{Z_tr_t - Z_t[\phi^T(x_t) - \gamma\phi^T(x_{t+1})]W_t\}$$
$$= W_t + K_{t+1}\{r_t - [\phi^T(x_t) - \gamma\phi^T(x_{t+1})]W_t\} \tag{2.59}$$

基于以上讨论,RLS-TD(λ)学习算法的迭代公式具有如下形式:

$$K_{t+1} = P_tz_t/\{1 + [\phi^T(x_t) - \gamma\phi^T(x_{t+1})]P_tZ_t\} \tag{2.60}$$

$$W_{t+1} = W_t + K_{t+1}\{r_t - [\phi^T(x_t) - \gamma\phi^T(x_{t+1})]W_t\} \tag{2.61}$$

$$P_{t+1} = P_t - P_tZ_t\{1 + [\phi^T(x_t) - \gamma\phi^T(x_{t+1})]P_tZ_t\}^{-1}[\phi^T(x_t) - \gamma\phi^T(x_{t+1})]P_t \tag{2.62}$$

对于遍历 Markov 链的值函数预测问题，RLS-TD(λ)学习算法的完整描述如下。

算法 2.2 求解遍历 Markov 链值函数预测问题的 RLS-TD(λ)学习算法。

给定状态的基函数 $\{\phi_j(x)\}$ ($j=1,2,\cdots,n$)，其中 n 为基函数的个数。

(1) 初始化权值向量 W_0、方差矩阵 P_0、权值的适合度轨迹向量 Z_0，令 $t=0$。

(2) 循环，直到满足以下停止条件：

① 对于当前状态 x_t，观测状态转移 $x_t \rightarrow x_{t+1}$ 和回报 $r(x_t,x_{t+1})$；

② 由式(2.60)和式(2.61)对权值进行迭代；

③ 由式(2.62)对方差矩阵进行迭代；

④ $t=t+1$，返回①。

对于吸收 Markov 链，需要对吸收状态的基函数进行定义，通常令吸收状态的基函数向量为零向量，同时在进入吸收状态后对 Markov 链的状态进行重新初始化。算法 2.3 给出了求解吸收 Markov 链值函数预测问题的 RLS-TD(λ)学习算法。

算法 2.3 求解吸收 Markov 链值函数预测问题的 RLS-TD(λ)学习算法。

给定状态的基函数 $\{\phi_j(x)\}$ ($j=1,2,\cdots,n$)，其中 n 为基函数的个数。

(1) 初始化权值向量 W_0、方差矩阵 P_0、权值的适合度轨迹向量 $Z_0=0$，令 $t=0$。

(2) 循环，直到满足以下几个停止条件：

① 对当前状态 x_t：若 x_t 为吸收状态，则令 $\varphi(x_{t+1})=0$，$r(x_t)=r_T$，其中 r_T 为吸收状态的回报，否则，观测状态转移 $x_t \rightarrow x_{t+1}$ 和回报 $r(x_t,x_{t+1})$；

② 由式(2.60)和式(2.61)对权值进行迭代；

③ 由式(2.62)对方差矩阵进行迭代；

④ 若 x_t 为吸收状态，则令 $x_{t+1}=x_0$，其中 x_0 为 Markov 链的初始状态，同时令权值的适合度轨迹向量为零；

⑤ $t=t+1$，返回①。

2.3.2　RLS-TD(λ)学习算法的一致收敛性分析

考虑具有状态空间 S 的齐次 Markov 链$\{x_t\}$，其中 S 的元素为有限或无限个。为简化叙述，在下面的讨论中假设 S 为包含 N 个元素$\{1,2,\cdots,N\}$ 的有限集合。对于 S 为无限可列或连续集合的情形，有关的结论类似。为证明上述 RLS-TD(λ)学习算法的收敛性定理，首先给出如下的假设和推论。

假设 2.1 设齐次 Markov 链$\{x_t\}$为遍历的，其一步转移概率矩阵为 P。

推论 2.1 满足假设 2.1 的 Markov 链$\{x_t\}$存在唯一的平稳分布 π 满足

$$\pi^T P = \pi^T \tag{2.63}$$

其中，$\pi(i)>0$。

根据 2.1 节的定理 2.2,易知推论 2.1 成立。

假设 2.2　Markov 链 $\{x_t\}$ 的状态转移回报 $r(x_t, x_{t+1})$ 满足

$$E_0[r^2(x_t, x_{t+1})] < \infty \tag{2.64}$$

其中,$E_0[\cdot]$ 为定义在平稳分布 π 上的数学期望。

假设 2.3　线性基函数构成的矩阵 $\Phi = (\phi_1, \phi_2, \cdots, \phi_n) \in \mathbf{R}^{N \times n}$ 是列满秩的,即各个线性基函数 $\phi_i\ (i=1,2,\cdots,n)$ 是线性无关的。

假设 2.4　对 Markov 链的任意状态 $i\ (i=1,2,\cdots,n)$,对应的基函数 ϕ_i 满足

$$E_0[\phi_i^2(x_t)] < \infty \tag{2.65}$$

为研究上述 Markov 链在极限条件下的稳态特性,考虑进入稳态后的 Markov 链 $\{x_t\}$。由推论 2.1,$\{x_t\}$ 在状态空间 S 上的状态转移满足平稳概率分布 π,即对于任意 t 和状态 i,有 $\Pr\{x_t = i\} = \pi(i)$。给定一条处于平稳分布的 Markov 链状态轨迹 $\{x_t\}$,定义如下的适合度轨迹向量:

$$Z_t = \sum_{\tau=-\infty}^{t} (\gamma\lambda)^{t-\tau} \phi(x_\tau) \tag{2.66}$$

构造一个新的随机过程 $X_t = \{x_t, x_{t+1}, Z_t\}$,易知 X_t 也是一个平稳过程。令 D 为 $N \times N$ 的对角矩阵,其对角线元素为 $\pi(1), \pi(2), \cdots, \pi(N)$。在给出 RLS-TD($\lambda$) 学习算法的收敛性定理之前,根据文献[6],引入如下的引理 2.2 和引理 2.3。

引理 2.2[6]　若 Markov 链 $\{x_t\}$ 满足假设 2.1~假设 2.4,则如下的关系式成立:

$$E_0[\phi(x_t)\phi(x_{t+m})] = \Phi^T D P^m \Phi, \quad m > 0 \tag{2.67}$$

$$E_0[Z_t \phi^T(x_t)] = \sum_{m=0}^{\infty} (\gamma\lambda)^m \Phi^T D P^m \Phi \tag{2.68}$$

$$E_0[Z_t r_t(x_t, x_{t+1})] = \sum_{m=0}^{\infty} (\gamma\lambda)^m \Phi^T D P^m \bar{r} \tag{2.69}$$

其中,$\bar{r} \in \mathbf{R}^N$,其第 i 个元素为 $E[r(x_t, x_{t+1}) | x_t = i]$。

引理 2.3[6]　$E_0[A(X_t)]$ 和 $E_0[b(X_t)]$ 存在,且 $E_0[A(X_t)]$ 为负定的。

有关引理 2.2 和引理 2.3 的证明和讨论可参见文献[6]。下面给出 RLS-TD(λ) 学习算法的一致收敛性定理。

定理 2.3　若 Markov 链 $\{x_t\}$ 满足假设 2.1~假设 2.4,并且有如下条件成立:对任意 $T>0$,矩阵 $\left[P_0^{-1} + \dfrac{1}{T}\sum_{t=1}^{T} A(X_t)\right]$ 为非奇异的,则 RLS-TD(λ) 学习算法的权值将以概率 1 收敛到方程(2.32)的唯一解 W^*。

证明　由 RLS-TD(λ) 学习算法的迭代公式(2.61)

$$W_{\text{RLS-TD}(\lambda)} = \left[P_0^{-1} + \sum_{t=1}^{T} A(X_t)\right]^{-1} \left[P_0^{-1} W_0 + \sum_{t=1}^{T} b(X_t)\right]$$

$$= \left[\frac{1}{T} P_0^{-1} + \frac{1}{T} \sum_{t=1}^{T} A(X_t) \right]^{-1} \left[\frac{1}{T} P_0^{-1} W_0 + \frac{1}{T} \sum_{t=1}^{T} b(X_t) \right] \tag{2.70}$$

由于

$$E_0 [A(X_t)] = \lim_{T \to \infty} \frac{1}{T} \sum_{t=1}^{T} A(X_t) \tag{2.71}$$

$$E_0 [b(X_t)] = \lim_{T \to \infty} \frac{1}{T} \sum_{t=1}^{T} b(X_t) \tag{2.72}$$

又由引理 2.3 可知，$E_0[A(X_t)]$ 存在且可逆，所以

$$\lim_{T \to \infty} W_{\text{RLS-TD}(\lambda)} = E_0^{-1} [A(X_t)] E_0 [b(X_t)] = W^* \tag{2.73}$$

因此 $W_{\text{RLS-TD}(\lambda)}$ 以概率 1 收敛到 W^*。

上述定理中条件的满足可以通过适当选择方差矩阵的初始值来实现，即令 $P_0 = \alpha I$，其中 $\alpha > 0$ 为正常数。

根据定理 2.3，RLS-TD(λ) 学习算法以概率 1 收敛到与线性 TD(λ) 学习算法相同的解，即方程(2.32)的唯一不动点 W^*。定理 2.4 给出了由 W^* 确定的值函数估计与真实值函数的误差上界。

定理 2.4[6]　设 W^* 为方程(2.32)确定的权值向量，V^* 为 Markov 链 $\{x_t\}$ 的真实值函数，并且假设 2.1～假设 2.4 成立，则值函数估计的误差满足如下的关系式：

$$\| \Phi W^* - V^* \|_D \leqslant \frac{1 - \lambda \gamma}{1 - \gamma} \| \Pi V^* - V^* \|_D \tag{2.74}$$

其中

$$\| X \|_D = \sqrt{X^{\mathrm{T}} D X}, \quad \Pi = \Phi (\Phi^{\mathrm{T}} D \Phi)^{-1} \Phi^{\mathrm{T}} D$$

由定理 2.4 易知，RLS-TD(λ) 学习算法的值函数估计误差与参数 λ 有关，其误差上界随着 λ 的增加而减小。当 $\lambda = 0$ 时，估计误差上界最大；而当 $\lambda = 1$ 时，算法具有最小的误差上界。

与已有的时域差值学习算法相比，RLS-TD(λ) 学习算法具有如下特点：

(1) 由于 RLS-TD(λ) 学习算法采用递推最小二乘方法进行权值估计，克服了常规的线性 TD(λ) 学习算法中学习因子优化设计的困难，同时提高了数据的利用效率。

(2) RLS-TD(λ) 学习算法采用了适合度轨迹机制，可以看做 RLS-TD(0) 学习算法在任意 $0 \leqslant \lambda \leqslant 1$ 条件下的推广。但不同于 RLS-TD(0)，具有 $0 < \lambda \leqslant 1$ 的 RLS-TD(λ) 学习算法是一种多步学习预测算法，并且根据定理 2.4，增大 λ 的取值将有利于减小值函数估计误差，提高预测精度。因此在对值函数估计精度要求较高的情况下，RLS-TD(λ) 学习算法具有明显的优势。

(3) RLS-TD(λ) 学习算法实现了在线、递推式的学习，具有计算量小的优点，克服了文献[7]提出的 LS-TD(λ) 学习算法存在的计算量大、矩阵求逆的病态问题

和难以实现在线学习等缺点,并且在某些条件下 RLS-TD(λ) 学习算法能够获得优于 LS-TD(λ) 学习算法的暂态性能[12];另外,LS-TD(λ) 学习算法具有更好的稳态收敛特性。因此对于不同算法的选择可以根据实际应用需要来确定。

以上对 RLS-TD(λ) 学习算法的特点进行了理论上的分析,在 2.4 节中将通过两个 Markov 链值函数学习预测问题的计算实例研究,进一步对该算法的有效性进行验证。

2.4　多步学习预测的仿真研究

为比较各种 TD(λ) 学习算法的性能,本节将对两个 Markov 链的值函数预测问题进行实验研究。第一个学习预测问题是针对一个具有有限状态空间的吸收 Markov 链,该问题由文献[7]提出,称为 HopWorld 问题。第二个实例是具有连续状态空间的连续随机行走问题。在上述两个学习预测问题中,均采用了维数低于实际状态维数的线性值函数逼近器。

2.4.1　HopWorld 问题学习预测仿真

HopWorld 问题针对一个具有 13 个状态的 Markov 链,该 Markov 链有一个吸收状态 0,如图 2.1 所示。

在图 2.1 中,Markov 链的状态分别用数字标示为 $0,1,2,\cdots,12$,其中状态 0 为吸收状态。Markov 链的一个状态轨迹包括从初始状态出发到进入吸收状态所经历的所有状态。在仿真中,令状态 12 为每个状态轨迹的初始状态。对于每个非吸收状态,都有两个等概率的状态转移,即分别以概率 1/2 转移到右侧相邻一步和两步的状态。在任意两个非吸收状态之间的状态转移的回报均为 -3,从状态 1 转移到状态 0 的回报为 -2。根据文献[7],上述 Markov 链的真实状态值函数为 $V^*(i) = -2i\ (0 \leqslant i \leqslant 12)$。

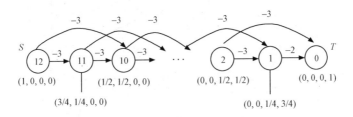

图 2.1　HopWorld 问题

为应用基于线性值函数逼近的时域差值学习算法,定义基函数向量如图 2.1 所示。在仿真研究中,分别采用线性 TD(λ) 学习算法、RLS-TD(0) 学习算法和

RLS-TD(λ)学习算法对上述问题进行值函数的学习预测。学习算法的性能由值函数预测的均方根误差来评价,即采用如下的指标函数:

$$J = \frac{1}{13}\sum_{i=0}^{12}[V^*(i) - \hat{V}(i)]^2 = \frac{1}{13}\sum_{i=0}^{12}[V^*(i) - \phi^{\mathrm{T}}(i)W]^2 \qquad (2.75)$$

仿真中的一次实验包括从初始状态到吸收状态的一条状态轨迹所进行的所有迭代学习计算。通过计算每次实验结束的指标函数 J 来评价算法的收敛性能。为得到平均的性能指标,对每种算法的学习预测仿真均独立地进行 20 次,每次仿真的权值都初始化为 0。取 20 次仿真的性能平均值作为算法的评价指标。对于 RLS-TD(0) 和 RLS-TD(λ)学习算法,方差矩阵在每次仿真中均初始化为相同的数值,同时针对两种算法不同的方差矩阵初始值进行多组实验。

对于线性 TD(λ)学习算法,在仿真中采用的学习因子具有如下的计算公式:

$$\alpha_n = \alpha_0 N/(N+n) \qquad (2.76)$$

其中的有关参数采用了三组典型的取值,即

$$s1: \alpha_0 = 0.01, \quad N_0 = 10^6 \qquad (2.77)$$

$$s2: \alpha_0 = 0.01, \quad N_0 = 10^3 \qquad (2.78)$$

$$s3: \alpha_0 = 0.1, \quad N_0 = 10^3 \qquad (2.79)$$

以上三组学习因子都满足线性 TD(λ)学习算法的收敛条件(式(2.35))。图 2.2所示为 RLS-TD(λ)学习算法和常规线性 TD(λ)学习算法在 $\lambda = 0.3$ 时的性能比较,图中绘出了不同算法获得的值函数估计均方误差随学习周期数的变化曲线。其中曲线 1～曲线 3 分别为线性 TD(λ)学习算法采用学习因子 s1～s3 的性能曲线,曲线 4 为 RLS-TD(λ)学习算法在方差矩阵初值为 $P_0 = 50I$ 时的性能曲线。

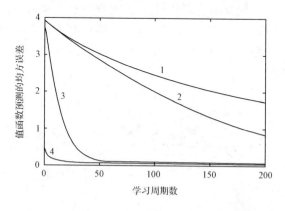

图 2.2　RLS-TD(λ)与常规线性 TD(λ)在 $\lambda = 0.3$ 时的性能比较

在线性 TD(λ)学习算法和 RLS-TD(λ)学习算法中,参数 λ 对算法的性能具有较大的影响。图 2.3 为两种算法在各种参数 λ 条件下的性能比较,其中 TD(λ)学习算法的学习因子是根据经验和手工优化后确定的,其形式由式(2.75)决定,参数为 $\alpha_0 = 0.5, N = 1000$;RLS-TD(λ)算法的初始方差矩阵为 $P_0 = 100I$。算法的性能由前 200 个周期内值函数预测的均方误差来评价,对于每个 λ 的取值,两种算法均独立运行 20 次,从而获得算法的统计性能图(包括平均值、最小值和最大值)。

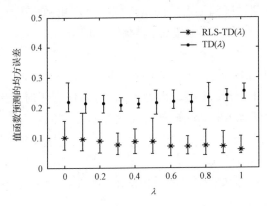

图 2.3　RLS-TD(λ)和 TD(λ)学习算法在不同参数 λ 条件下的统计性能比较

图 2.4 所示为 RLS-TD(0)与 RLS-TD(λ)在取不同 λ 时的学习性能曲线比较。图中所示曲线为不同算法在独立运行 20 次后获得的平均性能。两种算法的方差矩阵对角元素均初始化为相同的数值($P_0 = 0.2I$)。由图 2.2 和图 2.4 所示的实验结果可以看出,RLS-TD(λ)学习算法在值函数估计收敛速度方面不但远优于线性 TD(λ)学习算法,而且能够获得优于 RLS-TD(0)学习算法的性能。

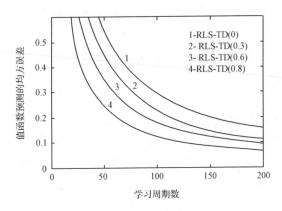

图 2.4　RLS-TD(λ)($\lambda > 0$)学习算法与 RLS-TD(0)学习算法的性能比较

2.4.2　连续状态随机行走问题的学习预测仿真

连续状态随机行走(random walk)问题是定义在区间[0,1]上的 Markov 链。

该 Markov 链具有两个吸收状态，即区间的两个端点 0 和 1。随机行走的初始状态为区间的中点 0.5，每次行走的步长为 $-0.2 \sim 0.2$ 的随机数，若随机行走的位置超过区间的任意一个端点，则被认为进入了相应的吸收状态。在任意两个非吸收状态的状态转移回报均为 0。对于由非吸收状态进入吸收状态的状态转移，回报值等于随机行走状态超过区间端点后的最终位置。利用随机过程的有关理论，可以计算得到该 Markov 链的真实状态值函数具有如下形式：

$$V(x) = x \tag{2.80}$$

其中，x 为随机行走在区间 $[0,1]$ 中的位置坐标。

下面研究当上述 Markov 链的模型未知时，如何利用时域差值学习算法来估计状态值函数。由于该 Markov 链具有连续的状态空间，因此考虑采用如下的二维线性基函数：

$$\phi(x) = \begin{bmatrix} x & x^2 \end{bmatrix} \tag{2.81}$$

线性 TD(λ) 学习算法的学习因子仍然采用计算公式 (2.75)，其中的参数设置为如下三组情况：

$$s1: N = 1000, \quad \alpha_0 = 0.01 \tag{2.82}$$

$$s2: N = 1000, \quad \alpha_0 = 0.05 \tag{2.83}$$

$$s3: N = 10000, \quad \alpha_0 = 0.03 \tag{2.84}$$

对于线性 TD(λ) 学习算法，学习因子的选择需要经过手工的优化过程，且需要满足式 (2.35) 的收敛性条件。在实验中发现虽然采用较大的学习因子可以在一定程度上加速线性 TD(λ) 的收敛速率，但容易造成值函数估计的发散，因此在学习因子的选择上仅考虑了上述三组具有适当大小学习因子的典型设计来比较算法的性能。

仿真中值函数预测学习的性能评价采用下面的平均平方误差函数：

$$J = \frac{1}{50} \sum_{i=0}^{50} [V^*(x_i) - \hat{V}(x_i)]^2 = \frac{1}{50} \sum_{i=0}^{50} [V^*(x_i) - \phi^{\mathrm{T}}(x_i)W]^2 \tag{2.85}$$

其中，x_i 为 $[0,1]$ 区间的均匀采样点，即 $x_i = i/50$。

在仿真实验中，对线性 TD(λ) 学习算法和 RLS-TD(λ) 学习算法的性能分别进行了测试，每种算法均独立运行 30 次，以 30 次的平均性能指标作为比较准则。在每次运行中，权值向量都初始化为零向量。

图 2.5 所示为不同学习算法的性能比较，所有学习数据均为 30 次独立运行的平均值，其中，曲线 1～曲线 3 分别为线性 TD(λ) 学习算法采用学习因子 s1～s3 时的性能曲线，曲线 4 为 RLS-TD(λ) 学习算法的学习曲线。实验中，所有算法的参数 λ 均设置为 0.2。对于 λ 的其他取值情况，RLS-TD(λ) 算法均能够获得优于 TD(λ) 的性能。

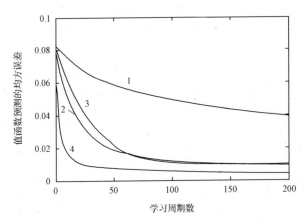

图 2.5　不同学习算法在连续随机行走预测问题中的性能比较

2.5　小　　结

　　本章对时域差值学习算法和理论进行了深入研究,分析了时域差值学习作为一种通用的多步预测学习方法的特点和有关的数学模型。在对已有的算法进行比较分析的基础上,研究了基于线性值函数逼近的多步递推最小二乘时域差值学习算法——RLS-TD(λ)学习算法,并给出了其一致收敛性理论。RLS-TD(λ)学习算法可以看做 RLS-TD(0)学习算法在任意 $0 \leqslant \lambda \leqslant 1$ 条件下的推广,具有同时结合递推最小二乘估计和适合度轨迹的特点,有利于实现有效的在线学习预测。通过两个 Markov 链的值函数预测问题的仿真研究,对不同算法进行了性能分析和比较,验证了 RLS-TD(λ)学习算法不仅在性能上远优于常规的线性 TD(λ)学习算法,同时由于采用了适合度轨迹,能够在收敛速度和值函数估计稳态误差方面获得优于 RLS-TD(0)学习算法的学习性能。

　　在以求解 Markov 决策过程最优值函数为目标的增强学习控制方法中,学习预测问题和时域差值学习算法具有基础性的地位和作用。类似于动态规划中的策略评价方法,时域差值学习理论和算法为求解模型未知的平稳策略 Markov 决策过程的值函数提供了一套有效的方法和理论框架。在动态规划中,策略评价算法作为策略迭代的基本要素,以实现对最优值函数的估计。相应地,在求解 Markov 决策过程最优策略的问题中,增强学习也可以采用基于时域差值学习的广义策略迭代机制。本书后续章节将要讨论的 Actor-Critic 增强学习控制结构和近似策略迭代算法就是采用了上述机制。通过对时域差值学习算法性能的改进,将有利于实现更为有效的学习控制算法。因此本章研究的 RLS-TD(λ)学习算法不仅对于求解多步学习预测问题具有应用价值,同时也能够用于提高 Markov 决策过程学习控制问题的求解效率,与此相关的研究工作将在本书的第 4 章和第 6 章进行讨论。

参 考 文 献

[1] Sutton R, Barto A. Reinforcement Learning, An Introduction [M]. Cambridge: MIT Press, 1998.

[2] Sutton R. Learning to predict by the method of temporal differences [J]. Machine Learning, 1988, 3(1): 9-44.

[3] Holland J H. Genetic algorithms and classifier systems, foundations and future directions [A]. Proc. of the Second International Conf. on GA [C], Cambridge, 1987: 82-89.

[4] Minsky M L. Theory of neural-analog reinforcement systems and its application to the brain-model problem [D]. Princeton: Princeton University, 1954.

[5] Samuel A L. Some studies in machine learning using game of checkers [J]. IBM Journal on Research and Development, 1959, 3: 211-229.

[6] Tsitsiklis J N, Roy B V. An analysis of temporal difference learning with function approximation [J]. IEEE Transactions on Automatic Control, 1997, 42(5): 674-690.

[7] Boyan J. Least-squares temporal difference learning [A]. Bratko I, Dzeroski S. Machine Learning. Proceedings of the Sixteenth International Conference (ICML) [C], Bled, 1999:49-56.

[8] 钱敏平, 龚光鲁. 应用随机过程 [M]. 北京: 北京大学出版社, 1998.

[9] Dayan P, Sejnowski T J. TD(λ) converges with probability 1 [J]. Machine Learning, 1994, 14: 295 301.

[10] Baird L C. Residual algorithms: Reinforcement learning with function approximation [A]. Proc. of the 12th Int. Conf. on Machine Learning [C], San Francisco, 1995: 30-37.

[11] Brartke S J, Barto A. Linear least-squares algorithms for temporal difference learning [J]. Machine Learning, 1996, 22: 33-57.

[12] Xu X, He H G, et al. Efficient reinforcement learning using recursive least-squares methods [J]. Journal of Artificial Intelligence Research, 2002, 16: 259-292.

[13] Boyan, J. Technical update: Least-squares temporal difference learning [J]. Machine Learning, 2002, 49: 233-246.

[14] Ljung L, Soderstron T. Theory and Practice of Recursive Identification [M]. Cambridge: MIT Press, 1983.

第3章 基于核的时域差值学习算法

核方法(kernel methods)又称为核函数方法,是一类基于 Mercer 核函数的性质来实现对线性内积算法进行非线性高维特征映射的非线性算法的总称。目前,核方法虽然在监督学习和无监督学习问题中得到了广泛的研究[1],但基于核的增强学习理论与应用的研究成果还较少。由于增强学习作为一类求解序贯优化决策问题的自学习控制方法,可以分解为学习预测和学习控制两个子问题,因此本书将分别研究基于核的增强学习预测算法即时域差值学习算法,以及基于核的非线性策略迭代算法和收敛性理论。上述两个问题将分别在本章和第 6 章进行讨论和研究。在研究基于核的时域差值学习算法之前,3.1 节将简要介绍核方法的有关基础理论,有关详细讨论可参见文献[1]、[2]。

3.1 核方法与基于核的学习机器

3.1.1 核函数的概念与性质

由核方法构造的学习机器又称为基于核的学习机器或者核机器(kernel machines)。核方法的早期成果由 Vapnik 等在统计学习的有关文献中发表,其中具有代表性的是采用核函数的支持向量机(support vector machines,SVM)算法的提出[1]。在 20 世纪 90 年代中期,随着支持向量机的广泛应用,核方法也越来越受到研究人员的关注,成为机器学习领域的研究热点之一。近年来在核方法的相关理论分析以及新的基于核的学习机器方面都有大量的成果,如核主成分分析、核判别分析以及核独立成分分析算法等[1,3]。下面简要介绍核函数的定义以及性质,有关详细讨论可参见文献[4]、[5]。首先给出积分算子核的定义。

定义 3.1(积分算子核) 对于定义在域或者流形 $\Omega \subset \mathbf{R}^d$ 的积分算子 T_k

$$(T_k f)(x) = \int_\Omega k(x,x') f(x') \mathrm{d}x'$$

其中,函数 $k:\Omega \times \Omega \to \mathbf{R}$ 称为积分算子 T_k 的核函数。

定义 3.1 给出了在积分算子研究中最初引入的有关核函数概念,但近年来随着核函数在其他领域特别是统计学习领域的应用,其概念得到进一步推广。目前,广义的核函数概念可以从距离函数或者相似性测度的角度来理解,即对于某个空间 X,如下的距离函数 k 称为核函数:

$$k:X \times X \to \mathbf{R}, \quad (x,x') \to k(x,x')$$

在给出了核函数的基本概念和定义后,下面讨论一类重要的核函数,即正定核函数(positive definite kernel, PD kernel),又称为 Mercer 核函数。在核方法与统计学习理论研究中,主要针对正定核函数展开研究。

定义 3.2(正定(Mercer)核函数) 设 X 为一个集合,定义在 $X \times X$ 上的对称函数 $k: X \times X \rightarrow \mathbf{R}$,如果对于所有的 $n \in Z^+, x_1, x_2, \cdots, x_n \in X, c_1, c_2, \cdots, c_n \in \mathbf{R}$,如下的不等式成立:

$$\sum_{i,j \in \{1,2,\cdots,n\}} c_i c_j k(x_i, x_j) \geqslant 0 \tag{3.1}$$

则 k 为定义在 X 上的正定核函数,又称为 Mercer 核函数。

引理 3.1 给出了正定核函数的有关基本性质[6]。

引理 3.1(正定核函数的基本性质) 如果 $k_1(x,y)$、$k_2(x,y)$ 是满足式(3.1)的核函数,即 Mercer 核函数,则下面这些核函数也是 Mercer 核函数:

$$k_3(x,y) = ak_1(x,y) + bk_2(x,y), \quad \forall a,b \in \mathbf{R}^+$$
$$k_3(x,y) = k_1(x,y)k_2(x,y)$$
$$k_3(x,y) = k_1(\phi(x), \phi(y))$$
$$k_3(x,y) = \exp(k_1(x,y))$$

3.1.2 再生核 Hilbert 空间与核函数方法

在介绍了核函数的基本概念和性质后,下面讨论核函数与再生核 Hilbert 空间(RKHS)[7] 的关系。RKHS 不仅是泛函分析研究的重要内容,在核方法与统计学习理论中也具有重要的地位。

定义 3.3(Cauchy 序列) 对于定义了范数的空间 F 中的序列 $x_1, x_2, \cdots$,如果对于任意 $\varepsilon > 0$,存在 $n \in \mathbf{N}$,使得对所有 $n_1, n_2 > n$,满足 $\| x_{n_1} - x_{n_2} \| < \varepsilon$,则该序列称为一个 Cauchy 序列。

定义 3.4(Banach 空间与 Hilbert 空间) 若一个空间中的所有 Cauchy 序列都是收敛的,则该空间称为一个 Banach 空间。定义了内积的 Banach 空间称为 Hilbert 空间。

定义 3.5(再生核 Hilbert 空间,RKHS) 一个 Hilbert 空间 H(即定义了内积 $\langle \cdot, \cdot \rangle_H$ 的 Banach 空间)如果满足如下条件:

(1) H 是 $\mathbf{R}^\Omega$ 的一个子空间。

(2) H 的评价泛函 $F_t: H \rightarrow \mathbf{R}$ 是一个有界线性泛函,即 $\forall t \in \Omega, \exists M_t > 0$,使得 $\forall f \in H, |f(t)| \leqslant M_t \| f \|$,则 H 是一个再生核 Hilbert(RKHS)空间。

根据 RKHS 的再生核函数的特性,与定义 3.5 等价的一个 RKHS 定义如下。

定义 3.6(再生核 Hilbert 空间,RKHS) 一个具有内积 $\langle \cdot, \cdot \rangle$ 和范数 $\| f \| = \sqrt{\langle f, f \rangle}$ 的 Hilbert 空间 H,如果存在核函数 $k: X \times X \rightarrow \mathbf{R}$ 满足

(1) $\forall f \in H, \langle f, k(x, \cdot) \rangle = f(x)$;

(2) $H = \overline{\mathrm{span}\{k(x,\cdot)\,|\,x \in X\}}$。

则 H 为一个再生核 Hilbert 空间(RKHS)。

由核函数与 RKHS 的定义,可以看出核函数与 RKHS 的密切联系。当给定某个核函数 $k(x,x')$,就定义了一个相应的 RKHS;相反,给定一个 RKHS,就唯一确定了一个核函数。该空间中的基本元素是一些连续函数,这些连续函数具有如下形式:

$$H = \Big\{ f(x):f(x) = \sum_{i=1}^{m} \alpha_i k(x_i,x) \Big\} \tag{3.2}$$

可以证明,式(3.2)所定义的函数空间是一个 Hilbert 空间。与平时常用的 L_2 空间相比,它是由一些更加光滑的函数构成的。在这个空间中,两个元素(函数)的内积定义如下:

$$\langle f,g \rangle = \sum_i \sum_j \alpha_i \beta_j k(x_i,x_j) \tag{3.3}$$

所谓再生(reproducing),是指该空间中的内积具有如下性质:

(1) $\langle k(\cdot,x),f \rangle = f(x)$。

(2) $\langle k(\cdot,x),k(\cdot,x') \rangle = k(x,x')$。

前面提到过,由一个核函数可以导出某个相应的非线性变换。准确地说,同一个核函数可以对应很多非线性变换,下面的变换是其中之一:

$$\Phi:x \to k(\cdot,x) \tag{3.4}$$

该变换是将输入空间中的一个元素映入到核函数导出的 RKHS 中的一个元素(连续函数)。于是根据 RKHS 的再生性质,有

$$\langle \Phi(x),\Phi(y) \rangle = \langle k(\cdot,x),k(\cdot,y) \rangle = k(x,y) \tag{3.5}$$

在核方法的实际应用中,通过选择核函数就可以隐含构造出相应的 RKHS 及其内积,如果学习机器的有关特征空间的运算以内积的形式给出,就不用对核函数所对应的从原始空间到 RKHS 的非线性映射进行直接运算,而可以完全用核函数的有关计算来代替。由于核函数对应的 RKHS 可能是高维甚至是无限维的,利用核函数来代替高维空间的内积就能够极大地降低学习机器的计算复杂性。上述思想是核方法应用的基本思想,也是核方法取得成功的关键之一。

在支持向量机的研究中,通过引入核函数,为解决模式分类中的线性不可分问题提供了有效手段。而核函数经过这几年研究和发展,其应用领域也早已不仅限于支持向量机这一领域。事实上,核方法正逐步成为一种将非线性问题线性化的普适方法。例如,Schölkopf 等[8]将核函数方法用于主成分分析(PCA),提出了基于核的主成分分析(KPCA)方法,从而将原本用于线性相关分析的 PCA 方法扩展到了非线性相关分析的领域。Bach 等将核函数方法用于独立成分分析(ICA),使得原本用于分解独立信号线性叠加的 ICA 方法也可以用于独立信号的非线性混迭[3]。总之,以前解决线性问题时的许多技术手段,都可以尝试通过核函数方法扩展到非线性领域。核函数作为定义在某个 Hilbert 空间上的内积,首先应该是实

对称的。但是一个对称的二元函数并非一定对应着某个 Hilbert 空间上的内积，它还要满足一些额外条件，即 Mercer 条件。这就是著名的 Mercer 定理。

定理 3.1(Mercer 定理)[4]　在 L_2 范数下对称函数 $k(x,y)$ 能以正的系数 $a_k > 0$ 展成

$$k(x,y) = \sum_{k=1}^{\infty} a_k \psi_k(x) \psi_k(y) \tag{3.6}$$

(即 $k(x,y)$ 描述了某个特征空间中的一个内积)的充分必要条件是，对使得 $\int g^2(x) \mathrm{d}x < \infty$ 的所有函数 $g \neq 0$，条件

$$\iint k(x,y) g(x) g(y) \mathrm{d}x \mathrm{d}y > 0 \tag{3.7}$$

成立。

定理 3.2[1]　对任意给定的有限个点 $x_1, \cdots, x_m$ 以及某个核函数 $k(\cdot, \cdot)$，如果相应的 Gram 矩阵

$$K = (k_{ij}) = k(x_i, x_j) \tag{3.8}$$

是半正定的，则可以构造映射 ϕ，使得

$$k(x_i, x_j) = \phi(x_i) \phi(x_j) \tag{3.9}$$

定理 3.2 表明：对核函数 Mercer 性质的要求，可以放宽到对任意有限个点上核函数值的要求，即只要能够保证相应的 Gram 矩阵的半正定性质。

利用 Mercer 核函数的性质构造核函数，就是利用核函数集合在某些运算下封闭的性质，组合现有的一些核函数而构造出新的核函数。

3.2　核最小二乘时域差值学习算法

在 Markov 决策过程和动态规划的研究中，一个重要问题是计算平稳行为策略 Markov 决策过程的状态值函数，即策略评价问题(policy evaluation problem)。由于具有平稳策略的 Markov 决策过程等同于一个 Markov 链，因此平稳 Markov 决策过程的策略评价问题也等价于 Markov 链状态值函数的计算问题。对于模型已知的平稳 Markov 决策过程或 Markov 链，可以利用动态规划中的有关算法求解状态的值函数。在动态规划中，策略评价算法成为策略迭代(policy iteration)等求解 Markov 决策过程最优值函数方法的基础。由于增强学习的目标是求解模型未知 Markov 决策过程的最优值函数，所以在 Markov 决策过程的状态转移概率和回报函数等模型信息未知的条件下，计算对应 Markov 链的状态值函数就成为增强学习的一个重要研究课题。对模型未知 Markov 链的状态值函数进行求解是一类多步学习预测问题(multi-step learning prediction problem)，即学习目标是根据当前信息实现对未来多个时刻状态和相关信息的预测。而传统的监督学习一般

仅用于单步学习预测问题,即根据当前信息对当前时刻的输出进行预测。时域差值学习通过利用连续两个时刻预测量的差值来更新预测模型,是求解多步学习预测问题的一种有效方法。类似于动态规划的策略评价与策略迭代的关系,时域差值学习求解的多步学习预测问题可以看做学习控制的一个子问题。同时时域差值学习算法如 TD(λ)学习算法等也是 Q-学习、Sarsa 学习等学习控制算法的基础。

在增强学习中,也面临类似于监督学习和无监督学习的问题,即如何对非线性的大规模值函数和策略空间进行有效地逼近和学习。这一问题也是目前增强学习研究的核心问题之一,因为离散表格型增强学习算法在理论上相对比较成熟,如著名的离散 Q-学习算法被证明以概率 1 收敛到最优值函数和最优策略,而实际的序贯优化决策问题往往具有大规模或者连续的状态空间,采用离散表格算法来求解将面临所谓的"维数灾难",即离散表格的计算和存储量随着维数增加而成指数增长,并且泛化性能难以得到保证。因此利用各种函数逼近方法来实现对 Markov 决策过程值函数与策略空间的逼近,提高算法泛化性能,是近年来增强学习理论与方法研究的主要目标[9],如各种基于神经网络逼近的增强学习算法和理论等。本书第 2 章讨论的采用线性函数逼近的增强学习算法在收敛性能方面具有一定的优势,但对于非线性空间问题的求解存在局限性。而很多基于非线性神经网络逼近的增强学习应用只有经验性的结果,缺乏严格的理论分析,在一些实例中还可能出现算法不收敛的情况[10]。

核方法作为近年来兴起的一类基于再生核 Hilbert 空间(RKHS)与正定核函数性质的机器学习方法和理论,为处理复杂非线性空间的机器学习问题提供了一条重要的解决途径。核方法在监督学习与无监督学习的成功应用表明核方法是解决各种复杂非线性机器学习问题的有效手段,在已有的基于核的监督学习与无监督学习算法中,通过在线性算法中引入核函数,隐含构造相应的非线性映射与RKHS,使得扩展的算法能够处理高维非线性特征空间的逼近与学习问题,并且避免了直接对高维非线性特征向量进行处理,而利用再生核函数的有关性质代替非线性特征的内积运算。因此,基于核的机器学习算法在实现高效的非线性逼近与学习能力的同时,较好地避免了高维非线性映射带来的计算复杂性问题。

目前大量的基于核的机器学习算法与理论研究主要针对监督学习和无监督学习,增强学习中的核方法研究直到最近几年才开始得到学术界的关注[11~13]。这也与增强学习的特点有关,因为增强学习与监督学习不同,在增强学习中没有监督型函数回归与分类问题的教师信号,而且需要解决具有随机状态转移 Markov 决策过程的预测和优化问题。

本章将研究基于核的多步时域差值学习算法与收敛性理论,在后面的第 6 章将进行基于核的近似策略迭代算法研究,以实现 Markov 决策过程最优策略的逼近和学习。所以,本章的研究也是第 6 章研究内容的基础。下面将在线性 TD(λ)学习算法的基础上推导基于核的时域差值学习算法。

3.2.1　线性 TD(λ)学习算法

在第 2 章已经讨论过,由于平稳策略 Markov 决策过程可以等价为一个 Markov 链,因此有关 Markov 决策过程策略评价的问题可以转化为针对 Markov 链的学习预测研究,即通过观测 Markov 链的状态转移和回报函数,在没有 Markov 链先验模型信息的基础上,估计 Markov 链的状态值函数。目前,有关 Markov 链学习预测的时域差值学习算法研究已经取得了大量的成果,主要包括离散表格型 TD 学习算法及其收敛性理论、线性 TD 学习算法与收敛性理论、基于最小二乘方和递推最小二乘方的线性不动点 TD 学习算法与收敛性理论等[14~17]。

设 Markov 链产生的状态转移轨迹为 $\{x_t | t=0,1,2,\cdots; x_t \in S\}$。对于每步从 x_t 到 x_{t+1} 的状态转移,定义一个数值型回报 r_t。每个状态的值函数定义为

$$V(i) = E\Big\{ \sum_{t=1}^{\infty} \gamma^t r_t \,\big|\, x_0 = i \Big\} \tag{3.10}$$

其中,$0 < \gamma \leqslant 1$ 为折扣因子。

在离散表格型 TD(λ)学习算法中,采用了两个基本的计算机制来实现对 Markov 链值函数的无模型估计,即时域差值(temporal difference,TD)和适合度轨迹(eligibility traces)。其中,时域差值定义为对同一随机变量在两个相邻时刻点的估计值的差值。对于 Markov 链的值函数估计问题,值函数估计的时域差值定义为

$$\delta_t = r_t + \gamma \widetilde{V}_t(x_{t+1}) - \widetilde{V}_t(x_t) \tag{3.11}$$

其中,x_{t+1} 为 x_t 的后续状态;$\widetilde{V}(x)$ 为 $V(x)$ 的估计值;r_t 为状态转移 $x_t \rightarrow x_{t+1}$ 的回报值。

根据文献[18]的讨论,适合度轨迹可以看做在不记录所有的多步状态转移信息条件下提高学习效率的一种代数技巧。这种代数技巧是基于对 Markov 链多步回报总和进行截断的思想。在采用适合度轨迹的时域差值学习算法中,Markov 链的 n 步截断回报定义为

$$R_t^n = r_t + \gamma r_{t+1} + \cdots + \gamma^{n-1} r_{t+n-1} + \gamma^n \widetilde{V}_t(s_{t+n}) \tag{3.12}$$

对于状态转移序列长度为 T 的吸收 Markov 链,各种长度的截断回报的加权平均为

$$R_t^\lambda = (1-\lambda) \sum_{n=1}^{T-t-1} \lambda^{n-1} R_t^n + \lambda^{T-t-1} R_T \tag{3.13}$$

其中,$0 \leqslant \lambda \leqslant 1$,为加权衰减因子;$R_T$ 为吸收 Markov 链在终端吸收状态的 Monte-Carlo 回报,具有如下的形式:

$$R_T = r_t + \gamma r_{t+1} + \cdots + \gamma^T r_T \tag{3.14}$$

在 TD(λ)学习算法的每步迭代中,值函数估计的更新公式基于上述截断回报的加权平均与当前值函数估计的差值,即

$$\Delta \tilde{V}_t(s_i) = \alpha_t [R_t^\lambda - \tilde{V}_t(s_i)] \tag{3.15}$$

其中,α_t 为学习因子。

由于迭代公式(3.15)只有在获得了 Markov 链状态转移的全部观测数据才能应用,为实现增量式的迭代和学习,离散表格型 TD 学习算法的适合度轨迹定义如下:

$$z_{t+1}(s_i) = \begin{cases} \gamma \lambda z_t(s_i) + 1, & s_i = s_t \\ \gamma \lambda z_t(s_i), & s_i \neq s_t \end{cases} \tag{3.16}$$

采用上述适合度轨迹定义的增量式 TD(λ) 学习迭代公式为

$$\tilde{V}_{t+1}(s_i) = \tilde{V}_t(s_i) + \alpha_t \delta_t z_{t+1}(s_i) \tag{3.17}$$

其中,δ_t 为时刻 t 的时域差值,由式(3.11)给出;适合度轨迹的初值为 $z_0(s)=0$。

对于现实世界的应用问题,相应的 Markov 链往往具有大规模或者连续的状态空间,因此采用离散表格型算法难以实现 TD 学习算法的良好泛化性能和学习效率,并且往往面临存储计算量巨大的困难。为改善 TD 学习算法的学习泛化能力,基于线性函数逼近器的 TD 学习算法即线性 TD(λ)学习算法得到了广泛的应用。在线性 TD(λ)学习算法,Markov 链的状态值函数具有如下的线性基函数组合的形式:

$$\tilde{V}(x) = \phi^T(x)W = \sum_{j=1}^{n} \phi_j(x)w_j \tag{3.18}$$

其中,$W = (w_1, w_2, \cdots, w_n)$,为权重向量;$\phi(x) = (\phi_1(x), \phi_2(x), \cdots, \phi_n(x))$,为线性基函数。

采用适合度轨迹的线性 TD(λ) 算法的权重迭代公式为

$$W_{t+1} = W_t + \alpha_t [r_t + \gamma \phi^T(x_{t+1})W_t - \phi^T(x_t)W_t]Z_{t+1} \tag{3.19}$$

其中,适合度轨迹向量 $Z_t(x)$ 定义为

$$Z_{t+1} = \gamma \lambda Z_t + \phi(x_t) \tag{3.20}$$

在文献[16]中,线性 TD(λ)算法被证明在一定假设条件下以概率 1 收敛到唯一不动点,而且这个唯一的权重不动点 W^* 满足下面的等式:

$$E_0[A(X_t)]W^* - E_0[b(X_t)] = 0 \tag{3.21}$$

其中,$X_t = (x_t, x_{t+1}, Z_{t+1})$ $(t=1, 2, \cdots)$构成一个新的 Markov 决策过程;$E_0[\cdot]$ 为该 Markov 决策过程的唯一不变分布;$A(X_t)$、$b(X_t)$ 定义为

$$A(X_t) = Z_t[\phi^T(x_t) - \gamma \phi^T(x_{t+1})] \tag{3.22}$$

$$b(X_t) = Z_t r_t \tag{3.23}$$

为进一步提高线性 TD(λ)算法的学习效率,文献[17]提出了最小二乘方

TD(λ)算法,即 LS-TD(λ)算法。在 LS-TD(λ)算法中,值函数估计的权重向量 W 通过直接求解等式(3.21)获得,即

$$W_{\text{LS-TD}(\lambda)} = A_T^{-1} b_T = \Big[\sum_{t=1}^{T} A(X_t) \Big]^{-1} \Big[\sum_{t=1}^{T} b(X_t) \Big] \tag{3.24}$$

文献[14]和文献[15]中,在信号处理与自动控制领域得到广泛应用的递推最小二乘方算法被进一步推广到 LS-TD(λ)算法中,获得了良好的在线估计性能,并且降低了 LS-TD(λ)算法的计算和存储量。其中,文献[15]研究了无适合度轨迹的递推最小二乘 TD 学习算法——RLS-TD(0);在文献[14]中,提出了采用适合度轨迹的 RLS-TD(λ),研究了算法的暂态性能与初值的关系,并且将递推最小二乘 TD 学习算法推广到学习控制问题中。上述两种算法在本书第 2 章进行了详细讨论,这里不再赘述。

尽管采用最小二乘不动点(least-squares fixed-point)技术的线性 TD 学习算法在学习效率上比离散表格型 TD 算法有了较大的提高,但对于许多具有非线性值函数空间的 Markov 链学习预测问题,由于线性函数逼近器的逼近能力有限,以及线性基函数的选择和优化的困难,使得线性 TD 学习算法和离散 TD 学习算法都很难以得到成功应用。因此需要研究新的非线性时域差值学习算法来提高增强学习在大规模空间 Markov 决策问题中的泛化性能。

3.2.2　KLS-TD(λ)学习算法

在本小节中,基于前面有关核方法与线性时域差值学习算法的讨论,给出一种基于核的时域差值学习算法 KLS-TD(λ),从而通过核方法在增强学习中的推广应用,实现高性能的面向非线性空间 Markov 链学习预测的时域差值算法。

在 KLS-TD(λ)算法中,首先引入一个 Mercer 核函数 $k(\cdot,\cdot)$,根据 Mercer 定理,存在一个 $k(\cdot,\cdot)$ 确定的 RKHS,并且该空间的向量内积可以由核函数 k 来表示

$$k(x,y) = \langle \Phi(x), \Phi(y) \rangle = \Phi^{\text{T}}(x)\Phi(y) \tag{3.25}$$

因此,在选择了核函数 $k(\cdot,\cdot)$ 后,就隐含构造了一个从原始状态空间到高维或者无限维特征空间 F 的映射,即

$$\Phi : \mathbf{R}^n \to F \tag{3.26}$$

其中,$\mathbf{R}^n$ 为原始的状态空间;$\Phi(x)$ 为相应的特征向量。

在 KLS-TD(λ)学习算法中,首先在核函数对应的 RKHS 来讨论值函数估计问题,但在最后得到的算法中并不需要显式构造出 RKHS 及其特征向量,因为根据核函数的性质,RKHS 中的内积可以完全由核函数来代替。

在 RKHS 中,Markov 链的值函数表达形式仍然采用下面的线性基函数组合:

$$\widetilde{V}(x) = \Phi^{\text{T}}(x)W \tag{3.27}$$

其中，$W = (w_1, w_2, \cdots, w_{\dim(F)})^{\mathrm{T}}$ 与 $\Phi(x)$ 均为列向量。

根据文献[1]的 Representer 定理，RKHS 的权重 W 可以表达为样本特征向量的加权组合形式

$$W = \sum_{i=1}^{t} \Phi(x_i) \alpha_i \qquad (3.28)$$

其中，$x_i(i=1,2,\cdots,m)$ 为原始观测状态；$\alpha_i(i=1,2,\cdots,t)$ 为对应的加权系数。

根据文献[16]的有关定理，对于采用适合度轨迹的线性 TD(λ) 学习算法，其最小二乘不动点解满足下面的方程：

$$E_0\{Z_i[\Phi^{\mathrm{T}}(x_i) - \gamma\Phi^{\mathrm{T}}(x_{i+1})]\}\Big(\sum_{j=1}^{t}\Phi(x_j)\alpha_j^*\Big) = E_0[Z_i r(x_i)] \qquad (3.29)$$

其中，适合度轨迹 $Z_i = \gamma\lambda Z_{i-1} + \Phi(x_i)$。

对于随机变量的数学期望 $E_0[\cdot]$，可以由下面基于观测数据的均值来逼近：

$$E_0[y] = \frac{1}{t}\sum_{i=1}^{t} y_i \qquad (3.30)$$

其中，$y_i(i=1,2,\cdots,t)$ 为随机变量 y 的均值。代入上述均值，最小二乘不动点方程(3.29)可以表示为

$$\sum_{i=1}^{t-1}\{Z_i[\Phi^{\mathrm{T}}(x_i) - \gamma\Phi^{\mathrm{T}}(x_{i+1})]\}\Big(\sum_{j=1}^{t}\Phi(x_j)\alpha_j^*\Big) = \sum_{i=1}^{t} Z_i r_i \qquad (3.31)$$

令

$$H_t = \begin{bmatrix} 1 & -\gamma & 0 & \cdots & 0 & 0 \\ 0 & 1 & -\gamma & \cdots & 0 & 0 \\ \vdots & \vdots & \vdots & & \vdots & \vdots \\ 0 & 0 & 0 & \cdots & 1 & -\gamma \end{bmatrix}_{(t-1)\times t} \qquad (3.32)$$

$$\Phi_t = (\Phi(x_1),\ \Phi(x_2),\ \cdots,\ \Phi(x_t))^{\mathrm{T}} \qquad (3.33)$$

则方程(3.31)可以表示为下面的矩阵形式：

$$Y_t H_t \Phi_t \Phi_t^{\mathrm{T}} \alpha_t = Y_t R_t \qquad (3.34)$$

其中

$$Y_t = (Z_1,\ \Phi(x_2) + \gamma\lambda Z_1,\ \cdots,\ \Phi(x_t) + \gamma\lambda Z_{t-1}) \qquad (3.35)$$

$$\alpha_t = (\alpha_1, \alpha_2, \cdots, \alpha_t)^{\mathrm{T}},\quad R_t = (r_1, r_2, \cdots, r_t)^{\mathrm{T}} \qquad (3.36)$$

根据式(3.34)，可得到如下等价形式：

$$\Phi_t Y_t H_t \Phi_t \Phi_t^{\mathrm{T}} \alpha_t = \Phi_t Y_t R_t \qquad (3.37)$$

设 $\bar{Z}_t = \Phi_t Y_t$，则有

$$\bar{Z}_t = (k_{1t}, k_{2t} + \gamma\lambda k_{1t}, \cdots, k_{tt} + \gamma\lambda k_{(t-1)t}) \qquad (3.38)$$

其中

$$k_{it} = (k(x_1, x_i), k(x_2, x_i), \cdots, k(x_t, x_i))^{\mathrm{T}} \qquad (3.39)$$

根据式(3.39)，可以定义如下的核函数矩阵：

$$K_t = \Phi_t \Phi_t^{\mathrm{T}}$$

$$= \begin{bmatrix} k(x_1,x_1) & k(x_1,x_2) & \cdots & k(x_1,x_t) \\ k(x_2,x_1) & k(x_2,x_2) & \cdots & k(x_2,x_t) \\ \vdots & \vdots & & \vdots \\ k(x_t,x_1) & k(x_t,x_2) & \cdots & k(x_t,x_t) \end{bmatrix} \tag{3.40}$$

则 TD 学习的最小二乘不动点回归方程可表示为

$$\bar{Z}_t H_t K_t \alpha_t = \bar{Z}_t R_t \tag{3.41}$$

对应式(3.41)的最小二乘不动点解为

$$\alpha_t = (\bar{Z} H_t K_t)^{-1} \bar{Z}_t R_t \tag{3.42}$$

由上面推导的 RKHS 的最小二乘解，实际得到了在原始空间值函数估计的非线性近似解，这是因为通过构造核函数，在 RKHS 对值函数进行逼近的基函数是由核函数确定的高维非线性映射。但根据核函数与 RKHS 的性质，上述高维非线性特征映射只需要由核函数隐含构造，所有在 RKHS 的内积运算可以由核函数来完成，因此在 KLS-TD(λ)算法中，只需要计算核函数矩阵 K_t。

在计算了 TD 学习的基于核的非线性最小二乘不动点解后，Markov 链的值函数由如下的核函数的线性组合进行逼近：

$$\widetilde{V}(x) = \sum_{i=1}^{t} \alpha_i k(x,x_i) \tag{3.43}$$

在以上推导的基础上，算法 3.1 给出了针对遍历 Markov 链的 KLS-TD(λ)算法的详细描述。其中算法的停止条件可以选择为连续两次迭代的权值变化差值或最大的迭代次数。根据第 2 章的介绍，Markov 链可以分为遍历 Markov 链和吸收 Markov 链两种类型，由于需要对吸收 Markov 链的吸收状态进行特殊处理，在后面的算法 3.2 将进一步给出吸收 Markov 链的 KLS-TD(λ)算法。

算法 3.1 遍历 Markov 链的 KLS-TD(λ)算法。

(1) 给定：

① 算法的停止条件；

② 核函数 $k(\cdot,\cdot)$ 及算法参数 λ。

(2) 初始化：

① 令 $t=0$；

② 设置 Markov 链的初始状态 x_0。

(3) 循环：

① 对于当前状态 x_t，观测从 x_t 到 x_{t+1} 的状态转移以及相应的回报 $r(x_t,x_{t+1})$；

② 当需要对值函数估计进行计算时，应用式(3.32)、式(3.38)与式(3.40)分

别计算矩阵 H_t、$\bar{Z}_t$、K_t，采用式(3.42)与式(3.43)分别计算加权系数向量与值函数估计；

③ $t=t+1$。

直到满足算法停止条件。

对于吸收 Markov 链，由于吸收状态的值函数一般设定为常数 0，所以矩阵 H_t 的计算方程(3.32)需要根据吸收状态的情况进行改进。考虑有 6 个观测状态时的情形，假设在第 3 次和第 5 次状态转移均进入吸收状态，则矩阵 H_t 如下所示：

$$H_t = \begin{bmatrix} 1 & -\gamma & 0 & 0 & 0 & 0 \\ 0 & 1 & -\gamma & 0 & 0 & 0 \\ 0 & 0 & 1 & 0 & 0 & 0 \\ 0 & 0 & 0 & 1 & -\gamma & 0 \\ 0 & 0 & 0 & 0 & 1 & 0 \end{bmatrix} \tag{3.44}$$

其中，矩阵的第 3 行与第 5 行对应了两个吸收状态的情况。在吸收状态 Markov 链的仿真模拟中，如果系统进入吸收状态，则通常对 Markov 链的状态进行重新初始化。

基于上述讨论，吸收 Markov 链的 KLS-TD(λ)算法由算法 3.2 给出。

算法 3.2　吸收 Markov 链的 KLS-TD(λ)算法。

(1) 给定：

① 算法的停止条件。

② 核函数 $k(\cdot,\cdot)$ 及算法参数 λ。

(2) 初始化：

① 令 $t=0$。

② 设置 Markov 链的初始状态 x_0。

(3) 循环：

① 对于当前状态 x_t：

a. 如果 x_t 为吸收状态，则采用式(3.44)更新 H_t，$r(x_t)=r_T$，其中，r_T 为进入吸收状态的终端回报；

b. 否则，观测从 x_t 到 x_{t+1} 的状态转移以及相应的回报 $r(x_t,x_{t+1})$。

② 如果 x_t 是吸收状态，通过令 x_{t+1} 为一个随机初始状态来对 Markov 链进行重新初始化。

③ 当需要对值函数估计进行计算时，应用式(3.32)、式(3.38)与式(3.40)分别计算矩阵 H_t、$\bar{Z}_t$、K_t，采用式(3.42)与式(3.43)分别计算加权系数向量与值函数估计。

④ $t=t+1$。

直到满足算法停止条件。

3.2.3　学习预测实验与比较

本小节将通过具有非线性值函数空间的 Markov 链学习预测的仿真实验研究来对 KLS-TD(λ) 算法进行性能评测，并且通过与已有的线性 TD(λ) 算法进行性能对比来说明新算法的优越性。

在 Markov 链的学习预测实验中，考虑如图 3.1 所示的非线性值函数 Hop-World 问题，该问题的线性值函数情形在本书第 2 章中进行了讨论。本章研究的非线性值函数情形在实际 Markov 决策问题中具有更广泛的应用意义，同时也将验证基于核的时域差值算法在非线性空间中的学习性能。

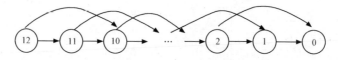

图 3.1　非线性 HopWorld 问题

如图 3.1 所示，HopWorld 问题是具有 13 个状态的吸收 Markov 链，其中的状态 0 为吸收状态。状态 12 是每条状态轨迹的初始状态，在每个非吸收状态有两个可选状态转移方向，一个是直接转移到右侧的相邻状态，另一个是转移到中间间隔一个状态的右侧状态。每个状态 i（$0 \leqslant i \leqslant 12$）的真实状态值函数为

$$V(i) = \frac{\sin(i/12.0)}{(i/12.0 + 0.1)} \tag{3.45}$$

每步状态转移的回报根据以上定义的状态值函数和状态转移模型确定。在学习预测实验中，假设 Markov 链的状态转移模型和真实状态值函数都是未知的，学习算法的目标是根据 Markov 链的状态转移观测数据来估计状态值函数。分别采用 KLS-TD(λ) 算法与已有的线性 TD(λ) 算法进行学习预测的实验研究，其中在 KLS-TD(λ) 算法中核函数选择为常用的 RBF（radius basis function）核函数，RBF 的宽度参数选择为 $\sigma = 0.2$；对于线性 TD(λ) 算法，采用了手工选择的二维线性基函数 (x, x^2)，其中 x 为 Markov 链状态值经过归一化后得到的数值。

基于核的 TD 学习算法与线性 TD 算法之间的性能比较通过在给定一定数目的观测数据后分别得到的值函数估计误差来实现。在设定算法参数后，每个算法分别独立运行 20 次，即处理 20 次独立获得的相同数目的观测数据，每次运行都计算不同算法对所有 13 个状态进行值函数估计的均方误差，然后再计算各次独立运行的值函数估计均方误差的平均值，以此来作为算法的性能评价指标。表 3.1 所示为两种算法在不同条件下的性能对比，其中包括不同的参数设定、不同数目的观测数据等运行条件。

由表 3.1 可以看出,KLS-TD(λ)算法在非线性值函数的逼近精度方面远优于已有的线性 TD(λ)算法。对于实验中的非线性 HopWorld 的值函数预测问题,线性 TD(λ)算法很难获得良好的逼近精度,而且线性基函数的选择对于算法的性能影响很大。而 KLS-TD(λ)算法由于采用了基于核函数的非线性高维空间映射技术,因此具有很好的非线性逼近能力,同时核函数及其参数的选择已经有相关的理论和实践成果,所以相对线性基函数的选择也容易得多。

表 3.1　KLS-TD(λ)与线性 TD(λ)的性能比较

算法/均方误差	$\lambda=0$, $N=100$	$\lambda=1$, $N=100$	$\lambda=0$, $N=200$
KLS-TD(λ)	0.036	0.065	0.006
TD(λ)	0.385	0.263	0.293

近年来,增强学习中的核方法也得到了国外一些学者的关注,并且取得了若干研究成果。文献[12]研究了基于高斯过程(Gaussian processes, GP)模型的 TD 学习算法,由于高斯过程的协方差矩阵设计可以引入核函数,因此也实现了一种基于核的值函数逼近方法,但文献[12]的结果没有考虑 TD 算法中的适合度轨迹机制。另外,与基于高斯过程的 TD 学习算法不同,KLS-TD 算法不需要高斯过程的先验方差信息。

3.3　小　　结

本章在介绍了核方法的基本思想与相关数学理论的基础上,进一步研究了增强学习的核心问题之一:Markov 链的值函数学习预测问题。针对已有算法在求解非线性空间 Markov 链学习预测问题时存在的逼近精度与收敛性问题,本章把核方法引入多步最小二乘 TD 学习框架中,通过在核函数确定的 RKHS 中进行值函数的最小二乘不动点估计,从而隐含实现了对原始空间值函数的高维非线性逼近,因此能够有效地克服已有的离散表格 TD 算法与线性 TD 算法存在的困难,对于增强学习在复杂非线性空间 Markov 决策问题中的推广应用具有重要意义。在本书的第 6 章中将对本章的研究成果进行进一步的深化,通过在面向最优策略逼近的策略迭代框架中引入和实现核方法,以及提出相应的核稀疏化技术,研究基于核的最小二乘策略迭代算法,并且对算法近似最优收敛性进行分析和性能评测。

参 考 文 献

[1] Schölkopf B, Smola A. Learning with Kernels: Support Vector Machines, Regularization, Optimization, and Beyond [M]. Cambridge: MIT Press, 2002.

[2] Lanckriet G, Cristianini N, Bartlett P, et al. Learning the kernel matrix with semi-definite programming

[J]. Journal of Machine Learning Research, 2004, 5:27-72.

[3] Bach F R, Jordan M I. Kernel Independent Component Analysis [R]. Report No. UCB/CSD-01-1166, University of California, Berkeley, CA 94720, USA, 2001.

[4] Courant R, Hilbert D. Methods of Mathematical Physics [M], New York: Wiley, 1953.

[5] Vapnik V N. The Nature of Statistical Learning Theory [M], Berlin: Springer, 1995.

[6] Berg C, Christensen J P R, Ressel P. Harmonic Analysis on Semigroups [M]. New York: Springer, 1984.

[7] Berlinet A, Thomas C. Reproducing Kernel Hilbert Spaces in Probability and Statistics [M]. New York: Kluwer Academic Publishers, 2004.

[8] Scholkopf B, Smola A, Muller K R. Nonlinear component analysis as a kernel eigenvalue problem [J]. Neural Computation, 1998, 10(6):1299-1319.

[9] Bertsekas D P, Tsitsiklis J N. Neuro-Dynamic Programming [M]. Belmont: Athena Scientific, 1996.

[10] Baird L C. Residual algorithms: Reinforcement learning with function approximation [A]. Proc. of the 12th Int. Conf. on Machine Learning [C], San Francisco, 1995: 30-37.

[11] Ormnoneit D, Sen S. Kernel-based reinforcement learning [J]. Machine Learning, 2002, 49: 161-178.

[12] Xu X. A sparse kernel-based least-squares temporal difference algorithm for reinforcement learning [A]. Proceedings of 2006 International Conference on Natural Computation [C], Lecture Notes in Computer Science, LNCS 4221, 2006: 47-56.

[13] Xu X, Xie T, Hu D W, et al. Kernel least-squares temporal difference learning [J]. International Journal of Information Technology, Singapore Computer Society, 2005, 11(9):54-63.

[14] Xu X, He H G, et al. Efficient reinforcement learning using recursive least-squares methods [J]. Journal of Artificial Intelligence Research, 2002, 16: 259-292.

[15] Brartke S J, Barto A. Linear least-squares algorithms for temporal difference learning [J]. Machine Learning, 1996, 22: 33-57.

[16] Tsitsiklis J N, Roy B V. An analysis of temporal difference learning with function approximation [J]. IEEE Transactions on Automatic Control, 1997, 42(5): 674-690.

[17] Boyan J. Least-squares temporal difference learning [A]. Bratko I, Dzeroski S. Machine Learning: Proceedings of the Sixteenth International Conference (ICML) [C], Beld, 1999: 49-56.

[18] Sutton R, Barto A. Reinforcement Learning, An Introduction [M]. Cambridge: MIT Press, 1998.

第 4 章　求解 Markov 决策问题的梯度增强学习算法

　　所谓决策,就是指在若干个可行的行动方案中按照某种准则选择一个方案。在决策问题中有一类具有多阶段时间特性的序贯决策(sequential decision)问题,其特点是需要决策者在一系列的时刻点上作出决策,并且决策者在作出当前决策后,应当收集下一步的状态信息,然后才能作出新的决策。本章将要研究的 Markov 决策问题就是一类以求解 Markov 决策过程最优值函数和最优策略为目标的序贯优化决策问题。由于现实世界的许多问题如生产调度、动态系统控制、交通运输和经济管理等都具有序贯性决策的特点,而且在适当的假设条件下可以用 Markov 决策过程模型来描述,因此研究和应用 Markov 决策问题的求解方法对于人类生产发展和科技进步具有重要的意义。从 20 世纪 60 年代以来,Markov 决策问题的求解方法在运筹学领域中得到了广泛的研究,并且取得了丰富的理论和应用成果[1]。其中具有代表性的是动态规划方法的提出。动态规划方法作为求解模型已知 Markov 决策问题的有效手段,在工程实际中得到了较为普遍的应用,但仍然存在两个重要的缺陷,即所谓的"模型灾难"(curse of modeling)和"维数灾难"(curse of dimensionality)[2,3]。"模型灾难"是指动态规划方法如值迭代算法、策略迭代算法等都要求 Markov 决策过程的模型如状态转移概率、回报函数等已知,而在许多工程实际问题中获得上述模型信息往往是困难的。"维数灾难"是指对于具有大规模和连续状态和行为空间的 Markov 决策过程,应用动态规划方法将面临计算量和存储量巨大的困难。

　　增强学习算法的研究和应用为克服动态规划方法的"模型灾难"提供了一条有效途径。虽然增强学习的早期研究与运筹学和动态规划相对独立,但由于两者都针对序贯优化决策问题的求解,因此增强学习和动态规划的研究在近十年来逐渐密切结合。增强学习作为一类机器学习方法,强调在与环境的交互中学习,不要求环境的模型信息,因此是求解模型未知的 Markov 决策问题的重要手段。目前,增强学习的算法和理论研究与动态规划和 Markov 决策过程理论研究相互交叉。与本书第 2、3 章研究的求解学习预测问题的时域差值学习方法不同,以求解 Markov 决策过程最优值函数和最优策略为学习目标的增强学习方法又称为学习控制方法,包括 Q-学习算法、Sarsa 学习算法和自适应启发评价(AHC)学习算法等。在第 2 章中已经提到,类似于动态规划的策略评价和策略迭代的关系,学习预测问题可以作为学习控制问题的一个子问题,并且时域差值学习算法也对 Q-学习算法等学习控制算法的设计和分析具有基础性的作用。

　　目前,虽然用于求解学习控制问题的增强学习方法在理论和应用方面取得了若干重要的研究成果,但仍然面临类似动态规划的"维数灾难"。已提出的 Q-学习算法和 Sarsa 学习算法等都以表格来存储状态的值函数,因此可以称为表格型(tabular)学习算法。当 Markov 决策过程具有大规模或连续的状态或行为空间时,表格型增强学习算法将无法解决计算量和存储量巨大的困难。

　　为克服"维数灾难",实现增强学习在大规模和连续状态空间中的泛化,近年来,基于值函数逼近(value function approximation, VFA)的增强学习算法得到了广泛的研究和应用。作为一种通用的函数逼近器,神经网络在监督学习领域的算法和应用研究已取得了丰富成果,在用于增强学习泛化的值函数逼近器中,神经网络也成为研究的重点。由于在增强学习中没有监督学习的教师信号,因此监督学习的误差反向传播(BP)算法等无法直接用于神经网络的增强学习。如何计算和估计增强学习的梯度信息是应用神经网络实现增强学习值函数逼近和泛化的关键和难点。目前,在基于值函数逼近的增强学习方法中,通常采用一种与线性TD(λ)学习算法相同的直接梯度增强学习算法,但该算法在求解学习控制问题时还缺乏收敛性理论分析。文献[4]指出在采用非线性函数逼近器时,直接梯度下降增强学习算法可能会出现权值学习的发散,并给出了实例。因此研究基于值函数逼近的梯度增强学习算法和有关理论,对于克服"维数灾难",推广增强学习在实际优化决策问题中的应用,都具有重要的学术和工程应用价值。

　　本章将对利用值函数逼近器求解大规模或连续状态空间 Markov 决策问题即学习控制问题的梯度增强学习算法进行深入研究。本章首先研究了基于小脑模型关节控制器(CMAC)的直接梯度下降增强学习算法,对基于 CMAC 的 Markov 决策过程状态空间离散化过程进行了分析;为利用具体问题的先验知识,提高算法的收敛速度,研究了两种改进的用于增强学习值函数逼近的 CMAC 编码结构,并通过倒立摆和自行车平衡两个典型学习控制问题对改进方法的有效性进行了仿真研究。针对高维状态空间的泛化问题,研究了基于值函数逼近器的非平稳策略 Bellman 残差梯度(residual gradient with non-stationary policy, RGNP)增强学习算法,并分析了算法的收敛性和近似最优策略的性能。对于同时具有连续状态和行为空间的 Markov 决策问题,提出了一种采用递推最小二乘 TD 学习的改进 AHC 学习算法——Fast-AHC 算法。通过大量的仿真实验研究验证了提出算法的有效性。本章的安排如下:4.1 节简要介绍了 Markov 决策过程的有关理论和已有的表格型增强学习算法;4.2 节对基于 CMAC 的直接梯度增强学习算法进行了研究;4.3 节研究了基于非线性值函数逼近器的残差梯度增强学习算法;4.4 节研究了求解连续行为空间 Markov 决策问题的快速 AHC 学习算法;4.5 节对本章进行了总结。

4.1 Markov 决策过程与表格型增强学习算法

本节将对 Markov 决策过程的有关基础理论和表格型增强学习算法进行简要介绍。首先对 Markov 决策过程及其最优值函数进行讨论,介绍其概念定义和数学描述,详细参见文献[2]。

4.1.1 Markov 决策过程及其最优值函数

Markov 决策过程的基本概念来源于 Bellman 关于动态规划的研究工作[1]以及 Shapley 有关随机对策的论文[6],其理论基础则由 Howard 在其论著中奠定[7]。目前,Markov 决策过程和动态规划的理论和应用研究已取得了大量成果,成为解决随机动态最优化问题的重要工具。

Markov 决策过程按照决策时间的特性和模型中的其他因素的不同,可以有多种分类方法,如平稳和非平稳 Markov 决策过程、离散时间和连续时间 Markov 决策过程、离散状态空间和连续状态空间 Markov 决策过程等。下面将以离散时间平稳 Markov 决策过程为研究对象。离散时间平稳 Markov 决策过程的定义如下。

定义 4.1(离散时间平稳 Markov 决策过程) 一个离散时间平稳 Markov 决策过程可以用五元组来表示,即 $\{S,A,r,P,J\}$,其中,S 为有限或连续状态空间,A 为有限或连续行为空间,$r:S\times A\to \mathbf{R}$ 为回报函数,P 为 Markov 决策过程的状态转移概率,满足如下的 Markov 性和时齐特性:

$$\begin{cases} \forall i,j \in S, \quad a \in A, \quad \forall n \geqslant 0 \\ P(X_{n+1}=j \mid X_n=i, A_n=a, X_{n-1}, A_{n-1}, \cdots, X_0, A_0) \\ = P(X_{n+1}=j \mid X_n=i, A_n=a) = P(i,a,j) \end{cases} \quad (4.1)$$

J 为决策优化的目标函数。

在上述定义中,状态转移概率 P 满足如下等式:

$$\sum_{j\in S} P(i,a,j) = 1 \quad (4.2)$$

Markov 决策过程的决策优化目标函数 J 主要有两种类型:折扣总回报目标和平均期望回报目标,分别如式(4.3)和式(4.4)所示。

折扣总回报目标

$$J_d = E\Big[\sum_{t=0}^{\infty} \gamma^t r_t\Big], \quad 0 < \gamma < 1 \quad (4.3)$$

平均期望回报目标

$$J_a = \limsup_{N\to\infty} \frac{1}{N} E\Big[\sum_{t=0}^{N-1} r_t\Big] \quad (4.4)$$

　　上述两种决策优化目标函数在动态规划领域都得到了广泛的研究和应用,在增强学习算法和理论的研究中,主要针对折扣总回报目标函数进行了大量研究。近年来,针对平均期望回报目标的增强学习方法也取得了一定的研究进展[8,9]。文献[10]对两种目标函数的性能差异进行了深入分析,指出折扣总回报目标函数可以在性能方面近似于平均期望回报目标函数。对于有限阶段的 Markov 决策问题,当折扣因子 $\gamma=1$ 时,两种目标函数等价。因此,下面将以具有折扣总回报目标函数的 Markov 决策问题为研究对象。

　　为优化 Markov 决策过程的性能目标函数,在动态规划和增强学习方法中都定义了 Markov 决策过程的策略和值函数来确定行为决策。下面分别介绍 Markov 决策过程的策略和状态值函数的定义。

　　定义 4.2(Markov 决策过程的一般随机策略)　记 S_n 和 A_n 分别为 Markov 决策过程在时刻 n 的状态集和行为集,集合 $\Gamma_n=\{(s,a):s\in S_n,a\in A_n\}$。称测度序列 $\pi=(\pi_0,\pi_1,\cdots)$ 为 Markov 决策过程的随机策略,若对于任意 $n\geqslant 0$,π_n 为 $\Gamma_0\cdot\Gamma_1\cdots\Gamma_{n-1}\cdot S_n$ 到 A_n 的转移概率,且满足

$$\pi_n(A_n(s_n)\,|\,s_n,a_{n-1},s_{n-1},\cdots,a_0,s_0)=1 \tag{4.5}$$

　　定义 4.2 给出了一般随机策略的严格数学定义,从概念上讲,时刻 n 的策略 π_n 确定了在该时刻选择行为的规则。在理论研究和实际应用中,通常针对一类特殊的策略即 Markov 策略,其定义如下。

　　定义 4.3(Markov 决策过程的 Markov 策略)　设 Markov 决策过程的策略 $\pi=(\pi_0,\pi_1,\cdots)$ 满足

$$\pi_n(a_n(s_n)\,|\,s_n,a_{n-1},s_{n-1},\cdots,a_0,s_0)=\pi_n(a_n(s_n)\,|\,s_n),\quad \forall n\geqslant 0 \tag{4.6}$$

则称 π 为 Markov 策略。若对于任意 $n\geqslant 1$,有 $\pi_n=\pi_0$,则称 Markov 策略 π 为平稳的。

　　在后面的讨论中,将针对 Markov 决策过程的 Markov 策略进行研究,并将其简称为 Markov 决策过程的策略,而平稳 Markov 策略则简称为平稳策略。

　　在定义了 Markov 决策过程的策略后,可以对状态的值函数进行如下定义。

　　定义 4.4(Markov 决策过程的状态值函数)　设 π 为平稳策略,则 Markov 决策过程的状态值函数定义为

$$V^{\pi}(s)=E^{\pi}\Big[\sum_{t=0}^{\infty}\gamma^t r_t\,\big|\,s_0=s\Big] \tag{4.7}$$

其中,数学期望 $E^{\pi}[\cdot]$ 定义在状态转移概率 P 和平稳策略 π 的分布上。

　　Markov 决策过程的状态值函数确定了从某一状态出发按照策略 π 选择行为所获得的期望总回报的大小。类似于状态值函数,Markov 决策过程的行为值函数确定了从某一状态-行为对出发,按照策略 π 选择行为所获得的期望总回报的大小。在增强学习算法中,为便于进行策略的更新,通常对行为值函数进行估计。定

义 4.5 给出了 Markov 决策过程行为值函数的定义。

定义 4.5(Markov 决策过程的行为值函数)　设 π 为平稳策略,则 Markov 决策过程的行为值函数定义为

$$Q^{\pi}(s,a) = E^{\pi}\Big[\sum_{t=0}^{\infty} \gamma^t r_t \,\big|\, s_0 = s, a_0 = a\Big] \tag{4.8}$$

根据动态规划的有关理论,状态值函数和行为值函数分别满足如下的 Bellman 方程:

$$V^{\pi}(s_t) = E[r(s_t, a_t) + \gamma V^{\pi}(s_{t+1})] \tag{4.9}$$

$$Q^{\pi}(s_t, a_t) = E[r(s_t, a_t) + \gamma V^{\pi}(s_{t+1})] \tag{4.10}$$

其中,数学期望 $E[\cdot]$ 定义在状态转移概率的分布上;s_t 和 s_{t+1} 为时刻 t 和 $t+1$ 的状态;a_t 为时刻 t 的行为。

在定义了 Markov 决策过程的状态值函数和行为值函数后,优化目标函数式 (4.3)的最优平稳策略 π^* 由下式确定:

$$\pi^* = \underset{\pi}{\operatorname{argmax}}\, V^{\pi}(s) \tag{4.11}$$

对应最优平稳策略 π^* 的最优状态值函数和最优行为值函数分别记为 $V^*(s)$ 和 $Q^*(s,a)$,则有如下的关系式成立:

$$V^*(s) = \max_a Q^*(s,a) \tag{4.12}$$

最优状态值函数和行为值函数分别满足如下的 Bellman 最优性方程:

$$V^*(s_t) = \max_{a_t} E[r(s_t, a_t) + \gamma V^*(s_{t+1})] \tag{4.13}$$

$$Q^*(s_t, a_t) = E[r(s_t, a_t) + \max_{a_{t+1}} \gamma Q^*(s_{t+1}, a_{t+1})] \tag{4.14}$$

对于模型已知的 Markov 决策过程,利用动态规划的值迭代和策略迭代等算法可以求解最优值函数和最优策略。当 Markov 决策过程的模型未知时,传统的动态规划方法无法进行求解,而增强学习算法则成为一种有效的求解手段。

4.1.2　表格型增强学习算法及其收敛性理论

本小节将讨论求解离散状态和行为空间 Markov 决策问题的表格型增强学习算法,对于求解连续状态和行为空间 Markov 决策问题的神经网络增强学习算法将在本章的后续部分研究。目前,表格型增强学习方法在算法和理论研究方面都已取得了大量的研究成果,其中,两种具有代表性的表格型增强学习算法是 Q-学习算法和 Sarsa 学习算法。

1. Q-学习算法及其收敛性理论

Q-学习算法由 Watkins 于 1989 年在其博士学位论文中首次提出[11],该算法将动态规划的有关理论与学习心理学[10]的机理相互结合,以求解具有延迟回报的

序贯优化决策问题为目标。在 Q-学习算法中对 Markov 决策过程的行为值函数进行迭代计算,其迭代计算公式为

$$Q(s_t, a_t) = Q(s_t, a_t) + \alpha_t [r(s_t, a_t) + \gamma \max_{a_{t+1}} Q(s_{t+1}, a_{t+1}) - Q(s_t, a_t)] \quad (4.15)$$

其中,(s_t, a_t) 为 Markov 决策过程在时刻 t 的状态-行为对;s_{t+1} 为时刻 $t+1$ 的状态;$r(s_t, a_t)$ 为时刻 t 的回报;$\alpha_t > 0$ 为学习因子。

表格型 Q-学习算法的完整描述如下[11]。

算法 4.1 表格型 Q-学习算法。

给定:有限状态和行为空间 Markov 决策过程的状态集 S 和行为集 A;折扣总回报目标函数,其中折扣因子为 γ;以表格形式存储的行为值函数估计 $Q(s, a)$;行为选择策略 π_Q。

(1) 初始化行为值函数估计和学习因子 α_0;初始化 Markov 决策过程的状态,令时刻 $t = 0$。

(2) 循环,直到停止条件满足以下三个条件:

① 对当前状态 s_t,根据行为选择策略 π_Q 决定时刻 t 的行为 a_t,并观测下一时刻的状态 s_{t+1};

② 根据迭代公式(4.15)更新当前状态-行为对的行为值函数的估计 $Q(s_t, a_t)$;

③ 更新学习因子,令 $t = t+1$,返回①。

对于上述算法 4.1 的收敛性结论,Watkins 在其博士学位论文[11]中给出了初步的理论结果,并于 1992 年和 Dayan 联合发表了有关 Q-学习算法收敛性理论的论文[12]。文献[13]利用异步随机逼近理论进一步分析了 Q-学习算法的收敛性。定理 4.1 给出了 Q-学习算法的收敛性理论结果,有关详细证明,可参见文献[12]、[13]。

定理 4.1[12] 对于有限状态和行为空间的 Markov 决策过程,当如下条件满足时:

(1) 行为选择策略保证算法对状态和行为空间进行无限遍历。

(2) 学习因子满足随机逼近的收敛性条件,即

$$0 \leqslant \alpha_t \leqslant 1, \quad \sum_{t=0}^{\infty} \alpha_t = \infty, \quad \sum_{t=0}^{\infty} \alpha_t^2 < \infty \quad (4.16)$$

表格型 Q-学习算法的行为值函数估计将以概率 1 收敛到 Markov 决策过程的最优行为值函数。

在算法 4.1 中,行为选择策略 π_Q 通常又称为行为探索(exploration)策略。为保证算法的在线性能,行为探索策略应当以较大概率选择当前具有最大行为值函数估计的行为。另外,算法的收敛性要求行为探索策略对状态和行为空间进行无限遍历,因此行为探索策略应当解决一个称为"探索和利用"(exploration-and-exploitation)的折中问题。这一问题类似于自适应控制中辨识和控制的关系。在本章后续部分对有关算法的研究中将详细讨论上述问题。

2. Sarsa 学习算法及其收敛性理论

Sarsa 学习算法由 Rummery 等于 1994 年[14]首次提出,在他们的研究报告中,Sarsa 学习算法是作为 Q-学习算法的一种在线(online)改进形式提出的。在其后的有关研究中,Sarsa 学习算法逐渐成为一类重要的表格型增强学习算法,在理论和应用上得到了广泛的研究[15~18]。

在 Sarsa 学习算法中对 Markov 决策过程行为值函数的迭代计算公式为

$$Q(s_t,a_t) = Q_t(s_t,a_t) + a_t[r(s_t,a_t) + \gamma Q(s_{t+1},a_{t+1}) - Q(s_t,a_t)] \quad (4.17)$$

其中,(s_t,a_t) 为 Markov 决策过程在时刻 t 的状态-行为对;(s_{t+1},a_{t+1}) 为时刻 $t+1$ 的状态-行为对;$r(s_t,a_t)$ 为时刻 t 的回报;$a_t > 0$ 为学习因子。

由迭代公式(4.17)可以看出 Sarsa 学习算法与 Q-学习算法的重要区别,即 Sarsa 学习算法是完全利用 Markov 决策过程的实际观测轨迹数据 (s_t,a_t) 和 (s_{t+1},a_{t+1}) 来修正行为值函数的估计,而 Q-学习算法则采用了对下一时刻行为值函数的 max 算子来修正当前时刻的行为值函数估计。根据以上区别,文献[16]将 Q-学习算法称为离线策略(off-policy)学习算法,即值函数迭代计算与行为探索策略不直接相关,而将 Sarsa 学习算法称为在线策略(on-policy)学习算法,即值函数迭代计算完全由行为探索策略决定。

表格型 Sarsa 学习算法的完整描述如下[16]。

算法 4.2　表格型 Sarsa 学习算法。

给定:有限状态和行为空间 Markov 决策过程的状态集 S 和行为集 A;折扣总回报目标函数,其中折扣因子为 γ;以表格形式存储的行为值函数估计 $Q(s, a)$;行为探索策略 π_Q。

(1)初始化行为值函数估计和学习因子 a_0;初始化 Markov 决策过程的状态,令时刻 $t=0$。

(2)对当前状态 s_0,根据行为选择策略 π_Q 决定 0 时刻的行为 a_0。

(3)循环,直到满足以下停止条件:

① 观测下一时刻的状态 s_{t+1},根据行为选择策略 π_Q 决定时刻 $t+1$ 的行为 a_{t+1};

② 根据迭代公式(4.17)更新当前状态-行为对的行为值函数的估计 $Q(s_t, a_t)$;

③ 更新学习因子,令 $t=t+1$;

④ 对当前状态 s_t,根据行为选择策略 π_Q 决定时刻 t 的行为 a_t;

⑤ 返回①。

由于 Sarsa 学习算法是一种在线策略增强学习算法,因此行为探索策略对算法的收敛性具有关键的作用。文献[16]提出了两类渐近贪心的行为探索策略,分别称为 GLIE(greedy in the limit and infinite exploration)策略和 RRR 策略。所谓渐近贪心,是指行为探索策略在极限条件下以概率 1 选择具有最大行为值函数的行为。GLIE 策略强调行为探索在满足渐近贪心条件的同时,要求对状态和行为空间的无限遍历。在给出上述两类行为探索策略的基础上,文献[16]进一步证明了表格型 Sarsa 学习算法的收敛性定理,如定理 4.2 所示。

定理 4.2[16]　对于有限状态和行为空间 Markov 决策过程,设 $Q(s,a)$ 为表格型 Sarsa 学习算法迭代计算得到的行为值函数估计,则当以下条件满足时:

(1) 行为值函数以表格形式存储。

(2) 学习因子满足

$$0 \leqslant \alpha_t(s,a) \leqslant 1, \quad \sum_{t=0}^{\infty} \alpha_t(s,a) = \infty, \quad \sum_{t=0}^{\infty} \alpha_t^2(s,a) < \infty \tag{4.18}$$

(3) $\mathrm{Var}[r(s,a)] < \infty$ $\tag{4.19}$

(4) 行为探索策略为 GLIE 策略。

$Q(s,a)$ 以概率 1 收敛到 Markov 决策过程的最优值函数。

在许多典型的增强学习问题求解中,Sarsa 学习算法的性能优于 Q-学习算法,因此近年来得到了普遍研究和应用。

4.2　基于改进 CMAC 的直接梯度增强学习算法

4.2.1　CMAC 的结构

小脑模型关节控制器(CMAC),是 Albus 于 1975 年首次提出的用于模拟小脑功能的神经网络模型[19]。高等动物的小脑负责运动控制,它与大脑的区别在于不是深思熟虑地作出决定,而是以条件反射的形式迅速响应。基于上述原理,CMAC 的结构特性属于一种联想网络,并且对每一个输入向量只有一小部分神经元(由输入特征决定)产生响应,因此 CMAC 的联想具有局部泛化的功能,即相似的输入就产生相似的输出,而远离的输入则产生独立的输出。CMAC 的输出和权值之间是线性映射关系,因此具有学习速度快的优点。同时 CMAC 也具有很强的非线性函数逼近和泛化能力。目前,CMAC 已广泛地用于机器人和过程控制领域。

早期有关 CMAC 的大量应用都是针对监督学习问题,近年来 CMAC 的函数逼近和泛化能力在增强学习研究领域也逐渐得到了重视。在讨论基于 CMAC 的增强学习算法之前,首先对 CMAC 神经网络的结构进行简要介绍。

CMAC 神经网络的结构如图 4.1 所示。图中,$A_1, A_2, \cdots, A_n$ 构成一个高维的状态特征空间,称为状态空间检测器,F 为一维的物理地址空间,W 为定义在物理地址空间上的权值向量。

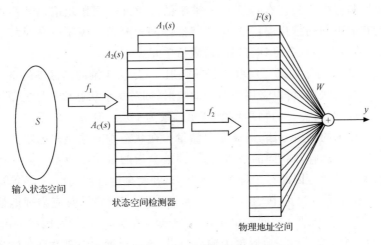

图 4.1　CMAC 神经网络的结构示意图

在图 4.1 中,CMAC 结构由两层特征映射和一层输出映射构成。CMAC 神经网络的第一层特征映射 f_1 是由输入状态空间到状态空间检测器的层叠式编码映射,在状态空间检测器中有 $C(C>1,$ 称为泛化参数)个针对整个状态空间的量化编码结构 $A_1,A_2,\cdots,A_C$。所谓量化编码,是指对每个输入状态分量分别进行区间分割和检测,当某个分量位于一个区间内时,对应该区间的编码为 1(称为被激活单元),否则为 0。对于输入状态维数 n 大于 1 的情形,量化编码结构是一个高维的离散状态空间,每个量化编码结构的单元数为 q^n(q 为每个输入的区间分割数)。CMAC 网络的 C 个量化编码结构在输入状态空间具有不同的偏移量,因此是一种重叠式的量化编码。图 4.2 所示为二维状态条件下两个量化编码结构的示意图。图中量化编码结构 A_1 和 A_2 分别用实线和虚线网格表示。

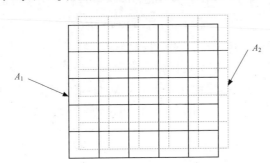

图 4.2　二维输入的量化编码示意图

由于量化编码结构覆盖了整个状态空间,因此对于输入状态空间的一个元素,在每个量化编码结构中都有一个单元被激活。这样在具有 C 个量化编码结构的状态空间检测器中总共将有 C 个单元被激活。通过不同量化编码结构在输入状态空间具有的不同的量化偏移量,上述状态空间检测器实现了一种对相似状态的联想记忆,即相似的状态将具有相同的激活单元。

CMAC 神经网络的第二层状态特征映射 f_2 是从高维的离散编码空间到一维物理地址空间的映射,可以采用一对一的映射,即对每个状态检测器的单元计算唯一的物理地址,此时需要的物理地址单元总数为 Cq^n。但通常采用的是基于杂凑编码(hash)技术的映射方法,以降低存储量。在状态空间检测器的单元与物理地址空间的单元之间存在相同的激活关系,即被激活的量化编码单元对应的物理地址单元也将被激活。因此对于每个输入状态,在物理地址空间中有 C 个单元为 1,其余为 0。在以下的讨论中,用 $F(s) = (f_1, f_2, \cdots, f_N)$ 表示对应物理地址空间的特征向量,N 为物理地址空间的单元数,对于激活单元,$f_i = 1$,否则 $f_i = 0$。

CMAC 网络的最后一层映射为输出映射,该映射通过对被激活的物理地址单元中的权值求和来计算输出。设 $W = (w_1, w_2, \cdots, w_N)$ 为对于物理地址空间的权值向量,N 为物理地址空间的单元数,则 CMAC 网络的输出计算公式为

$$y(s) = W^{\mathrm{T}} F(s) \tag{4.20}$$

以上 CMAC 神经网络的结构对于输入空间具有良好的联想和泛化特性,同时输出具有简单的线性加权的形式,因此具有很好的非线性函数逼近能力和学习速率。

4.2.2　基于 CMAC 的直接梯度增强学习算法

CMAC 神经网络不仅在监督学习领域获得了大量的成功应用,在增强学习中也被作为一种重要的值函数逼近器,以实现增强学习在连续状态空间的泛化。在基于 CMAC 神经网络的增强学习算法中,通常利用 m 个 CMAC 来逼近 Markov 决策过程的 m 个行为值函数(其中 m 为 Markov 决策过程行为集合的元素个数),即

$$\hat{Q}(s, a_i) = (W^{a_i})^{\mathrm{T}} F(s) \tag{4.21}$$

在监督学习问题的应用中,CMAC 权值的学习可以采用最小均方误差(least mean-squares,LMS)算法来实现梯度下降学习。但在增强学习问题中,很难获得类似监督学习的误差信号,因此在基于 CMAC 的增强学习算法中,通常采用如下的称为直接梯度(direct gradient)下降的近似梯度迭代公式[4,17]:

$$W_{t+1}^a = W_t^a + \alpha_t [r_t(s_t, a_t) + \gamma \hat{Q}(s_{t+1}, a_{t+1}) - \hat{Q}(s_t, a_t)] \frac{1}{C} \frac{\partial \hat{Q}(s_t, a_t)}{\partial W_t^a} \tag{4.22}$$

其中,s_t 和 s_{t+1} 分别为时刻 t 和 $t+1$ 的状态;a_t 和 a_{t+1} 分别为时刻 t 和 $t+1$ 的行为;$r_t(s_t, a)$ 为时刻 t 的回报。

根据 CMAC 网络的输出关系式,迭代公式(4.22)具有如下的等价形式:

$$W_{t+1}^a = W_t^a + \alpha_t [r_t(s_t, a_t) + \gamma \hat{Q}(s_{t+1}, a_{t+1}) - \hat{Q}(s_t, a_t)] F(s_t)/C \tag{4.23}$$

设物理地址空间中对应状态 s_t 的激活单元集合为 $K(s_t)$，显然 $K(s_t)$ 的元素个数为 C，则迭代公式(4.22)可以进一步表达为

$$w_i^a = \begin{cases} w_i^a + \alpha_t \big[r_t(s_t, a_t) + \gamma \sum_{l \in K(t+1)} w_l^{a'} - \sum_{l \in K(t)} w_l^a \big]/C, & i \in K(t) \\ w_i^a, & \text{其他} \end{cases} \tag{4.24}$$

基于 CMAC 的直接梯度下降 Sarsa(0) 学习算法的完整描述如下[17]。

算法 4.3　基于 CMAC 的直接梯度下降 Sarsa(0) 学习算法。

(1) 初始化 CMAC 网络的权值向量 $W^i (i=1,2,\cdots,n)$ 和有关学习参数 λ、γ 和 ε，令权值的适合度轨迹向量 $e^i = (0,0,\cdots,0)$，学习周期数 Trials$=0$。

(2) 初始化被控对象的状态，采样时刻 $t=0$。

(3) 对当前状态 s_t，按照行为选择策略确定当前控制量 a_t。

(4) 观测回报 $r(s_t, a_t)$ 和下一时刻的状态 s_{t+1}，并且按照行为选择策略确定控制量 a_{t+1}。

(5) 设对于状态 s_t 和行为 $a_t = a_k$，在第 k 个 CMAC 网络中被激活的 C 个单元构成的集合为 A_k，则根据式(4.24)对每个 CMAC 网络的权值进行迭代。

(6) 若 s_{t+1} 为终端状态，则当前学习周期结束。并且判断是否满足算法停止条件，若满足，则算法停止，若不满足，则 Trials$=$Trials$+1$，返回(3)；否则，$t=t+1$，返回(4)。

迭代公式(4.24)的改进形式是采用类似 TD(λ) 算法的适合度轨迹，即通过对权值向量定义对应的适合度轨迹来加速学习过程。基于算法 4.3 的 CMAC 网络的适合度轨迹定义和相应的权值迭代公式如下：

$$e_w^a(t) = \begin{cases} \gamma \lambda e_w^a(t-1) + F(s_t), & a = a_t \\ \gamma \lambda e_w^a(t-1), & a \neq a_t \end{cases} \tag{4.25}$$

$$W^a(t+1) = W^a(t) + \alpha_t [r_t + \gamma \hat{Q}(s_{t+1}, a_{t+1}) - \hat{Q}(s_t, a_t)] e_w^a(t) \tag{4.26}$$

算法 4.3 采用了一种基于 CMAC 量化编码的 Markov 决策过程状态离散化技术，通过在离散化特征空间获得的值函数估计来实现对连续状态空间 Markov 决策问题的求解。状态空间离散化方法在动态规划方法中已被广泛采用，以求解连续或大规模状态空间问题，但在基于 CMAC 的状态空间离散化方法中，Markov 决策过程的状态空间被离散化为具有重叠的区域，这一点是 CMAC 与通常的离散化方法的不同之处，同时也是 CMAC 实现学习泛化和快速收敛的关键。易知，当 CMAC 的泛化参数 $C=1$ 时，上述离散化过程与常规方法完全等价。由于在离散化状态空间的值函数估计与原来的连续空间 Markov 决策过程的最优值函数必然存在误差，因此如何分析算法的近似最优策略的性能成为一个重要的理论问题。文献[20]证明了当 Markov 决策过程的行为值函数估计误差有界时，在贪心策略条件下的近似最优策略的性能误差也具有上界。

4.2.3　两种改进的 CMAC 编码结构及其应用实例

上述分析和定理为基于 CMAC 的直接梯度算法进一步的应用提供了一定的理论指导,但如何对状态空间进行有效的离散化以获得良好的值函数估计和泛化性能成为算法设计和应用的关键问题。在已有的研究中,对于图 4.1 所示的 CMAC 编码结构通常采用均匀编码方法,即对每个输入状态分量进行等间距的量化分割和检测,并且只有相邻的区域才可能实现重叠和泛化。在实际的学习控制问题中,值函数空间的不同区域往往具有不同的特性,因此对 CMAC 的均匀编码结构进行改进是提高算法的泛化性能和学习效率的重要途径。

1. 改进的 CMAC 编码结构 1——非邻接重叠编码方法

非邻接重叠编码针对的是在某些学习控制问题中,状态空间不相邻的区域具

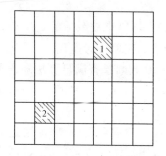

图 4.3　CMAC 神经网络的非邻接重叠编码结构示意图

有相似的动力学特性,因此将这些区域映射到相同的特征状态。而通常的 CMAC 编码方法只有对相邻的区域才进行重叠编码。图 4.3 为二维空间的非邻接重叠编码示意图,图中的两个阴影区域 1 和 2 对应相同的物理地址,从而实现了非邻接区域之间的重叠编码。

上述非邻接重叠编码方法为实现在状态空间不相邻区域的泛化提供了有效手段,但在实际应用中,需要引入对问题的有关先验知识,以确定如何设计非邻接区域的重叠编码和地址计算。在下面将要讨论的倒立摆学习控制问题中,由于成功地应用了非邻接重叠编码技术,因而获得了良好的泛化性能和学习速率。

2. 非邻接重叠编码的应用实例——倒立摆学习控制仿真

倒立摆的控制是一个典型的非线性控制问题,由于倒立摆系统具有快速非线性和不稳定性的特点,而且与火箭姿态控制和双足步行机器人的步态控制具有动力学的相似性,因此不仅在控制理论和工程领域得到了广泛研究,而且在人工智能和机器学习领域也被作为一个标准的复杂系统控制问题,来检验不同方法的性能。

与经典的基于模型的控制器设计方法不同,倒立摆的智能控制方法强调不依赖于系统的动力学模型,而是通过利用一定的先验知识或学习算法来实现倒立摆的平衡控制。已提出的倒立摆智能控制方法包括模糊控制方法[21]、基于云模型的智能控制方法[22]、基于规则的方法等。上述方法往往需要大量的先验知识,并且存在参数优化困难的缺点。增强学习作为一类求解自适应最优控制问题的机器学

习方法,具有需要先验知识较少、能够自动实现控制器参数优化的优点,因此增强学习在倒立摆控制中的应用成为一个重要的研究课题,并且倒立摆问题也被作为检验不同增强学习系统性能的标准问题之一。在增强学习的早期发展阶段中,有关学者对倒立摆的学习控制进行了仿真研究。有代表性的包括:Michie 等提出的用于倒立摆学习控制的 BOXES 系统[23]、Barto 等提出的基于空间离散化的自适应启发评价方法(AHC)[24]。上述方法都对倒立摆的状态空间进行了离散化,但存在算法学习效率低、学习次数多的缺点。近年来,基于神经网络和模糊系统的倒立摆学习控制得到了广泛研究,Lin 等提出了模糊系统的结构/参数增强学习方法并用于倒立摆的学习控制[25],Whitley 等研究了进化算法在倒立摆学习控制中的应用[26],Moriarty 提出了用于倒立摆学习控制的进化神经网络方法[27]。Lin 等提出的模糊系统增强学习方法虽然同时对结构和参数学习,但存在算法复杂、优化参数多、算法收敛性难以保证的缺点。进化神经网络方法由于直接在策略空间进行搜索,没有采用值函数逼近的机制,因此学习效率仍然较低。下面考虑采用基于非邻接编码 CMAC 的增强学习算法实现倒立摆的学习控制[28],首先对倒立摆学习控制问题的模型进行简要介绍。

一个典型的倒立摆控制系统如图 4.4 所示。在图 4.4 中,倒立摆系统由一个摆杆和一辆小车构成,摆杆的一端固定在小车上,小车可以在水平面做直线运动,摆杆可以在垂直面做旋转运动。F 为作用于小车的水平方向的推力,x 为小车偏离初始位置的位移,θ 为摆杆偏离竖直位置的角度。$\theta = 0$ 的位置称为摆杆的不稳定平衡位置。倒立摆的控制目标是摆杆从不稳定平衡位置附近的一个随机初始位置开始,通过施加推力 F,在尽可能长的时间内使摆杆偏离平衡位置的角度不超过某一数值,同时小车的水平位移不超过导轨边沿。下面的不等式是通常采用的系统状态约束:

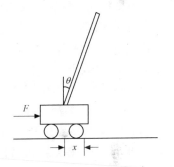

图 4.4　倒立摆平衡控制系统示意图

$$-12° \leqslant \theta \leqslant 12° \tag{4.27}$$

$$-2.4\text{m} \leqslant x \leqslant 2.4\text{m} \tag{4.28}$$

倒立摆系统的动力学方程具有如下的形式:

$$
\begin{cases}
\ddot{\theta} = \dfrac{(m+M)g\sin\theta - \cos\theta[F + ml\dot{\theta}^2\sin\theta - \mu_c\,\text{sgn}(\dot{x})] - \dfrac{\mu_p(m+M)\dot{\theta}}{ml}}{\dfrac{4}{3}(M+m)l - ml\cos^2\theta} \\[6mm]
\ddot{x} = \dfrac{F + ml(\dot{\theta}^2\sin\theta - \ddot{\theta}\cos\theta) - \mu_c\,\text{sgn}(\dot{x})}{M+m}
\end{cases}
\tag{4.29}
$$

其中，$M=1.0\text{kg}$，为小车的质量；摆杆的质量为 $m=0.1\text{kg}$；摆杆长度 $l=1\text{m}$；小车与导轨的摩擦系数 $\mu_c=0.0005$；摆杆与小车的摩擦系数 $\mu_p=0.000002$；描述系统的四个状态变量为 x、$\dot{x}$、θ、$\dot{\theta}$，$\dot{x}$、$\dot{\theta}$ 分别为 x 和 θ 的时间导数；g 为重力加速度，其数值为 -9.8m/s^2；在这里的学习控制实验中，推力 F 的取值限制为两个离散数值，即 $+10\text{N}$ 和 -10N，对于连续推力的学习控制问题将在 4.4 节进行讨论。仿真中采用的时间步长为 0.02s。需要说明的是，以上动力学模型和参数与已有的有关倒立摆增强学习控制的文献[22~25]均相同，因此有利于比较不同算法的学习效率和泛化性能。

在仿真实验中，CMAC 网络的状态空间检测器对各个输入状态变量的变化范围设定为

$$\theta:[-12°,12°], \quad \dot{\theta}:[-45,45](°/s), \quad x:[-1.2,1.2](m), \quad \dot{x}:[-2.4,2.4](m/s)$$
$$(4.30)$$

在 CMAC 的状态空间检测器中，采用了 3 个量化编码结构 $A_1\sim A_3$，每个量化编码结构对每个输入状态均进行 7 个区间的均匀分割。通过分析可以发现，倒立摆系统的某些状态空间区域具有类似的动力学性质，对应相同的控制律，如下面的两条模糊语言规则所示：

(1) 当摆杆偏离平衡位置角度为正大，其变化率为零，则控制量为 -10N。

(2) 当摆杆偏离平衡位置角度为零，其变化率为正大，则控制量为 -10N。

上述模糊规则在模糊控制中经常采用，体现了对系统控制器设计的先验知识。在基于 CMAC 的增强学习控制器设计中也可以考虑应用上述先验知识，方法是通过 CMAC 网络的非邻接编码技术，即对具有上述类似特性的状态空间区域进行重叠编码，以提高算法的泛化性能和学习效率。在实际应用中，以上非邻接重叠编码可以通过设计由状态空间检测器到物理地址的映射公式来实现，即将状态空间检测器不相邻的区域映射到相同的物理地址。在基于 CMAC 的倒立摆学习控制实验中，考虑只有一个状态空间检测器的情形，设 $m_i(0\leqslant m_i\leqslant 6, i=1,2,3,4)$ 为输入 i 的激活区间，则从状态空间检测器到物理地址空间的地址计算采用如下的公式：

$$n = \sum_{i=1}^{4}(m_i + 7^{i-1})$$
$$(4.31)$$

根据以上计算公式，系统状态的某些非邻接区域将能够实现重叠编码。经过分析易知，上述重叠编码的区域具有相似的特性，如上述两条模糊规则描述的具有对称特点的状态区域。图 4.5 显示了采用上述物理地址计算公式后，不同状态空间区域的物理地址编码。为便于表示，仅显示了二维情形，即两个状态变量 θ 和 $\dot{\theta}$。

$\dot{\theta}$ ＼ θ	负大		零			正大	
负大	7	8	9	10	11	12	13
	8	9	10	11	12	13	14
零	9	10	11	12	13	14	15
	10	11	12	13	14	15	16
	11	12	13	14	15	16	17
正大	12	13	14	15	16	17	18

图 4.5　用于倒立摆学习控制的 CMAC 非邻接重叠编码示意图

由图 4.5 可以看出,上述非邻接重叠编码非常类似于模糊控制器设计时的输入空间划分和模糊推理,都体现了利用问题的先验知识来划分状态空间和判断相似特性的区域。在后面的倒立摆学习控制实验中,可以看到上述引入先验知识的重叠编码结构能够有效地提高增强学习控制器的学习效率和泛化性能。

在物理地址空间中,不同量化编码结构 $A_i(i=1,2,3)$ 的物理地址空间采用了 Hash 技术进行了部分重叠。由已有的研究结果可知,CMAC 网络采用 Hash 技术可以减少存储量,同时对性能影响不大。在倒立摆学习控制的仿真实验中,CMAC 网络经过非邻接重叠编码和 Hash 映射后的实际物理地址空间大小为 500。

在倒立摆的学习控制中,系统的动力学模型(4.29)对于学习系统是未知的,只有系统的状态反馈和评价性增强信号 r_t 作为学习系统的输入。r_t 根据摆杆和小车的状态是否超过设定的范围来评价学习是否失败,若失败,则返回 -1,否则为 0。学习算法的其他参数如下:$\gamma=0.95$,$\alpha=0.05$(α 为 CMAC 网络的学习因子),$\lambda=0.6$。

以上述基于非邻接编码的 CMAC 神经网络作为值函数逼近器,采用算法 4.3 对倒立摆系统进行学习控制实验,在每次实验中,倒立摆的状态初始化为平衡位置附近的随机数值。将系统从初始位置出发,到系统状态超过设定范围即学习失败的过程,作为一次尝试(trial)学习。若在某次学习中,学习系统能够在 120000 时间步内保持系统状态在设定范围内,则认为学习系统已成功地获得了平衡倒立摆的能力。

表 4.1 将基于非邻接重叠编码 CMAC 的增强学习算法与已有的学习控制方法进行了性能比较,其中包括:Barto 等提出的基于离散化状态空间的 AHC 算法、文献[27]研究的表格型 Q-学习算法和称为 SANE 的进化神经网络方法、Whitley 等[26]提出的进化神经网络方法 GENITOR。不同算法的性能通过在若干次独立

学习实验中算法成功实现平衡倒立摆所需的学习次数来评价。在评价中,对不同算法的性能平均值、最佳值和最差值都进行了比较。需要说明的是,在倒立摆系统的初始化时采用了随机状态,而其他算法则直接将倒立摆初始化为平衡位置,因此基于改进 CMAC 的增强学习算法在泛化性能的要求方面高于上述算法。对倒立摆状态初始化为平衡位置的学习实验表明,基于改进 CMAC 的学习算法能够在更少的次数(一般少于 5 次)实现倒立摆平衡控制。

表 4.1　不同算法在倒立摆学习控制中的性能比较

学习控制算法类型	成功平衡倒立摆所需的学习次数		
	平均	最好	最差
AHC 学习算法[24]	430	80	7373
Q-学习算法[27]	2402	426	10056
进化神经网络 1(GENITOR)[26]	2578	415	12964
进化神经网络 2 (SANE)[27]	900	101	2502
基于三线邻接重叠编码 CMAC 的增强学习算法	7	6	8

　　由表 4.1 的实验结果比较可以看出,基于非邻接重叠编码结构 CMAC 的增强学习控制器能够获得远优于已有算法的性能。在非邻接重叠编码结构的设计上,采用了类似于模糊控制的状态空间分割。但不同于模糊控制方法的是,算法仅在结构设计上利用了一定的先验知识,神经网络的权值学习则完全通过学习系统的"试误法"过程和评价性的反馈信号来实现,而模糊控制方法则往往需要手工对大量的规则参数进行调整,如隶属度函数的形状等。虽然可以结合进化计算方法对权值进行优化,但仍然存在学习效率不高的缺点。图 4.6～图 4.8 显示了在学习控制器(经过 6 次学习后)作用下的倒立摆状态和控制量变化曲线。

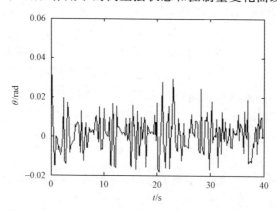

图 4.6　基于 CMAC 的学习控制器作用下的摆角变化曲线

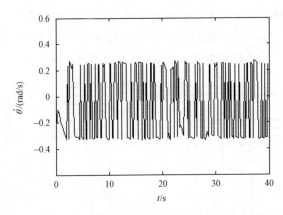

图 4.7 基于 CMAC 的学习控制器作用下的摆角变化率变化曲线

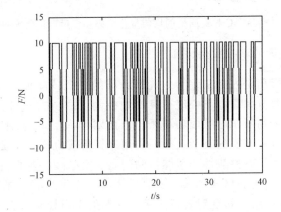

图 4.8 CMAC 学习控制器的控制量输出

3. 改进的 CMAC 编码结构 2——多尺度编码方法

在机器学习的研究中,对状态空间的多尺度(multi-resolution)或多分辨率分割和编码已经得到了研究人员的注意。这是由于在利用机器学习方法解决许多实际问题时,通常面临比较大的状态空间,如何在状态空间中选择具有关键作用的区域,并且提高算法对这些区域的分辨能力,是决定问题求解效率的重要因素。

与常规的均匀量化编码结构不同,设计 CMAC 网络的多尺度量化编码结构,目的是实现对 Markov 决策过程状态空间不同区域值函数的多分辨率逼近。CMAC 网络的均匀量化编码结构和多尺度量化编码结构的比较如图 4.9 所示。

在设计用于增强学习控制器的 CMAC 网络多尺度量化编码结构时,需要根据被控对象动力学特性的有关先验知识,确定状态空间不同区域的编码分辨率和参数。对于每个输入变量,在确定量化区间个数 m_i 的基础上,还要确定每个区间的范围 $[x_{i(k-1)}, x_{ik}](k=1,2,\cdots,m_i)$。

下面以一个较为复杂的非线性随机系统学习控制问题为例,来说明多尺度编码方法的有效性。这个学习控制问题是以自行车的平衡控制为背景,并且在动力学仿真模型中加入了随机动力学特性,以更好地模拟实际系统。

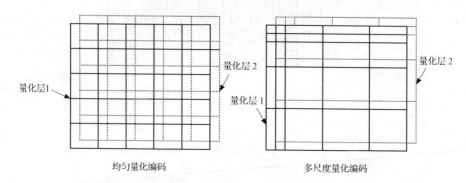

均匀量化编码　　　　　　　多尺度量化编码

图 4.9　CMAC 神经网络的均匀量化编码和多尺度量化编码结构

4. 自行车平衡的学习控制仿真

学习平衡自行车是人类在生活中普遍经历的一个技能训练过程,在这个过程中要求对握把的力量和身体重心进行良好地控制,并且往往只能通过自行车是否长时间保持平衡来判断学习的成功与否。因此对于人类来说,平衡自行车是一项需要一段时间学习来掌握的复杂技能。利用计算机或机器人来实现自行车平衡的学习控制将是一个具有挑战性的智能控制问题。文献[29]对自行车的学习控制问题进行了研究,并采用表格式的 Sarsa 学习算法实现了自行车的平衡控制。考虑采用 CMAC 神经网络来实现对自行车平衡问题的学习控制。由于 CMAC 网络的模型来源于对人类小脑功能的模拟,强调网络的局部泛化能力,因此基于 CMAC 网络的自行车学习控制不仅在某种意义上更近似人类的学习过程,而且有利于提高学习控制器的泛化性能和效率。

在给出自行车学习控制器的设计参数之前,首先对自行车的动力学模型进行简要介绍。为便于比较算法的性能,采用的自行车动力学模型和参数与文献[29]的相同。图 4.10 所示为自行车平衡控制的原理图。

在图 4.10 中,自行车的车体在从前方观察的垂直平面上简化为一个刚性杆 OD,点 O 为车体与地面的接触点,直线 OC 代表自行车和机器人的重心偏离位置,其中 C 为系统的重心,$d=CD$ 为重心到车体的距离。$\omega = \angle AOD$ 为车体偏离竖直方向 AO 的角度。设 $OD=h$,v 为自行车在水平平面运动的速度,θ 为自行车的前轮偏角,则自行车的动力学模型可由如下的非线性动力学方程描述[29]:

$$\ddot{\omega} = \left\{ Mgh\sin\phi - \cos\phi\left[\frac{I_{dc}v}{r\dot{\theta}} + \mathrm{sgn}(\theta)v^2\left(\frac{M_d r}{r_f} + \frac{M_d r}{r_b} + \frac{Mh}{r_C} \right) \right] \right\}/I \quad (4.32)$$

$$\ddot{\theta} = (T - I_{dv}\dot{\omega}v/r)/I_{dl} \quad (4.33)$$

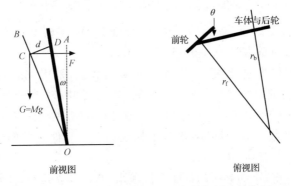

图 4.10　自行车平衡控制的原理图(前视图和俯视图)

其中,M 和 M_d 分别为自行车和前后轮的质量;r_b 和 r_f 分别为前后轮的转弯半径;r 为前后轮的半径;系统的控制量包括重心偏移距离 d 和作用在前扶把的力矩 T;I、I_{dv} 和 I_{dc} 为有关的转动惯量;其他有关详细说明参见文献[29];角度 $\phi = \angle AOB$ 的计算公式为

$$\phi = \omega + \arctan(d/h) \tag{4.34}$$

在自行车的学习控制中,当车体偏离竖直方向的角度 ω 超过一定范围($\pm 12°$)时,则认为本次学习失败,回报信号为 -1,否则为 0。每次学习的初始状态为 $\theta = \omega = 0$。若一次学习中车体的平衡时间超过 1000s(仿真时间步长为 0.01s),则认为学习成功。

系统的控制量采用离散化的取值,离散化后的控制量行为集合包括 9 个元素,即

$$A = \{(T,d) \,|\, (-2,2),(-2,0),(-2,2),(0,-2),$$
$$(0,0),(0,2),(2,-2),(2,0),(2,2)\} \quad (\text{N};\text{cm})$$

上述自行车的学习控制问题与经典的倒立摆平衡问题具有相似之处,但模型更为复杂,且控制量为二维向量。为进一步模拟实际的物理过程,采用与文献[29]相同的方式对系统进行了随机化,即二维控制量 T 和 d 都加入如下的随机噪声:

$$T = T + 2\delta, \quad d = d + 2\eta \tag{4.35}$$

其中,δ、η 为区间 $[-1,1]$ 上的均匀分布随机数;T 的单位为 N;d 的单位为 cm。

为实现上述基于自行车平衡模型的随机非线性动力学系统的控制,采用 9 个 CMAC 神经网络分别逼近 9 个控制行为的值函数 $Q(s,a_i)$ $(i=1,2,\cdots,9)$,每个网络的输入为系统的五维状态向量 $(\omega,\dot{\omega},\ddot{\omega},\theta,\dot{\theta})$,输出为对应的行为值函数估计 $\hat{Q}(s,a_i)$。CMAC 网络的编码采用本节讨论的多尺度编码技术,对于状态空间的不同区域采用不同的编码分辨率。每个 CMAC 的泛化参数为 3,即具有 3 个量化编码网格 G_0、G_1 和 G_2。量化编码网格 G_0 中各个输入变量的量化区间参数是,ω:

$\{0, \pm0.06, \pm0.15, \pm0.22\}, \dot{\omega}: \{0, \pm0.25, \pm0.5, \pm100\}, \theta: \{0, \pm0.2, \pm1, \pm1.57\}, \dot{\theta}: \{0, \pm2, \pm100\}, \ddot{\omega}: \{0, \pm2, \pm100\}$。对应状态向量 $(\omega, \dot{\omega}, \ddot{\omega}, \theta, \dot{\theta})$ 的量化网格偏移向量为 $(0.03, 0.25, 1, 0.1, 1)$。

对于上述多尺度量化编码,为减少权值储藏量,采用 Hash 映射技术,每个 CMAC 实际的物理地址空间大小为 $N=5000$。仿真中,对上述算法和文献[29]采用的表格式算法($N=3456$)以及采用均匀编码 CMAC 的增强学习控制器(每个输入的量化区间数为 $7, N=5000$)进行了性能比较。其他有关的学习算法参数如下:$\gamma=0.99, \lambda=0.96, \alpha=0.05, \varepsilon=0.001$。

在仿真实验中,不同算法的性能评价采用 10 次独立运行(所谓独立运行是指神经网络的权值随机初始化,并且系统的动力学噪声不相关)的平均学习曲线。仿真实验结果如图 4.11~图 4.14 所示。其中图 4.11 为不同学习控制方法独立运行 10 次的平均学习曲线,从图中可以看出多尺度编码 CMAC 控制器的学习效率远优于表格算法和均匀量化编码 CMAC 控制器,平均经过 400 次学习就能成功实现自行车的平衡控制(平衡时间>1000s)。图 4.12 和图 4.13 所示为在学习控制器作用下自行车前轮偏角和车体偏离竖直方向角度的变化曲线。图 4.14 所示为学习控制器产生的前扶把控制力变化曲线。

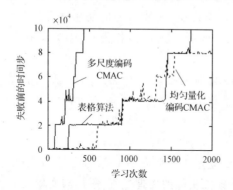

图 4.11　不同学习控制器的学习曲线

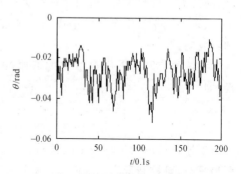

图 4.12　自行车前轮偏角 θ 的变化

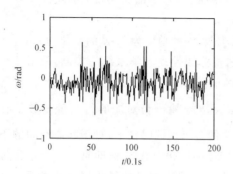

图 4.13　自行车车体偏离竖直方向的角度 ω

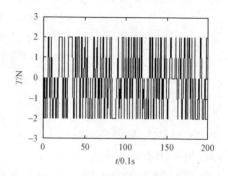

图 4.14　自行车前扶把的控制力 T

4.3　基于值函数逼近的残差梯度增强学习算法

在 4.2 节中对基于 CMAC 神经网络的直接梯度学习算法进行了深入研究,分析了算法对 Markov 决策过程状态空间离散化的特点,研究了两种改进的 CMAC 编码结构,仿真研究表明了算法对连续状态空间的良好泛化性能和学习效率。上述基于 CMAC 的增强学习算法采用了线性值函数逼近器,是一种对连续状态空间的离散化编码方法,往往需要较多权值存储量,因此在面临高维状态空间时仍然难以克服所谓的"维数灾难"。

多层前馈神经网络作为一类重要的神经网络模型,其理论和应用在 1986 年 Rumelhart 等[30]提出反向传播(BP)学习算法后得到了广泛的研究。目前,多层前馈神经网络的非线性函数逼近能力已经得到理论证明[31],并且提出了多种改进的 BP 学习算法以提高学习性能。在应用方面,多层前馈神经网络在模式识别、自适应控制、系统辨识、机器人控制等领域得到了成功的应用。与 CMAC 等具有线性输出特性的神经网络相比,多层前馈神经网络对高维非线性问题往往具有更好的泛化能力。

在多层前馈神经网络的应用中,大量的问题属于监督学习类型,即可以给出不同状态下的教师信号。为进一步扩大增强学习在复杂优化决策问题中的应用,近年来,基于多层前馈神经网络的增强学习算法也得到了研究和注意。在增强学习的应用中,多层前馈神经网络通常作为 Markov 决策过程的值函数逼近器,来实现对高维、连续状态空间的泛化。虽然基于多层前馈神经网络的增强学习算法已成功地用于一些实际优化控制问题中[32~34],但已有的成果基本都是经验性的。在理论上,对表格型算法收敛性的研究已较为成熟[12,16],而有关基于值函数逼近的增强学习算法收敛性的研究成果还很少。对于利用多层前馈神经网络等非线性值函数逼近器的情形,当权值学习采用与线性 TD(λ)学习算法相同的直接梯度算法时,在某些条件下已被验证会出现发散的情况[4,35]。文献[4]提出了一种平稳策略 Bellman 残差梯度算法,但要求行为探索策略为平稳的,因此仅能实现 Markov 决策过程的值函数预测学习,无法保证对 Markov 决策过程最优策略逼近的收敛性。

针对以上问题,本节将研究一种具有非平稳策略行为探索策略的残差梯度(RGNP)学习算法[36]。RGNP 学习算法采用了近似贪心的 Boltzman 分布行为选择策略,以极小化具有非平稳策略的 Bellman 残差为学习目标。对于采用多层前馈神经网络作为值函数逼近器的情形,算法中通过给出非平稳策略 Bellman 残差梯度的计算方法,同时结合 BP 学习算法,实现了神经网络输出层和隐含层权值的学习。在介绍 RGNP 学习算法之前,首先简要回顾一下已有的基于多层前馈神经网络的增强学习算法及其相关收敛性分析。

4.3.1　多层前馈神经网络函数逼近器与已有的梯度增强学习算法

在监督学习中,由于有教师信号,可以计算神经网络输出值和期望值的误差,因此多层前馈神经网络的训练能够采用 BP 学习算法。BP 学习算法的学习性能指标为如下的误差平方和:

$$J = \frac{1}{2} \sum_{i=1}^{n} (d_i - y_i)^2 \tag{4.36}$$

其中,d_i 和 y_i 分别为第 i 个($1 \leqslant i \leqslant n$)样本点的教师信号和神经网络输出信号。BP 学习算法通过计算估计误差的梯度和误差沿网络的反向传播来极小化指标 J。

基于上述指标的监督学习可以看做一个函数逼近过程,即通过神经网络的输出来逼近样本点的给定函数值。目前,有关多层前馈神经网络函数逼近能力的研究已取得了大量的成果。

在求解具有连续状态空间的 Markov 决策问题时,利用神经网络的函数逼近和泛化能力,将其用于 Markov 决策过程值函数的逼近是增强学习算法和应用研究的一个重要问题。在增强学习中,由于没有监督学习的教师信号,如何计算值函数逼近误差的梯度是算法需要解决的难点。在已有的算法和应用研究中,通常采用本章 4.2 节讨论的直接梯度的学习算法。式(4.37)和式(4.38)分别给出了基于 Q 学习法和 Sarsa 学习法的直接梯度下降算法:

$$\Delta w_k = a_t \left[r(s_t, a_t) + \gamma \max_{a_{t+1}} \hat{Q}(s_{t+1}, a_{t+1}) - \hat{Q}(s_t, a_t) \right] \frac{\partial \hat{Q}(s_t, a_t)}{\partial w_k} \tag{4.37}$$

$$\Delta w_k = a_t \left[r(s_t, a_t) + \gamma \hat{Q}(s_{t+1}, a_{t+1}) - \hat{Q}(s_t, a_t) \right] \frac{\partial \hat{Q}(s_t, a_t)}{\partial w_k} \tag{4.38}$$

其中,w_k 为神经网络的输出层权值;(s_t, a_t) 和 (s_{t+1}, a_{t+1}) 分别为时刻 t 和 $t+1$ 的状态-行为对;$\hat{Q}(s, a)$ 为神经网络的值函数估计输出。对于多层前馈神经网络隐含层的权值可以利用时域差值信号进行 BP 算法学习。

由于式(4.37)和式(4.38)的算法并不是任何误差指标函数的梯度下降迭代,因此只是一种近似梯度算法。目前,采用线性值函数逼近器和直接梯度下降的 TD(λ)学习算法在求解平稳策略 Markov 决策过程值函数学习预测问题时的收敛性已得到证明[35]。在 4.2 节中讨论的基于 CMAC 的直接梯度算法以一种离散化 Markov 决策过程状态空间的形式进行权值迭代,从而具有良好的收敛性和泛化性能。但当值函数逼近器采用多层前馈神经网络等非线性逼近器时,上述算法在平稳策略和非平稳策略的情形都无收敛性保证,并且已被验证在某些情况下会出现权值学习的发散[4,35]。

针对具有平稳行为选择策略的 Markov 决策过程,文献[4]提出了一种残差梯度学习算法,其性能指标为如下的平稳策略 Bellman 残差平方和:

$$J = \frac{1}{2} \sum_s E^{\pi(s')} [r(s,a) + \gamma Q(s',a') - Q(s,a)]^2 \tag{4.39}$$

其中，(s,a) 和 (s',a') 为连续的两个状态-行为对；$\pi(s')$ 为平稳行为策略，且不随权值的学习而改变。

当采用增量式随机梯度下降时，上述残差梯度算法的迭代公式为

$$\Delta w = -\alpha_t \frac{\partial J_t}{\partial w} = -\alpha_t [r(s,a) + \gamma Q(s',a') - Q(s,a)] \left[\gamma \frac{\partial Q(s',a')}{\partial w} - \frac{\partial Q(s,a)}{\partial w} \right] \tag{4.40}$$

对于平稳策略 Markov 决策过程的学习预测问题，利用随机逼近的有关理论可以证明以上残差梯度学习算法在一定条件下将收敛到平稳策略 Bellman 残差的极小值。

4.3.2　非平稳策略残差梯度(RGNP)增强学习算法

对于求解 Markov 决策过程最优值函数的学习控制问题，由于采用了类似策略迭代的机制，即行为选择策略将随着值函数估计的改变而变化，因此式(4.40)描述的平稳策略残差梯度学习算法无法保证函数逼近器权值学习的收敛性。为得到具有收敛性的梯度增强学习算法，需要同时考虑权值学习对值函数估计和行为选择策略的影响。行为选择策略不但应满足策略迭代和行为探索与利用折中的条件，即以较大概率从行为集合中选择具有最大行为值函数的元素，而且要对值函数估计和权值的变化具有良好的连续性。通常采用的贪心行为策略以概率 1 选择当前最优行为，因此行为选择概率对值函数估计的变化不具有连续性。基于以上分析，考虑采用一种 Boltzman 分布的 SoftMax 行为选择策略。设 Markov 决策过程的行为集合为 $A = \{a_i\}$ $(i=1,2,\cdots,c)$，$Q(s,a)$ 为行为值函数的估计，则由 Soft-Max 策略决定的行为选择概率为

$$p(s,a_i) = \frac{e^{Q(s,a_i)/T}}{\sum\limits_{a \in A} e^{Q(s,a)/T}} = \frac{1}{\sum\limits_{a \in A} e^{\frac{Q(s,a)-Q(s,a_i)}{T}}} \tag{4.41}$$

其中，$T>0$，为温度常数。

容易验证，当 T 充分小时，SoftMax 将近似于贪心策略；而当 $T=0$ 时，Soft-Max 策略与贪心策略等价。

设 Markov 决策过程的行为集元素个数为 c，采用 c 个连续可微函数逼近器分别逼近 c 个行为值函数 $Q(s,a_i)$。每个函数逼近器的输入均为 Markov 决策过程的状态向量 s，即输入单元的个数与 s 的维数相同。考虑采用多层前馈神经网络作为值函数逼近器的情形，神经网络的隐含层可以包含一层或多层神经元，激活函数通常采用如下的 Sigmoid 型函数：

$$y_j = \frac{1}{1 + e^{(-\sigma x_j)}} \tag{4.42}$$

其中,σ 为常数;x_j 为所有输入的加权和。设隐含层权值为 q_{ij}($i=1,2,\cdots,m$;$j=1,2,\cdots,n$),m 为输入维数,n 为隐含层单元数,输入向量为 $s=(s_1,s_2,\cdots,s_m)$,则 x_j 可以表示为

$$x_j = \sum_{i=1}^{m} q_{ij}s_i \qquad (4.43)$$

令所有神经网络的输出单元个数均为 1,其激活函数根据值函数的变化范围可以采用线性加权函数或 Sigmoid 型函数。由于有关结论类似,在以下讨论中,仅针对具有一个隐含层且输出层为线性加权型激活函数的情形。此时,设第 i 个神经网络隐含层单元的输出向量为 y^i,输出层权值向量为 w^i,则 Markov 决策过程行为值函数的估计具有如下形式:

$$Q(s,a_i) = (w^i)^{\mathrm{T}} y^i = \sum_{j=1}^{n} w_j^i y_j^i \qquad (4.44)$$

为得到具有收敛性的梯度增强学习算法,采用如下的非平稳策略 Bellman 残差性能指标(设 n 为行为集合的元素个数):

$$J = \frac{1}{2n} \sum_s \sum_a E[r(s,a) + \gamma \sum_{a'} p(s',a')\hat{Q}(s',a') - \hat{Q}(s,a)]^2 \qquad (4.45)$$

对误差性能指标 J,其等价形式为

$$J = \frac{1}{2n} \sum_s \sum_a E\left[\sum_{a'} p(s',a')\delta(a')\right]^2 \qquad (4.46)$$

其中

$$\delta(a') = r(s,a) + \gamma \hat{Q}(s',a') - \hat{Q}(s,a) \qquad (4.47)$$

由不等式

$$\left(\sum_{i=1}^{n} x_i\right)^2 \leqslant n \sum_{i=1}^{n} x_i^2 \qquad (4.48)$$

可以得到误差性能指标 J 的一个上界函数为

$$J \leqslant \bar{J} = \frac{1}{2} \sum_s \sum_a E\left\{\sum_{a'} [p(s,a')\delta(a')]^2\right\} \qquad (4.49)$$

易知,对于极小化性能指标 $\bar{J}$ 的权值向量 w^*,将保证性能指标 J 满足

$$J \leqslant \bar{J}(w^*) \qquad (4.50)$$

下面考虑在确定性 Markov 决策过程条件下,针对性能指标 $\bar{J}$ 设计值函数逼近器权值的增量式梯度下降算法(对于随机 Markov 决策过程的情形,需要对 $t+1$ 时刻的状态进行重复采样以获得梯度估计,详细讨论参见文献[4])。根据随机梯度下降的有关方法和理论,基于误差指标 $\bar{J}$ 的神经网络输出层权值的增量学习规则具有如下形式:

$$\Delta w^i = -\alpha_t \frac{\partial \bar{J}_t}{\partial w^i} = -\alpha_t \frac{\partial[p(s_{t+1},a_{t+1})\delta_t]^2}{\partial w^i}$$

$$=-\alpha_t p(s_{t+1},a_{t+1})\delta_t\left[p(s_{t+1},a_{t+1})\frac{\partial\delta_t}{\partial w^i}+\delta_t\frac{\partial p(s_{t+1},a_{t+1})}{\partial w^i}\right] \qquad (4.51)$$

其中,$\alpha_t>0$,为学习因子;δ_t 为时刻 t 的时域差值,其定义由式(4.47)给出

$$\frac{\partial\delta_t}{\partial w^i}=\gamma\frac{\partial\hat{Q}(s_{t+1},a_{t+1})}{\partial w^i}-\frac{\partial\hat{Q}(s_t,a_t)}{\partial w^i} \qquad (4.52)$$

$$\frac{\partial p(s_{t+1},a_{t+1})}{\partial w^i}=\frac{-p^2(s_{t+1},a_{t+1})}{T}\sum_{a\in A}e^{[\hat{Q}(s_{t+1},a)-\hat{Q}(s_{t+1},a_{t+1})]/T}$$

$$\cdot\left[\frac{\partial\hat{Q}(s_{t+1},a)}{\partial w^i}-\frac{\partial\hat{Q}(s_{t+1},a_{t+1})}{\partial w^i}\right] \qquad (4.53)$$

$$\frac{\partial\hat{Q}(s_{t+1},a)}{\partial w^i}=\begin{cases}f'y^i, & a=a_i\\0, & a\neq a_i\end{cases} \qquad (4.54)$$

对于神经网络的隐含层权值学习规则,可以采用常规的 BP 学习算法,由于有关论述很多,这里不再详述。

在实际应用中,增强学习算法通常采用状态或权值的适合度轨迹(eligibility traces)来加速学习过程,学习算法可以采用如下的权值适合度轨迹和学习规则($0\leqslant\lambda\leqslant1$):

$$e^i(t)=\gamma\lambda e^i(t-1)+\frac{1}{\delta_t}\frac{\partial\bar{J}_t}{\partial w^i} \qquad (4.55)$$

$$\Delta w^i(t)=-\alpha_t\delta_t e^i(t) \qquad (4.56)$$

下面给出求解确定性 Markov 决策问题的 RGNP 学习算法的描述。

算法 4.4　求解确定性 Markov 决策问题的 RGNP 学习算法。

给定用于对 Markov 决策过程的行为值函数进行逼近的连续可微值函数逼近器,由式(4.41)确定的 SoftMax 行为选择策略,

(1) 初始化学习算法参数和值函数逼近器的权值;学习次数 Trials=0。

(2) 初始化系统的状态,$t=0$。

(3) 根据当前状态 s_t,由 SoftMax 策略选择行为 a_t。

(4) 观测下一时刻的状态 s_{t+1} 和回报 $r_t(s_t,a_t)$,由 SoftMax 策略选择行为 a_{t+1}。

(5) 根据式(4.51)或式(4.56)对值函数逼近器权值进行迭代计算。

(6) 若 $s_{t+1}=s_T$(s_T 为目标状态),如果停止条件满足,则算法结束,不满足,则有 Trials=Trials+1,返回(2);否则,$t=t+1$,返回(3)。

4.3.3　RGNP 学习算法的收敛性和近似最优策略性能的理论分析

对于上述基于值函数逼近的 RGNP 学习算法,由于权值的学习规则为基于误差性能指标 $\bar{J}$ 的随机梯度下降规则,因此根据文献[41]的随机逼近理论,当学习因子满足

$$0 \leqslant \alpha_t \leqslant 1, \quad \sum_{t=0}^{\infty} \alpha_t = \infty, \quad \sum_{t=0}^{\infty} \alpha_t^2 < \infty \qquad (4.57)$$

RGNP 学习算法将收敛到性能指标 $\overline{J}$ 的局部极小值。由于 $\overline{J}$ 是性能指标 J 的上界函数，因此 Bellman 残差性能指标将具有上界。在文献[20]中，证明了当行为值函数估计满足有界 Bellman 残差条件时，近似最优策略的性能误差界。其主要结果由如下的定理描述。

定理 4.3[20] 设 $V^*(s)$ 为 Markov 决策过程的最优状态值函数，$\hat{V}(s)$ 为根据行为值函数估计采用贪心策略获得的近似最优值函数，行为值函数估计的 Bellman 残差具有上界 δ，则有如下的关系式成立：

$$|\hat{V}(s) - V^*(s)| < \frac{2\delta}{1-\gamma}, \quad \forall s \qquad (4.58)$$

其中，$0 < \gamma < 1$，为折扣因子。

因此，RGNP 学习算法在保证权值学习收敛性的同时，若 SoftMax 策略的温度参数足够小或缓慢地趋近 0，则能够保证算法获得的近似最优策略与最优策略的性能误差有界。

4.3.4 Mountain-Car 问题的仿真研究

为验证 RGNP 学习算法的有效性，下面针对一个称为 Mountain-Car 或小车爬山的连续状态空间学习控制问题进行仿真研究。Mountain-Car 的学习控制在有关增强学习的文献中通常被作为一个典型的连续状态空间增强学习问题来验证算法的泛化性能。

图 4.15 为 Mountain-Car 学习控制问题的示意图，图中曲线代表一个山谷的地形，其中 O 为山谷最低点，G 为右端最高点。小车的任务是在动力不足的条件下，从谷底的 O 点以尽量短的时间运动到最高点 G。小车的控制量具有三个离散

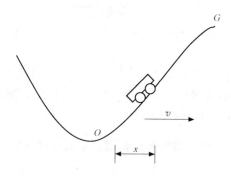

图 4.15　Mountain-Car 学习控制问题

的取值,即+1、0 和-1,分别代表加速、匀速和减速三个控制行为。系统的状态由两个连续变量 x 和 v 表示,其中 x 为小车的水平位移,v 为小车的水平运动速度。

设在 O 点的水平位移值为 $x_0 = -\pi/6$,则系统的动力学特性由如下方程描述:

$$\begin{cases} \dot{x} = v \\ \dot{v} = 0.001u - g\cos 3x \end{cases} \tag{4.59}$$

其中,$g = 0.0025$,为与重力有关的系数;u 为控制量。并且状态变量满足以下的约束:

$$-1.2 \leqslant x \leqslant 0.5 \tag{4.60}$$
$$-0.07 \leqslant v \leqslant 0.07 \tag{4.61}$$

当小车位于 G 点和左端最高点时,x 的取值分别为 0.5 和 -1.2。学习控制器的目标是在没有任何模型先验知识的前提下,实现小车从 O 点运动到 G 点的最短时间控制。虽然 Mountain-Car 问题只有二维状态空间,但由于除了系统的状态观测值以外,没有任何有关系统动力学模型的先验知识,因此采用传统的基于模型的最优控制方法仍然难以求解。增强学习作为一类自适应最优控制方法,为求解无模型条件下的 Markov 最优决策问题提供了一条可行途径,但对于实际中大量的具有连续空间的优化决策问题,如何提高算法的泛化性能和学习效率是一个重要研究课题。针对已有表格型算法存在的泛化性能差的缺点,文献[37]利用基于 CMAC 神经网络的直接梯度学习算法对 Mountain-Car 问题进行了研究。根据前面的分析,由于基于 CMAC 的学习算法是一种重叠式的状态离散化方法,虽然提高了学习算法的泛化性能,但 CMAC 网络的权值与状态维数仍然成指数增长的关系。为利用多层前馈神经网络来克服增强学习的"维数灾难",下面采用神经网络 RGNP 学习算法来求解 Mountain-Car 学习控制问题,以研究其学习效率和泛化性能。

上述 Mountain-Car 学习控制问题可以用一个确定性 Markov 决策过程来建模,Markov 决策过程的状态空间由连续变量 x 和 v 构成,行为空间由三个离散值 +1、-1 和 0 构成。回报函数设计为

$$r_t = \begin{cases} -1, & x < 0.5 \\ 0, & x \geqslant 0.5 \end{cases} \tag{4.62}$$

因此上述 Markov 决策过程的最优策略即小车的最短时间控制规律。为估计 Markov 决策过程的最优策略和最优行为值函数,采用神经网络 RGNP 学习算法,用 3 个具有相同结构的神经网络分别对 3 个行为值函数进行逼近,每个神经网络均具有两个输入神经元、6 个隐含神经元和 1 个输出神经元。总的神经网络权值数目为 $3 \times (2+1) \times 6 = 54$,而文献[37]的 CMAC 网络权值数量为 $3 \times 810 = 2430$。所有神经网络的输入归一化为区间[-1,1]中的变量,输出层采用线性加权组合函数,所有权值初始化为区间[-0.01,0]的随机数。

学习算法的参数如下:$\lambda=0.8,\gamma=0.95,\alpha_t=0.002$。神经网络权值学习的动量项系数为 0.9。SoftMax 行为探索策略的温度参数为 $T=0.05$。在仿真中,每次学习实验小车的初始状态为 $x=x_0,v=0$,当小车到达 G 点或时间步数超过设定值,则结束一次学习实验。学习系统的性能由在每次实验中小车从 O 点运动到 G 点的时间步数来评价。

图 4.16 和图 4.17 所示为采用 RGNP 学习算法在 Mountain-Car 问题中的学习曲线,其中图 4.16 中数据为一次典型运行的学习曲线。

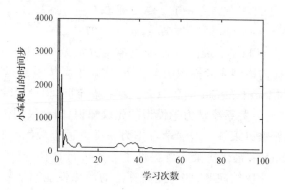

图 4.16　Mountain-Car 问题的单次运行学习曲线

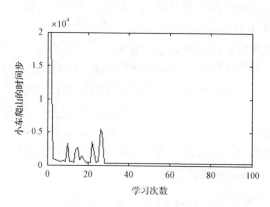

图 4.17　Mountain-Car 问题的 5 次平均运行学习曲线

图 4.17 为 5 次独立运行的平均学习曲线,每次运行的学习次数为 100。上述曲线的横坐标为学习次数,纵坐标为每次学习实验中小车从 O 点运动到 G 点所需的时间步数。从图中可以看出,学习系统在平均经过 20~30 次学习后已能够获得了有效的小车快速爬山控制策略。

图 4.18~图 4.20 显示了学习控制器在经过 40 次学习后,系统的有关状态变化数据。从这些图中可以看出,学习控制器已经学会了利用反向运动来积蓄爬山

4.4　求解连续行为空间 Markov 决策问题的快速 AHC 学习算法

本章 4.2 节和 4.3 节分别讨论了基于神经网络值函数逼近的直接梯度算法和 RGNP 学习算法,虽然上述两类算法可以有效地实现对连续状态空间 Markov 决策过程的泛化,但都是针对离散行为空间的情形。在许多工程问题中,不但状态空间是连续的,而且控制量也需要是连续变化的,因此如何实现增强学习在具有上述特点的 Markov 决策问题中的泛化成为进一步推广增强学习方法应用的关键问题之一。

本节将对求解连续行为空间 Markov 决策问题的增强学习算法进行研究。在这一领域,一类称为自适应启发评价(AHC)的增强学习算法得到了广泛的研究和应用。在 AHC 学习算法中,采用了类似间接自适应控制的机制,分别对 Markov 决策过程的值函数和控制策略进行估计。已有的 AHC 算法通常采用第 2 章介绍的 TD(λ)算法对值函数进行估计,将第 2 章中研究的 RLS-TD(λ)学习算法用于 AHC 学习控制的值函数估计,给出一种快速 AHC(Fast-AHC)学习算法[18],并通过仿真研究对 Fast-AHC 学习算法的性能进行了研究。仿真结果表明,采用 RLS-TD(λ)学习算法的 Fast-AHC 学习算法在提高值函数预测性能的同时,有效地改进了 AHC 学习控制器的性能。下面首先简要介绍已有的 AHC 学习算法以及有关的 Actor-Critic 结构。

4.4.1　AHC 学习算法与 Actor-Critic 学习控制结构

与 4.2 节和 4.3 节研究的神经网络梯度学习算法不同,在 AHC 学习算法中,分别对 Markov 决策过程的值函数和策略函数进行逼近,构成如图 4.29 所示的学习控制结构。图 4.29 所示的学习控制结构通常称为 Actor-Critic(执行器-评价

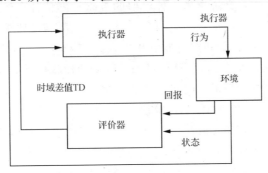

图 4.29　AHC 学习控制器的结构

器)结构,在 Actor-Critic 结构中分别对 Markov 决策过程的策略和值函数进行了逼近。这样 AHC 学习控制器的策略就相对独立于值函数的估计,而在前面讨论的学习算法中,控制器的策略则完全由值函数的估计确定。

在基于 Actor-Critic 结构的 AHC 学习算法中,评价器(Critic)用于对值函数进行估计,采用如下的 TD(λ) 学习算法(有关 TD(λ) 算法的详细讨论,参见本书2.2节)。

$$W_{t+1} = W_t + a_t [r_t + \gamma V(s_{t+1}) - V(s_t)] z_t \tag{4.73}$$

其中,s_t 和 s_{t+1} 分别为时刻 t 和 $t+1$ 的状态;$V(s_t)$ 和 $V(s_{t+1})$ 为对应的值函数估计;z_t 为权值的适合度轨迹,其定义为

$$z_t = \gamma \lambda z_t + \frac{\partial V(s_t)}{\partial W_t} \tag{4.74}$$

执行器(Actor)的输出可以是一维或多维的,用于决定控制器的实际控制量。在学习过程中,为了实现探索和利用的折中,通常采用高斯行为概率分布来确定实际控制量。高斯分布的中心向量由执行器的输出决定,方差则由评价器的值函数估计来确定。考虑一维的情形,设执行器的输出为

$$\bar{y}_t = f(u, s_t) \tag{4.75}$$

则实际的控制量输出由如下的高斯分布决定:

$$p_t(y_t) = \exp \left[- \frac{(y_t - \bar{y}_t)^2}{\sigma_t^2} \right] \tag{4.76}$$

其中,方差的计算公式为

$$\sigma_t = k_1 / \{1 + \exp[k_2 V(s_t)]\} \tag{4.77}$$

其中,$k_1 > 0$;$k_2 > 0$,二者均为常数;$V(s_t)$ 为当前状态的值函数估计。

执行器的学习算法采用如下的近似策略梯度估计算法:

$$\frac{\partial J_\pi}{\partial u} = \frac{\partial J_\pi}{\partial \bar{y}_t} \frac{\partial \bar{y}_t}{\partial u} \approx \hat{r}_t \frac{y_t - \bar{y}_t}{\sigma_t} \frac{\partial \bar{y}_t}{\partial u} \tag{4.78}$$

其中,$\hat{r}_t$ 称为内部回报,由评价器的时域差值信号来提供,即

$$\hat{r}_t = r_t + \gamma V(s_{t+1}) - V(s_t) \tag{4.79}$$

执行器的权值学习算法作为一种近似的策略梯度估计方法,以极大化回报性能指标为学习目标。当评价器的值函数估计误差精度满足要求时,该算法具有如下的功能:对于实际控制量和执行器输出的误差信号 $y_t - \bar{y}_t$,若时域差值信号大于 0,则表明当前实际采取的行为比估计的好,从而使权值的修正方向与误差信号一致;反之,则使权值的修正方向与误差信号相反。

从以上分析可知,在 AHC 学习算法中,由于值函数估计的精度直接影响着执行器的行为选择和策略梯度估计,因此评价器的值函数预测性能对于算法求解学习控制问题的效率具有关键的作用。上述评价器和执行器的关系类似于间接自适应控制中的模型估计和控制器之间的关系,在间接自适应控制中,控制器的设计直接依赖于模型在线估计的结果。

4.4.2　Fast-AHC 学习算法

前面对已有的 AHC 学习算法和相关的 Actor-Critic 学习控制结构进行了介绍，通过对 AHC 学习算法的分析，建立了 Actor-Critic 结构与间接自适应控制的联系。在间接自适应控制中，递推最小二乘方（recursive least squares，RLS）方法被广泛地用于模型的辨识和参数估计[41]，成为自适应控制的关键技术之一。在本书第 2 章中，分析了一类基于递推最小二乘的时域差值学习算法——RLS-TD(λ)学习算法，并通过实验验证了 RLS-TD(λ)学习算法能够获得远优于线性 TD(λ)算法的学习效率。本节将在 AHC 学习算法中应用 RLS-TD(λ)学习算法来实现评价器的值函数预测学习算法，从而得到一类改进的 Fast-AHC 学习算法。在 Fast-AHC 学习算法中，由于利用了 RLS-TD(λ)学习算法进行评价器的值函数估计，有效地提高了值函数预测的效率，因此能够进一步改善执行器的学习性能。由于 RLS-TD(λ)学习算法在第 2 章中已详细讨论，这里直接给出 Fast-AHC 学习算法的描述。

算法 4.5　Fast-AHC 学习算法。

给定一个采用线性值函数逼近器的评价器网络和一个执行器网络（可以采用线性或非线性函数逼近器）。

（1）初始化 Markov 决策过程的状态和学习控制器的参数，包括网络权值、学习因子、权值适合度轨迹和 RLS-TD(λ)学习算法的方差矩阵初值。令 $t=0$。

（2）当停止准则未满足时，循环：

① 根据当前状态 s_t，计算执行器网络的输出 $\bar{y}_t$，并根据式（4.76）确定的高斯概率分布对控制器的输出 y_t 进行采样；

② 将控制量 y_t 作用到 Markov 决策过程，观测状态转移 $s_t \to s_{t+1}$ 和环境的回报 $r_t = r(s_t, s_{t+1})$；

③ 采用由第 2 章式（2.60）～式（2.62）描述的 RLS-TD(λ)学习算法对评价器网络的权值进行学习，同时计算时域差值信号 δ_t；

④ 采用式（4.78）确定的策略梯度估计算法对执行器网络的权值进行迭代

$$a_{t+1} = a_t + \beta_t \frac{\partial J_\pi}{\partial a_t} \tag{4.80}$$

其中，β_t 为执行器网络的学习因子；

⑤ 令 $t=t+1$，返回①。

需要说明的是，上述算法是针对遍历 Markov 决策过程的，对于经常遇到的具有吸收状态的 Markov 决策过程，只要在吸收状态对适合度轨迹向量和状态进行重新初始化即可。

4.4.3　连续控制量条件下的倒立摆学习控制仿真研究

为验证 Fast-AHC 学习算法的有效性，下面仍然以倒立摆学习控制问题进行研究,但这里考虑作用在小车上的推力是连续变量的情形。有关倒立摆系统的动力学模型和参数,由于在 4.2 节已经详细讨论,本节不再介绍。在下面的仿真实验研究中,系统的控制量设定为 $-10\sim10$N 的连续变量,其他模型参数与 4.2 节相同。

对于连续控制量条件下的倒立摆学习控制问题,Berenji 等[43] 和 Lin 等[25] 利用 AHC 学习算法进行了研究,下面将利用改进的 Fast-AHC 学习算法对倒立摆的学习控制进行仿真研究,并与已有的 AHC 学习算法进行性能比较。

在 Fast-AHC 学习算法中,评价器和执行器网络均采用基于 CMAC 的线性值函数逼近器。其中,评价器网络的有关结构参数如下:泛化参数 $C=4$,每个输入状态的量化分割数 $M=7$,采用本书第 2 章提出的非邻接重叠编码技术,从状态空间检测器到物理地址的映射公式为

$$F_i(s) = \sum_{i=1}^{4} [a(i) + M^{i-1}] \tag{4.81}$$

执行器网络的编码采用常规的均匀编码技术。为进一步减少物理地址空间的大小,在执行器和评价器网络中采用如下的 Hash 映射技术(N 为实际物理地址空间的大小):

$$A(s) = F(s) \bmod N \tag{4.82}$$

为比较 Fast-AHC 学习算法和常规 AHC 学习算法的性能,在常规 AHC 学习算法中也采用相同的网络结构参数,并且网络的权值均初始化为相同的数值。其中,评价器网络的物理地址空间在采用 Hash 技术后大小为 $N=30$,初值均初始化为 0;执行器网络的网络地址空间在采用 Hash 技术后为 $N=80$,权值初始化为区间 $[0,1]$ 内的随机数。其他相同的学习参数包括:折扣因子 $\gamma=0.95$,$k_1=0.4$,$k_2=0.5$,执行器网络的学习因子 $\beta=0.5$。在每次学习实验中,倒立摆的初始状态设定为平衡位置附近随机生成的状态。不同算法的性能评价仍然采用成功平衡倒立摆所需的学习次数作为标准。在常规 AHC 学习算法中,评价器网络的学习算法为具有常数学习因子的线性 TD(λ) 学习算法。为研究参数 λ 对不同算法性能的影响,在每组实验中,对 11 组的 λ 取值分别进行 5 次独立运行实验,λ 的 11 组取值为 $0.1n$($n=0,1,\cdots,10$)。

在图 4.30～图 4.32 中,对 Fast-AHC 学习算法与常规 AHC 学习算法在 5 次独立运行中的性能进行了比较。其中常规 AHC 学习算法评价器网络的学习因子采用了三组典型取值:0.01、0.03 和 0.05。对于其他较大的学习因子,常规 AHC 学习算法可能出现不稳定的情况;而更小的学习因子则性能明显变差。在 Fast-AHC 学习算法中,RLS-TD(λ) 学习算法的方差矩阵初始值取为 $P_0=\delta I=0.1I$。

在图 4.33 中对 Fast-AHC 学习算法在不同方差矩阵初始值条件下的性能进行了比较。

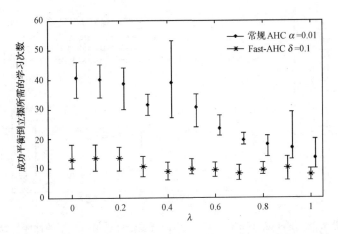

图 4.30　Fast-AHC 学习算法与学习因子 $\alpha = 0.01$ 的常规 AHC 学习算法的性能比较

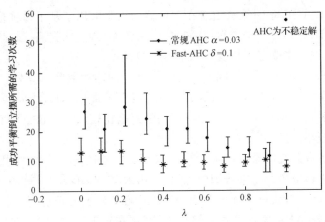

图 4.31　Fast-AHC 学习算法与学习因子 $\alpha = 0.03$ 的常规 AHC 学习算法的性能比较

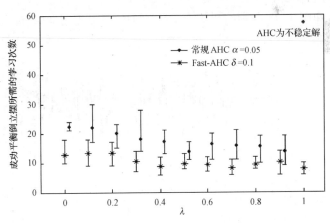

图 4.32　Fast-AHC 学习算法与学习因子 $\alpha = 0.05$ 的常规 AHC 算法的性能比较

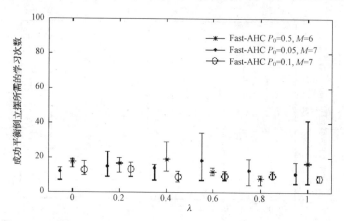

图 4.33　Fast-AHC 学习算法在不同方差矩阵初值条件下的性能比较

从仿真结果可以得到如下的结论:

(1) Fast-AHC 学习算法由于在评价器网络中采用了基于递推最小二乘方技术的 RLS-TD(λ) 学习算法进行值函数的学习预测,因此在提高了评价器学习预测性能的同时,进一步改善了执行器的学习控制性能。

(2) 在 Fast-AHC 学习算法中,与评价器有关的参数除了 λ 外,还包括 RLS-TD(λ) 学习算法的方差矩阵初始值 P_0,同时消除了常规 AHC 学习算法评价器中的学习因子 α,与 α 对常规 AHC 学习算法的影响比较,P_0 对 Fast-AHC 学习算法的性能影响较小。

从以上仿真研究结果可以进一步看出,Fast-AHC 学习算法采用了类似间接自适应控制中递推最小二乘辨识的思想,利用 RLS-TD(λ) 学习算法来进行评价器的值函数预测学习,获得了优于常规 AHC 学习算法的性能。对于倒立摆的学习控制问题,Fast-AHC 学习算法能够在 10 次左右实现稳定的倒立摆平衡控制器,显示了良好的学习效率和泛化性能。

图 4.34 和图 4.35 分别给出了在 Fast-AHC 学习控制器(经过 10 次训练后)

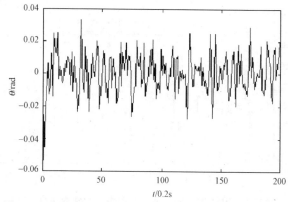

图 4.34　Fast-AHC 控制器作用下倒立摆摆角的变化曲线

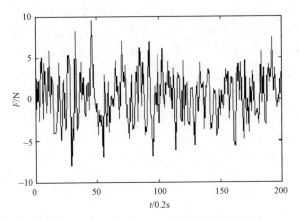

图 4.35　Fast-AHC 控制器的控制量输出

作用下的系统状态和控制量变化曲线。

4.4.4　连续控制量条件下 Acrobot 系统的学习控制

前面讨论了离散控制量条件下基于 CMAC 神经网络的 Acrobot 系统学习控制,这里对连续控制量条件下的学习控制问题进行研究,不仅对于欠驱动机器人控制的工程应用具有实际意义,同时可以进一步验证 Fast-AHC 学习算法的有效性。

在仿真实验研究中,采用与本章 4.3 节相同的动力学模型和参数,只是控制力设定为在 $-3 \sim 3N$ 的连续控制量。系统回报函数设计如下:对目标状态,$r_t = 1$;否则为 0。易知上述回报函数对应的优化目标仍然是 Acrobot 系统的最短时间摇起指标。

仿真中分别采用 Fast-AHC 学习算法和常规 AHC 学习算法对 Acrobot 系统学习控制进行了研究。其中,评价器 CMAC 网络的结构参数如下:泛化常数 $C = 4$,每个输入的分割区间数 $M = 7$,物理地址空间大小 $N = 80$;执行器 CMAC 网络的结构参数如下:泛化常数 $C = 4$,每个输入的分割区间数 $M = 7$,物理地址空间大小 $N = 100$。算法的性能评价指标如下:经过固定次数学习后,单独利用执行器网络(即执行器的行为方差为 0)实现成功摇起所需要的时间步。两种算法对比的实验结果如图 4.36 和图 4.37 所示。

为研究参数 λ 对不同算法性能的影响,在每组实验中,对多组 λ 取值分别进行 5 次独立运行实验。在图 4.36 和图 4.37 中,对 Fast-AHC 学习算法($P_0 = 500$)与常规 AHC 学习算法在两种典型学习因子条件下($\alpha = 0.02$ 和 $\alpha = 0.1$)的性能进行了比较。从实验结果可以进一步验证 Fast-AHC 学习算法相对常规 AHC 学习算法能够获得更好的学习效率。需要说明的一点是,在 Fast-AHC 学习算法的评价器网络采用了递推最小二乘方技术,其计算量是 $O(K^2)$,其中 K 为线性状态特征数。因此在实际应用时,需要适当地设计线性状态特征,以避免计算量过大。以上计算问题将随着现代计算硬件性能的迅速发展而逐渐容易被解决,而 Fast-AHC 学习算法在数据有效性方面的优势对于一些学习数据较少或运行次数受到限制的问题中具有重要的应用价值。

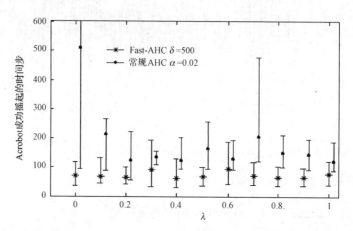

图 4.36　Fast-AHC 学习算法与常规 AHC 学习算法在 Acrobot 系统学习控制中的性能比较结果 1

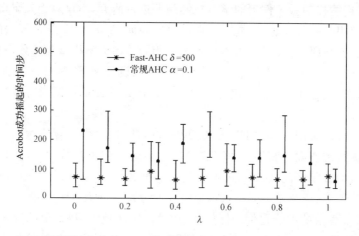

图 4.37　Fast-AHC 学习算法与常规 AHC 学习算法在 Acrobot 系统学习控制中的性能比较结果 2

4.5　小　　结

梯度算法作为一种重要的优化方法,在监督学习中已有大量的研究成果。在基于值函数逼近的增强学习方法中,由于没有类似监督学习的教师信号,无法直接计算估计误差的梯度,因此如何设计和实现有效的梯度算法是增强学习理论和应用研究的关键问题。为解决这一关键问题,本章对求解 Markov 决策问题的梯度增强学习算法进行了深入研究。讨论了一类基于 CMAC 的直接梯度学习算法,分析了该算法对 Markov 决策过程状态空间离散化的特性;为利用先验知识来提高连续状态空间 Markov 决策问题的求解效率,研究了两种改进的 CMAC 编码结构,即非邻接重叠编码和多尺度编码结构。上述两种改进的 CMAC 编码结构在基于倒立摆和自行车数学模型的学习控制问题中分别得到了成功应用,显示了优于已有学习控制方法的性能。

针对在高维状态空间 Markov 决策问题中,采用 CMAC 等线性值函数逼近器存在的权值数量大、泛化性能变差的缺点,本章对基于非线性值函数逼近器的增强学习梯度算法进行了研究。首次提出了基于非平稳策略 Bellman 残差上界函数指标的梯度下降增强学习算法,并分析了其收敛性和近似最优策略的性能。该算法克服了已有的直接梯度算法在求解连续状态空间 Markov 决策问题的最优策略时没有权值收敛性保证的缺点,并且在学习控制的仿真研究中显示了良好的学习效率和泛化性能。

采用自适应控制中递推最小二乘辨识的思想,本章首次提出了一种基于递推最小二乘时域差值学习的 Fast-AHC 学习算法,以提高采用 Actor-Critic 结构的增强学习系统对连续状态和行为空间 Markov 决策问题的求解效率。在 Fast-AHC 学习算法中,评价器网络利用第 2 章给出的 RLS-TD(λ) 学习算法进行值函数的估计,从而在提高值函数学习预测效率的同时,改善了 Actor-Critic 学习控制系统的性能。通过倒立摆和 Acrobot 系统的学习控制仿真表明,Fast-AHC 学习算法在学习效率方面优于常规 AHC 学习算法。

增强学习梯度算法虽然具有良好的搜索和优化效率,但往往存在局部极值的问题。为克服这一缺点,需要进一步研究和实现具有全局收敛特性的增强学习算法,在本书第 5 章有关进化-梯度混合增强学习算法的研究中将对这一问题进行详细讨论。

参 考 文 献

[1] Puterman M L. Markov Decision Processes [M]. New York: John Wiley and Sons, 1994.

[2] Bertsekas D P. Dynamic Programming and Optimal Control [M]. Belmont: Athena Scientific, 1995.

[3] Bertsekas D P, Tsitsiklis J N. Neuro-dynamic Programming [M]. Belmont: Athena Scientific, 1996.

[4] Baird L C. Residual algorithms: Reinforcement learning with function approximation [A]. Proc. of the 12th Int. Conf. on Machine Learning [C], San Francisco, 1995.

[5] Bellman R. Dynamic Programming [M]. Princeton: Princeton University Press, 1957.

[6] Shapley L S. Stochastic games [J]. Proc. of National Academy of Sciences, 1953, 39: 1095-1100.

[7] Howard R A. Dynamic Programming and Markov Processes [M]. Cambridge: MIT Press, 1960.

[8] Schwartz A. A reinforcement learning method for maximizing undiscounted rewards [A]. Proceedings of

the Tenth International Conference on Machine Learning [C], San Mateo, 1993: 298-305.

[9] Tadepalli P, et al. Model-based average reward reinforcement learning [J]. Artificial Intelligence, 1998, 100(1,2):177-224.

[10] Mahadevan S. To Discount or not to discount in reinforcement learning : A case study comparing R-learning and Q-learning [A]. Proc. of International Machine Learning Conference[C], New Brunswick, 1994:164-172.

[11] Watkins C. Learning from delayed rewards [D]. Cambridge: King's College, University of Cambridge, 1989.

[12] Watkins C, Dayan P. Q-Learning [J]. Machine Learning, 1992, 8: 279-292.

[13] Tsitsiklis J. Asynchronous stochastic approximation and Q-learning [J]. Machine Learning, 1994, 16: 185-202.

[14] Rummery G A, Niranjan M. On-line Q-learning using connectionist systems [R]. Technique Report, CUED/ F-INFENG/TR-166, Cambridge University Engineering Department, 1994.

[15] Singh S P, Sutton R. Reinforcement learning with replacing eligibility traces [J]. Machine Learning, 1996, 22: 123-158.

[16] Singh S P, et al. Convergence results for single-step on-policy reinforcement learning Algorithms [J]. Machine Learning, 2000, 38: 287-308.

[17] Sutton R, Barto A. Reinforcement Learning, An Introduction [M]. Cambridge: MIT. Press, 1998.

[18] Xu X, He H G, et al. Efficient reinforcement learning using recursive least-squares methods [J]. Journal of Artificial Intelligence Research, 2002, 16: 259-292.

[19] Albus J S. A new approach to manipulator control: The cerebellar model articulation controller (CMAC) [J]. Journal of Dynamic Systems, Measurement, and Control, 1975, 97(3): 220-227.

[20] Heger M. The loss from imperfect value functions in expectation-based and minimax-based Tasks [J]. Machine Learning, 1996, 22: 197-225.

[21] Yamakawa T. Stabilization of an inverted pendulum by a high-speed fuzzy logic controller hardware system [J]. Fuzzy Sets and Systems, 1989, 32: 161-180.

[22] 陈晖,李德毅,等. 云模型在倒立摆控制中的应用[J]. 计算机研究与发展, 1999, 36(10): 1180-1187.

[23] Michie D, Chambers R A. BOXES: An experiment in adaptive control [A]//Dale E, Michie D. Machine Intelligence 2 [M]. Edinburgh: Oliver and Boyd, 1968: 137-152.

[24] Barto A G, Sutton R, Anderson C W. Neuronlike adaptive elements that can solve difficult learning control problems [J]. IEEE Transactions on System, Man, and Cybernetics, 1983, 13: 834-846.

[25] Lin C T, Lee C S G. Reinforcement structure/parameter learning for neural-network-based fuzzy logic control system [J]. IEEE Transactions Fuzzy System, 1994, 2(1): 46-63.

[26] Whitley D, Dominic S, et al. Genetic reinforcement learning for neuro-control problems [J]. Machine Learning, 1993, 13: 259-284.

[27] Moriarty D E. Efficient reinforcement learning through symbiotic evolution [J]. Machine Learning, 1996, 22: 11-32.

[28] 徐昕,贺汉根. 基于变尺度编码 CMAC 的增强学习控制器及其应用[J]. 模式识别与人工智能, 2002, 15(3):264-268.

[29] Randlov J, Alstrom P. Learning to drive a bicycle using reinforcement learning and shaping [A]. Proc. of the 1998 Int. Conf. on Machine Learning [C], Madison, 1998:463-471.

[30] Rumelhart D E, Hinton G E, Williams R J. Learning internal representations by error propagation [A]. Rumelhart D E, et al. Parallel Distributed Processing [C], Cambridge: MIT Press, 1986: 318-362.

[31] Cybenko G. Approximation by superpositions of a sigmoidal function [J]. Mathematics of Control, Signals, and Systems, 1989, 2: 303-314.

[32] 蒋国飞, 吴沧浦. 基于 Q 学习算法和 BP 神经网络的倒立摆控制 [J]. 自动化学报, 1998, 24(5): 662-666.

[33] Tesauro G J. Temporal difference learning and TD-gammon [J]. Communications of ACM, 1995, 38: 58-68.

[34] Boyan J. Learning evaluation function for global optimization [D]. Pittsburg: Carnegie Mellon University, 1998.

[35] Tsitsiklis J N, Roy B V. An analysis of temporal difference learning with function approximation [J]. IEEE Transactions on Automatic Control, 1997, 42(5): 674-690.

[36] 徐昕, 贺汉根. 神经网络增强学习的梯度算法研究[J]. 计算机学报, 2003, 26(2): 227-233.

[37] Sutton R. Generalization in reinforcement learning: Successful examples using sparse coarse coding [A]. Advances in Neural Information Processing Systems 8 [C], Cambridge: MIT Press, 1996, 1038-1044.

[38] Spong M W. The swing up control problem for the acrobat [J]. IEEE Control Systems Magazine, 1995, 15(1): 49-55.

[39] Brown S, Passino K. Intelligent control for Acrobot [J]. Journal of Intelligent and Robotic Systems, 1997, 18: 209-248.

[40] Dejong G, Spong M W. Swinging up the Acrobot: An example of intelligent control [A]. Proc. of the American Control Conference [C], Baltimore, 1994: 2158-2162.

[41] 赖旭芝. 一类非完整欠驱动机械系统的智能控制 [D]. 长沙: 中南大学, 2001.

[42] Ljung L. Analysis of recursive stochastic algorithm [J]. IEEE. Transactions on Automatic Control, 1977, 22: 551.

[43] Berenji H R, Khedkar P. Learning and tuning fuzzy logic controllers through reinforcements [J]. IEEE Transactions Neural Networks, 1992, 3(5): 724-740.

第5章 求解 Markov 决策问题的进化-梯度混合增强学习算法

本书第 4 章讨论了求解 Markov 决策问题的梯度增强学习算法,并通过若干实例对算法的性能进行了研究。在上述方法中,神经网络被用来作为 Markov 决策过程的值函数或策略的逼近器,通过梯度优化算法实现权值的学习。梯度算法作为一种基于目标函数导数的优化方法,虽然具有较好的收敛速度,但一般只具有局部收敛性,且对于采用随机梯度下降的情况,算法的性能受学习因子的影响较大。因此,基于神经网络的梯度下降增强学习方法难以实现对 Markov 决策过程最优值函数和最优策略的全局逼近。

进化计算是模拟自然界生物进化过程的一类优化计算方法,其基本思想是借鉴了生物进化的"物竞天择、优胜劣汰"的规律,体现了生命科学与计算机科学的交叉综合。进化计算的主要特点包括群体搜索策略和群体中个体之间的信息交换,其搜索不依赖于梯度信息,能够有效地实现大规模全局搜索,尤其适用于处理传统搜索方法难于解决的复杂和非线性问题。目前,进化计算方法的研究已形成了遗传算法(genetic algorithm,GA)[1]、进化策略(evolution strategies)[2]、进化规划(evolutionary programming)[3] 等几个重要的方向,并且在组合优化、机器学习、自适应控制、规划设计和人工生命等[4,5] 领域得到了成功应用。

近年来,进化计算与模糊逻辑、神经网络等其他计算智能方法的结合也得到了普遍的注意和研究[5,6]。进化计算方法如遗传算法等作为大规模全局优化算法,具有不依赖梯度信息、鲁棒性强的优点,因此通过与模糊逻辑系统和神经网络的结合,可以有效地实现模糊系统和神经网络系统的自适应与全局优化[7,8]。目前,结合进化计算的模糊逻辑和神经网络系统已成功地用于动力学系统辨识[9]、机器人控制[7,8]、复杂系统优化控制[10]、函数逼近[6] 等领域。在上述应用中,一部分是属于监督学习问题,如函数逼近和动力学系统辨识等,而另一部分问题则是基于评价性反馈的增强学习问题,如机器人控制和复杂系统优化控制[11,12] 等。在已有的利用进化神经网络求解增强学习问题的方法中,都直接进行 Markov 决策过程的策略空间搜索,没有采用值函数逼近的机制,如 Whitley 等提出的 GENITOR 系统[12]、Moriarty 提出的 SANE 系统[11] 等。在上述系统中,进化计算的个体直接对策略空间进行编码,在个体的评价过程中策略是固定的,即不同的个体对不同的固定策略进行编码,这样就难以利用序贯决策问题的特点提高求解效率。因此,已有的进化神经网络方法在求解 Markov 决策问题时往往存在学习效率较低、搜索时间长的缺点。

在动态规划中,Markov 决策过程的值函数估计对于策略的求解具有重要作用。在本书第 4 章研究的梯度增强学习算法中,都采用了神经网络等函数逼近器对 Markov 决策过程的值函数进行逼近,以提高 Markov 决策问题的求解效率。已有的进化神经网络方法没有利用值函数估计的信息,因此存在学习效率不高的缺点。基于上述分析,本章将梯度增强学习算法与进化计算方法结合,通过设计基于值函数和策略逼近的进化-梯度混合增强学习算法,以实现对 Markov 决策过程值函数和策略的全局最优逼近。本章将并分别针对离散和连续行为空间 Markov 决策问题设计实现相应的进化-梯度混合增强学习算法。具体安排如下:5.1 节对进化计算的基本原理和方法进行了简要介绍;5.2 节研究了求解离散行为空间 Markov 决策问题的神经网络进化-梯度混合学习算法,并通过仿真研究进行性能验证;5.3 节对求解连续行为空间 Markov 决策问题的进化神经网络方法进行了研究;5.4 节是本章的小结。

5.1　进化计算的基本原理和方法

目前研究的进化计算方法主要包括遗传算法、进化策略和进化规划三种类型。在早期的研究中,上述三种算法的研究相对独立,如遗传算法由美国的 Holland 创建[13];进化策略则由德国的 Rechenberg 和 Schwefel 建立;进化规划最早由美国的 Fogel 等提出,后来又由 Fogel 进行了完善[3]。近年来,以上三个研究方向逐渐形成进化计算的统一框架,成为利用生物界进化原理实现优化计算的一个新兴学科。本节将对进化计算的基本原理和方法进行简要讨论。

5.1.1　进化计算的基本原理和算法框架

自从地球上出现生命以来,就开始了从简单到复杂、从低级到高级的漫长进化过程,这一过程已经被古生物学、胚胎学和比较解剖学等方面的研究所证实。对于生物界进化的原因,人们已经提出了多种学说,其中得到广泛接受的是达尔文的自然选择学说。

根据自然选择学说,生物要生存下去,就必须进行生存斗争。生存斗争包括种内斗争、种间斗争以及生物和无机环境之间的斗争。在生存斗争中,具有有利变异(mutation)的个体容易存活,并且有更多的机会繁殖后代;具有不利变异的个体就容易被淘汰,产生后代的机会也会少些。因此,在生存斗争中获胜的个体往往具有较强的环境适应性。这种生存斗争中适者生存、不适者淘汰的过程称为自然选择。同时,自然选择学说表明,除了环境是进化的外在因素外,遗传和变异是决定生物进化的内在因素。遗传是指父代和子代之间在性状方面或多或少存在着相似性,而变异是指父代与子代之间,以及子代的个体之间存在的差异性。现代细胞学说和遗传学的研究表明,生物的遗传和变异具有的物质基础是染色体内的基因复制(reproduction)和交叉(crossover)。

基于上述生物界的进化原理,在进化计算方法的研究中体现了如下的几个基本特点。

(1) 群体搜索策略。为搜索复杂问题的最优解,类似生物种群的概念,进化计算方法都采用了基于群体的候选解表示,体现了群体搜索和群体进化,具有并行搜索的优点。

(2) 群体中个体之间的信息交换。在进化计算方法中,利用交叉和复制算子进行个体之间的信息交换,以扩大群体的多样性,避免局部最优。

(3) 基于"适者生存、优胜劣汰"的选择机制。通过设计选择算子,不断引导算法向具有较好候选解的空间进行搜索。

(4) 通过个体的变异来扩大问题搜索空间,进一步避免陷入局部极值。

尽管进化计算的三种方法在具体实现技术方面存在差异,但都体现了上述基本特点,并且可以用下面的基本算法框架来描述[4]。

算法 5.1　进化计算的基本框架。

(1) 初始化群体,设置群体进化代数 $T=0$。

(2) 评价初始群体中所有个体的适应度。

(3) 循环,直到满足以下条件时停止:

① 按交叉概率对当前群体进行交叉操作;

② 按照变异概率进行变异操作;

③ 计算新群体的适应度函数;

④ 应用选择算子生成下一代群体,群体代数 $T=T+1$。

在遗传算法和进化策略中,选择、交叉和变异算子都被作为重要的进化操作算子,而在进化规划则没有采用交叉算子。

根据以上对进化算法基本框架的描述,可以看出进化算法的设计包括如下五个方面的要素:个体的表示或编码、适应度函数的计算、选择算子、变异算子和交叉算子。下面对上述基本要素进行简要讨论。

5.1.2　进化算法的基本要素

1. 个体的表示或编码

在遗传算法等进化计算方法中,需要通过遗传操作对群体中具有某种结构形式的个体进行结构重组处理,从而不断搜索出具有良好适应度的结构或个体。所以,个体的表示和编码对于遗传算子的设计和算法的性能具有重要影响。目前,在进化算法的设计中,通常采用的个体编码方式有以下几种。

1) 二进制编码

二进制编码是遗传算法经常采用的个体编码方式,与其他编码方式相比,二进制编码具有类似于生物的染色体结构、遗传算子设计灵活的优点。但是在求解连续数值优化问题时,仍然存在着如下缺点:在求解高维优化问题时,二进制编码串将变得很长,从而降低算法的搜索效率;编码表示很难反映问题本身的结构或层次,因而难以引进与问题领域有关的启发信息以提高算法的搜索能力。

2) 实数编码

实数编码方式最早在进化策略方法中被普遍采用,后来为改进二进制编码的遗传算法,进一步在遗传算法中也引入了实数编码。相对于二进制编码,实数编码方式更加适于求解连续数值优化问题,特别是高维数值优化问题时可以避免染色体编码串过长的问题。

3) 树结构编码

树结构编码方式适于求解一些基于符号表示的高层知识问题,如人工智能中的语义网络和计算机程序代码等。其中,针对计算机程序代码的树结构编码和进化算子设计已形成了遗传编程(genetic programming)这样一个相对独立的研究方向。

4) 其他直接针对问题结构特征的编码方式

为充分利用具体领域的启发知识设计进化操作算子,直接针对问题结构特征的编码方式也得到了广泛的研究,如路径规划的进化算法设计[14]等。

2. 适应度函数的计算

适应度函数用于评价个体对环境的适应程度,可以直接由优化的目标函数确定。但在实际应用中,从目标函数到适应度函数往往要进行适当的变换,以提高算法的搜索性能。对于不能满足非负条件的目标函数,需要将目标函数变换到非负区间。另外,为避免算法过早收敛,通常采用适应度函数定标(scaling)技术,主要有如下两种类型。

(1) 线性定标。设原适应度函数为 f,定标后的适应度函数为 f',则经过线性定标后,其关系式为

$$f' = af + b \tag{5.1}$$

其中,a、b 为线性定标系数。

(2) 乘幂定标。对于乘幂定标,设 k 为乘幂指数,则 f' 和 f 的关系式为

$$f' = f^k \tag{5.2}$$

3. 选择算子

在群体中保留适应度好的个体,淘汰适应度差的个体的遗传操作称为选择(selection)。在进化算法中,选择算子对于算法的收敛性和优化性能具有重要的作用,因此得到了广泛研究。目前常用的选择算子有以下四种。

(1) 适应度比例方法。适应度比例方法又称为赌轮选择方法,通过计算与个体适应度成线性比例的选择概率来实现选择操作。通常选择概率的计算公式如下:

$$P_i = f_i / \sum_{j=1}^{N} f_j \tag{5.3}$$

其中, P_i 和 f_i 分别为个体 i 的选择概率和适应度; N 为群体规模。

(2) 最佳个体保存方法(elitist model)。该方法的思想是把群体中适应度最高的个体不进行交叉和变异而直接复制到下一代群体中。采用最佳个体保存方法的优点是,进化过程中某一代的最优解可以不被交叉和变异操作所破坏。但该方法增加了算法陷入局部极值的可能性,因此通常与其他遗传算子结合使用。

(3) 期望值方法[4]。对于适应度比例方法,当群体规模不大时,可能出现选择概率不能正确反映个体适应度的情况。期望值方法通过个体适应度与平均适应度的比较来计算个体的生存数目,从而更有效地反映了个体适应度的实际情况。在期望值方法中,若个体被选择并且参与交叉,则其期望值减去 0.5;否则减去 1。若某个个体的期望值小于 0,则不再参与选择。DeJong 通过实验研究发现,采用期望值方法的算法性能优于适应度比例方法[1]。

(4) 进化策略的 (μ, λ) 和 $(\mu + \lambda)$ 选择算子。 (μ, λ) 和 $(\mu + \lambda)$ 选择算子是进化策略算法采用的主要选择算子。在 (μ, λ) 选择算子中, μ 个父代个体生成 λ 个子代个体,在 λ 个子代个体中通过竞争替代所有的父本;而在 $(\mu + \lambda)$ 选择算子中, μ 个父代个体和 λ 子代个体同时参加竞争,得到新一代 μ 个群体。

除了上述三种选择算子外,还有排序选择、锦标赛选择等多种选择算子设计方法,这里不再详述。

4. 变异算子

变异算子在进化算法中对于保持群体多样性、避免算法过早收敛具有重要的作用,特别是在进化策略算法中,变异算子被作为主要的遗传操作算子。已提出的变异算子设计方法主要有以下三种:

(1) 二进制编码的单点和多点变异算子。在采用二进制编码的遗传算法中,变异算子用于对某个选定的二进制位进行取反操作,相应地有单点变异和多点变异两种情况。

（2）十进制编码的高斯变异算子。对于进化策略和十进制编码遗传算法，其变异算子通常采用如下的高斯变异算子：

$$x = x + N(\mu, \sigma) \tag{5.4}$$

其中，μ 和 σ 分别为高斯分布的均值和方差。

（3）其他基于直接编码的变异算子。在直接对问题候选解进行编码的应用中，通过设计针对具体编码特点的变异算子，可以有效地利用问题本身的结构特点，提高算法的搜索效率，如文献[14]中的路径变异算子等。

5. 交叉算子

在遗传算法中，交叉算子具有关键的作用。而在进化策略中，虽然变异算子作为主要的进化算子，但交叉算子仍然对提高搜索效率具有重要作用。针对不同的个体编码方式，交叉算子的设计方法包括二进制编码的单点和多点交叉算子以及十进制编码的交叉算子。对于二进制编码，交叉算子主要是交换两个个体在被选定范围的二进制位；而对于十进制编码，主要采用算术交叉算子，即利用两个个体的加权和得到新的个体。

5.1.3　进化算法的控制参数和性能评估

在进化算法的设计中，除了需要对以上讨论的编码方式和进化算子进行设计外，还有若干算法控制参数具有关键作用。这些关键参数主要包括群体规模 M、交叉概率 P_c 和变异概率 P_m。

群体规模 M 的选择需要考虑群体多样性和计算效率的折中。一方面，较大的群体规模可以提高群体多样性和搜索空间，但过大的群体规模会使个体评价计算量增加，从而降低计算效率；另一方面，群体规模太小，则算法很容易出现早熟收敛（premature convergence）的情况。因此，进化算法的群体规模通常选择为适当大小的数值，如 20～100。

交叉概率和变异概率的选择对于进化算法的收敛性具有重要作用，并且在不同类型的进化算法中对交叉和变异进行了不同程度的强调。在遗传算法中，交叉算子作为主要的遗传算子，通常交叉概率的选择范围为 0.6～1.0，变异算子作为次要算子，其概率一般为 0.001～0.01。在进化策略和进化规划中，则强调了变异算子的作用。交叉和变异的相对重要性问题类似于一般机器学习系统中存在的探索和利用的折中问题。变异算子用于群体产生随机多样性，相当于探索功能；而交叉算子则用于在当前群体的基础上进行新的构造（construction），相当于利用功能。根据以上分析，交叉算子和变异算子在进化算法中具有不同的作用，适当地设计和利用两种算子，是提高进化算法性能的有效途径。

对于进化算法的性能评估，DeJong[15]在研究遗传算法时，提出了遗传算法的在线性能评估和离线性能评估准则。遗传算法在线性能和离线性能的评估准则定义如下。

定义 5.1(遗传算法的在线性能)[15]　　设 $X_e(s)$ 为环境 e 下策略 s 的在线性能，$f_e(t)$ 为第 t 代中相应于环境 e 下的目标函数或平均适应度函数，T 为当前的进化代数，则有

$$X_e(s) = \frac{1}{T} \sum_{t=1}^{T} f_e(t) \tag{5.5}$$

定义 5.2(遗传算法的离线性能)[15]　　设 $X_e^*(s)$ 为环境 e 下策略 s 的离线性能，$f_e^{*(t)}$ 为第 t 代中相应于环境 e 下的最优目标函数或最优适应度函数，T 为当前的进化代数，则有

$$X_e^*(s) = \frac{1}{T} \sum_{t=1}^{T} f_e^*(t) \tag{5.6}$$

5.2　求解离散行为空间 MDP 的进化-梯度混合算法

本节讨论求解离散行为空间 Markov 决策问题（MDP）的进化-梯度混合增强学习方法。设 Markov 决策问题由五元组 $\{S, A, P, R, J\}$ 描述，其中 S 为连续或离散状态空间，$A = \{a_1, a_2, \cdots, a_n\}$ 为离散行为空间，n 为行为集合元素的个数；P 为状态转移概率，R 为回报函数，J 为如下的折扣型期望总性能指标：

$$J_d = E\Big[\sum_{t=0}^{\infty} \gamma^t r_t \Big] \tag{5.7}$$

在已有的求解 Markov 决策问题的进化神经网络方法中，利用神经网络直接对 Markov 决策问题的策略进行逼近，通过进化算法实现对策略空间的大范围搜索[11,12]。这种直接对策略空间进行搜索的方法虽然可以获得对全局最优策略的近似估计，但往往存在学习效率低、搜索时间长的缺点。对于第 4 章中研究讨论的基于值函数逼近的梯度增强学习算法，由于采用了动态规划中基于值函数进行策略表示的思想，因此具有良好的学习效率。但上述梯度方法往往存在局部收敛性的缺点，且学习性能受学习因子选择的影响较大。如何结合进化算法的全局搜索和梯度增强学习算法的快速收敛性能，设计和实现具有全局最优策略逼近能力的高效增强学习算法，是一个值得深入研究的课题。基于上述分析，本节将研究基于值函数逼近的求解离散行为空间 Markov 决策问题的进化-梯度混合学习算法——HERG（hybrid learning using evolutionary algorithms and residual gradient）算法。在 HERG 算法中，进化算法用于对神经网络等值函数逼近器的权值进行大范围的全局搜索，而梯度增强学习算法则用于实现对权值的局部搜索。进化算法的个体编码对应于梯度增强学习算法的初始权值，而个体适应度的评价则通

过增量式梯度增强学习获得的最优结果来实现。与已有的方法相比,进化-梯度混合增强学习算法具有如下特点。

(1) 已有的单纯基于策略表示和搜索的进化神经网络方法在个体评价过程中一般没有利用环境和系统信息进行学习,而只进行策略性能的评价,整个搜索过程是在 Markov 决策过程的策略空间进行的。进化-梯度混合学习算法则在个体评价过程中进行基于梯度增强学习的局部搜索,利用梯度学习的结果对个体进行评价,从而有效地结合了进化算法的全局搜索和梯度算法的高效局部搜索能力,提高了增强学习的效率。

(2) 与基于策略表示和搜索的进化学习算法不同,在进化-梯度混合学习算法中,个体的适应度描述了从对应的候选解出发通过局部搜索得到更好的近似全局最优解的可能性。对于经过局部梯度搜索后能够获得更好的近似最优解的个体,将具有更大的适应度。

图 5.1 为 HERG 算法实现全局和局部混合搜索的示意图。在每一代群体中,针对每个个体进行基于梯度增强学习的局部搜索,如图中虚线箭头所示。个体的适应度由梯度学习后得到的近似最优解的性能来评价,该适应度在一定程度上反映了个体周围的局部搜索区域中可能存在的最佳个体的性能,这些局部搜索区域如图中的虚线线框所示。

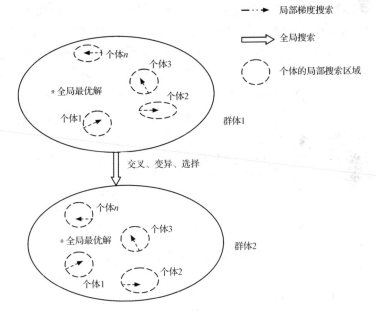

图 5.1　HERG 算法的搜索过程示意图

在图 5.1 中,"*"代表问题的全局最优解,每个个体代表了一个基于梯度增强学习算法的局部搜索区域,个体之间的竞争和遗传变异用于实现对整个区域的全局搜索,从而实现对全局最优解的逼近。在每一代群体中,如果采用并行计算机来实现算法,则多个局部搜索可以同步进行,这将进一步提高增强学习算法的求解效率。由以上分析可知混合学习算法既不同于单纯的梯度增强学习算法,也不同于传统的进化算法,由于该算法同时利用了梯度增强学习和进化算法的优势,因此能够为 Markov 决策问题的求解提供更为有效的手段。

在给出 HERG 算法的完整描述之前,首先对算法的有关主要设计要点进行讨论。

5.2.1　HERG 算法的设计要点

HERG 算法的设计要点包括群体表示和编码、选择算子设计、交叉算子设计、变异算子设计和梯度下降增强学习算法的设计。在下面的讨论中,考虑采用 n 个(n 为行为集合的元素个数)前馈神经网络分别对 Markov 决策过程的 n 个行为值函数进行逼近,神经网络的输入为 Markov 决策过程的状态向量,输出为对应的行为值函数估计。

1. 群体表示和编码

在梯度下降学习算法中,初始权值向量和学习因子的选择对算法的性能具有很大的影响,而且往往决定了其局部收敛性。因此,在 HERG 算法中,采用实数编码遗传算法对所有神经网络的权值和相应的学习因子进行编码和搜索。设每个神经网络的中间层节点数为 M,输入状态维数为 K,则每个神经网络的权值数量为 $L=M(K+1)$。遗传算法的每个个体的编码总长度为 $nM(K+1)+1$。设对应某个神经网络 i 的权值向量为 $W_i=(w_{i1},w_{i2},\cdots,w_{iL})$,学习因子为 α,则一个个体编码串可以表示为

$$W^m=(W_1^m,W_2^m,\cdots,W_n^m,\alpha^m)=(w_{11}^m,w_{12}^m,\cdots,w_{1L}^m,w_{21}^m,\cdots,w_{n1}^m,\cdots,w_{nL}^m,\alpha^m)$$

其中,上标 m 表示不同的个体编码,其示意图如图 5.2 所示。

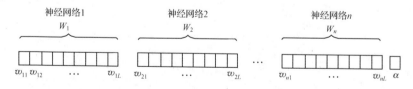

图 5.2　遗传算法个体编码示意图

2. 选择算子的设计

为避免适应度比例选择方法的随机概率选择误差,选择算子采用一种改进的

期望值方法,并且结合最佳个体保留方法。在改进的期望值方法中,个体的生存数目直接由个体的生存期望值决定,并且与交叉操作无关,属于一种确定性的选择算子。基于改进的期望值方法的群体选择操作过程如下:

(1) 对群体中的所有个体按照适应度 f_i 的大小排序,并且计算每个个体的生存期望值

$$l_i = f_i/\overline{f} = f_i \Big/ \Big(\frac{1}{N}\sum_{j=1}^{N} f_j\Big) \tag{5.8}$$

(2) 按照适应度由大到小的顺序,分别对每个个体进行复制,对于某个个体 i,其复制数目为 $\text{round}(l_i)+1$,其中,$\text{round}(\cdot)$ 为取整算子。上述过程直到生成下一代群体的所有 N 个个体为止。

在以上基于期望值的选择操作的基础上,利用最佳个体保存方法,直接复制当前代的最佳个体到下一代群体中。

3. 交叉算子设计

由于采用了实数编码方式,算法的交叉算子设计为算术交叉方式。设两个参加交叉操作的个体分别为 W^m 和 W^n,则算术交叉算子可以描述为

$$w_{ij}^m(t+1) = (1-\eta)w_{ij}^m(t) + \eta w_{ij}^n(t) \tag{5.9}$$
$$w_{ij}^n(t+1) = \eta w_{ij}^m(t) + (1-\eta)w_{ij}^n(t) \tag{5.10}$$
$$\alpha^m(t+1) = (1-\eta)\alpha^m(t) + \eta\alpha^n(t) \tag{5.11}$$
$$\alpha^n(t+1) = \eta\alpha^m(t) + (1-\eta)\alpha^n(t) \tag{5.12}$$

其中,η 为 $[0,1]$ 内的随机数。在交叉算子的具体实现中,还需要给定群体的交叉概率 P_c。在指定的交叉概率下,通过随机选择参加交叉的个体 W^m 和 W^n,以及随机生成的参数 η,完成对两个个体的交叉操作。

4. 变异算子设计

变异算子采用通常的高斯变异,设变异方差为 σ,则高斯变异具有如下的形式:

$$w_{ij}^m(t+1) = w_{ij}^m(t) + N(0,\sigma) \tag{5.13}$$
$$\alpha^m(t+1) = \alpha^m(t) + N(0,\sigma) \tag{5.14}$$

对于变异算子也需要设定变异概率,通常变异概率是一个较小的数。

5. 梯度增强学习算法设计

作为一种混合学习算法,HERG 算法在利用进化算法对神经网络的权值进行大范围优化的同时,采用梯度增强学习算法对权值进行局部搜索。对于具有连续状态空间和离散行为空间的 Markov 决策问题,神经网络的梯度增强学习算法可

以采用本书第 4 章提出的非平稳策略残差梯度学习算法即 RGNP 算法。RGNP 算法的学习因子和权值迭代的初始值由进化算法确定,因此在实现学习因子优化设计的同时,能够有效地避免陷入局部极值。对于 RGNP 算法的迭代公式和有关参数,由于在第 4 章已经给出,这里不再详述。

6. 适应度函数

由于 HERG 算法的个体对神经网络权值和学习因子进行了编码,并且以个体确定的权值作为梯度学习算法的初始值,因此个体的性能可以用算法经过固定步数的梯度学习后所获得的解的质量来评估,即个体的适应度描述了从对应的候选解出发通过局部搜索得到更好的近似全局最优解的可能性。对于经过固定步数的局部梯度搜索后能够获得更好的近似最优解的个体,将具有更大的适应度。这样通过进化算法的全局大范围搜索,将有效地避免梯度学习算法陷入局部最优值。在具体实践中,为提高搜索效率,通常还对适应度函数进行适当的比例变换。

5.2.2　HERG 算法的流程

在讨论了 HERG 算法的设计要点后,下面给出该算法的完整流程描述。

算法 5.2　HERG 算法。

给定群体规模、交叉概率 P_c、变异概率 P_m,以及用于 Markov 决策过程行为值函数逼近的神经网络结构和每个个体的最大学习步数 t_{max}。

(1) 初始化群体,进化代数 $T=0$。

(2) 循环,直到满足以下停止条件:

① 循环,对群体中的每个个体分别利用以下的 RGNP 算法进行迭代学习:

a. 利用个体的编码设定神经网络的初始权值和学习因子;

b. 迭代次数 $t=0$;

c. 初始化 Markov 决策过程的状态 s 和权值的适合度轨迹;

d. 根据当前状态 s_t,根据 SoftMax 策略选择当前行为 a_t,

e. 将当前行为作用于 Markov 决策过程,观测状态转移和回报;

f. 根据状态 s_{t+1},由 SoftMax 策略选择行为 a_{t+1};

g. 根据梯度增强学习式(4.51)~式(4.54)对神经网络权值进行迭代计算;

h. 若 s_t 为目标状态,则 $t=t+1$,若 $t=t_{max}$,则结束当前个体的梯度下降学习,若 $t\neq t_{max}$,返回 c,否则返回 d。

② 对经过梯度下降学习后的每个个体进行适应度评价。

③ 利用期望值方法对群体进行选择,生成参加交叉和变异的候选群体。

④ 按照交叉概率 P_c,利用算术交叉算子对群体进行交叉操作。

⑤ 按照变异概率 P_m，利用高斯变异算子进行变异操作。

⑥ 生成下一代群体，$T=T+1$。

（3）输出算法的最优个体，由该个体的局部搜索最优解确定 Markov 决策过程的近似最优值函数。

通过对算法输出的最优个体进行局部搜索，可以得到近似最优值函数的估计，相应的近似最优策略通过如下的贪心行为选择获得，即

$$a^* = \mathop{\arg\max}_a Q(s,a) \tag{5.15}$$

在上述 HERG 算法中，进化算法实现了对神经网络权值的全局搜索，梯度增强学习算法则完成局部搜索过程。因此该算法一方面能够克服梯度算法的局部收敛性缺点，实现对 Markov 决策过程最优值函数的全局最优逼近；另一方面，与直接进行策略空间搜索的进化神经网络方法相比，由于结合了值函数逼近和梯度增强学习，从而能够更有效地利用环境的信息，提高学习效率。文献[6]研究了一种用于监督学习函数逼近的神经网络进化-梯度混合学习算法，以提高神经网络对已知函数的逼近精度，因此进化-梯度混合学习算法可以看做上述思想在增强学习问题中的推广。

5.2.3　HERG 算法的应用实例：Mountain-Car 学习控制问题

为验证上述 HERG 算法的有效性，下面以第 4 章介绍的 Mountain-Car 学习控制问题为例，进行有关的仿真实验研究。Mountain-Car 问题的描述和动力学方程这里略去，详细参见 4.3 节。

由于系统的行为集合分别包括三个元素，因此采用三个多层前馈神经网络对值函数进行逼近。每个神经网络的输入维数为系统的状态维数 2，中间层单元个数选为 2。进化算法的每个个体包含的实数编码个数为 $3\times(2+1)\times 2+1=19$。对于每个个体进行梯度下降迭代的次数为 20，RGNP 算法的有关参数如下：$T=0.05,\lambda=0.8,\gamma=0.95$，其学习因子由进化算法的编码决定，变化范围限定为 $[0.001,0.01]$。进化算法的控制参数选择如下：群体规模 $P=40$，最大进化代数 $T_{max}=5$，交叉概率 $P_c=0.8$，变异概率 $P_m=0.005$。

对于进化算法的每个个体，在利用梯度算法进行局部搜索后，采用如下的适应度函数对个体进行评价：

$$f_i = 100/(1+h) \tag{5.16}$$

其中，h 为在神经网络控制器作用下小车爬山所需的步数。

在以上参数选择的条件下，当小车状态每次初始化为 $(x_0,v_0)=(0,0)$，利用 HERG 算法对 Mountain-Car 问题进行学习控制的仿真结果如图 5.3 和图 5.4 所示，它们分别为由最优解决定的控制策略作用下的小车位置和速度变化曲线，其中虚线为梯度算法的控制结果。为进行比较，两个图中虚线所示为单纯利用第 4 章

的梯度算法获得的控制策略(有关参数设计参见第 4 章)。从曲线可以看出,通过进化算法与梯度学习算法的结合,有效地提高了混合算法的全局搜索能力,克服了梯度学习算法存在的局部收敛性。已有的直接进行策略空间搜索的进化神经网络方法在求解复杂的学习控制问题时,往往需要数 10 代甚至 100 代以上的进化过程才能搜索到近似最优策略。而 HERG 算法通常只需要 5～10 代的进化-梯度混合学习就可以获得值函数的近似最优逼近,从而得到 Markov 决策问题的近似最优策略。

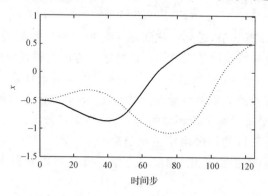

图 5.3　近似最优解作用下小车的位置变化曲线

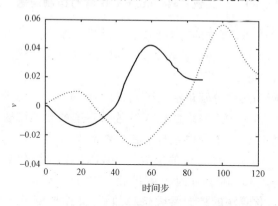

图 5.4　近似最优解作用下小车的速度变化曲线

　　图 5.5 显示了由最优解确定的控制策略所对应的控制量输出。可以看出,学习控制器已经获得了通过反向运动集聚势能从而实现到目标点的"爬山"时间优化控制策略。与单纯采用梯度算法的学习控制器相比,HERG 算法能够通过进化算法的大范围全局搜索来有效地避免算法陷入局部最优。从图 5.3 和图 5.4 可以看出,由进化神经网络方法得到了更接近全局最优的控制策略,即更短的爬山时间步数,其中进化神经网络方法的爬山时间步数为 89 步,而梯度算法为 123 步。图 5.6～图 5.9 进一步给出了算法输出的最优解所决定的近似最优行为值函数和状态值函数曲面。

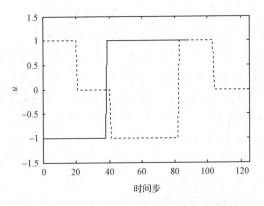

图 5.5　最优解决定的控制量输出变化曲线

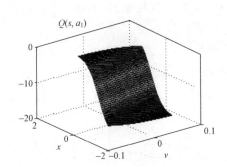

图 5.6　近似最优行为值函数 $Q(s,a_1)$ 曲面

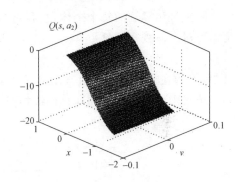

图 5.7　近似最优行为值函数 $Q(s,a_2)$ 曲面

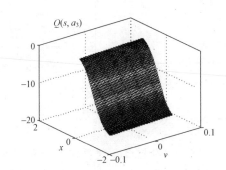

图 5.8　近似最优行为值函数 $Q(s,a_3)$ 曲面

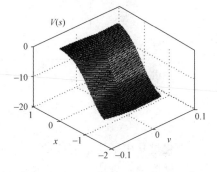

图 5.9　近似最优状态值函数 $V(s)$ 曲面

5.2.4　Acrobot 系统的进化增强学习仿真

在本书第 4 章中,利用基于神经网络的 RGNP 算法对 Acrobot 系统的摇起控制进行了研究。前面已经指出,上述梯度算法的控制性能受到学习因子选择的影

响,并且很容易陷入局部最优解(图 5.4、图 5.5)。下面将利用 HERG 算法对 Acrobot 学习控制问题进行研究,以获得全局近似最优解。

Acrobot 系统的动力学方程和 Markov 决策过程模型参见第 3 章的讨论。仍然采用 3 个神经网络对行为值函数进行逼近,每个神经网络的输入维数为系统的状态维数 4,中间层单元个数选为 6。进化算法的每个个体包含的实数编码个数为 $3×(6+1)×4+1=85$。对于每个个体进行梯度下降迭代的学习次数为 20, RGNP 梯度学习算法的有关参数如下:$T=0.06,\lambda=0.6,\gamma=0.95$,其学习因子由进化算法的编码决定,变化范围限定为[0.001,0.01]。进化算法的控制参数选择为:群体规模 $P=40$,最大进化代数 $T_{max}=5$,交叉概率 $P_c=0.8$,变异概率 $P_m=0.005$。进化算法的初始群体设置为[-1,0]内的随机数。在每次学习中,Acrobot 的状态初始化为(0,0,0,0)。

对于进化算法的每个个体,在利用梯度算法进行局部搜索后,采用如下的适应度函数对个体进行评价:

$$f_i = 100/(1+h) \tag{5.17}$$

其中,h 为在神经网络控制器作用下 Acrobot 成功摇起所需的步数。

仿真中群体适应度的变化曲线如图 5.10 所示。

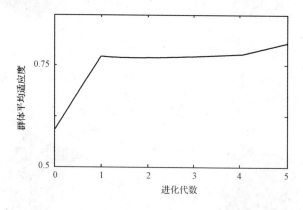

图 5.10　群体平均适应度变化曲线

从进化过程中平均适应度的变化曲线可以看出,经过 2、3 代群体的全局搜索,并且结合梯度学习算法的局部搜索,算法已经获得具有良好性能的近似最优个体。在经过 5 代进化-梯度混合学习得到的最优个体的基础上,进行梯度局部搜索,其局部最优解作为算法最终输出的近似最优解,并通过贪心行为选择得到相应的近似最优策略。图 5.11 和图 5.12 显示了在近似最优策略控制下的 Acrobot 系统状态变化曲线,其中包括第一杆的角度和角速度变化情况。

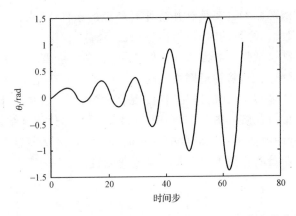

图 5.11　近似最优策略作用下 Acrobot 第一杆角度变化曲线

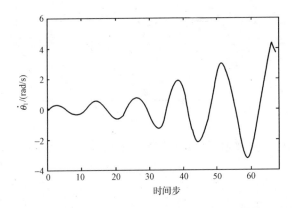

图 5.12　近似最优策略作用下 Acrobot 第一杆角速度变化曲线

为验证进化 RGNP 混合学习算法的全局搜索性能,本章分别针对上述最短时间摇起控制问题利用 RGNP 算法和基于 CMAC 的近似梯度算法[16]进行了学习控制仿真,表 5.1 显示了不同算法获得的近似最优解性能的比较。

表 5.1　不同算法获得的近似最优解性能比较

算法类型	近似最优解的性能(Acrobot 摇起的时间步)
RGNP 算法(参见本书第 4 章)	89
CMAC 近似梯度算法[16]	75
进化 RGNP 混合学习算法	67

由表 5.1 可以看出,与梯度算法相比,进化 RGNP 混合学习算法能够有效地克服梯度算法的局部收敛性,获得更接近全局最优解的性能,缺点是需要更大的计算量。因此,上述进化-梯度混合学习算法适用于对 Markov 决策问题近似最优解

性能要求较高的情况。并且在具有并行计算环境的条件下,由于混合算法易于并行实现的特性,因此计算量的时间代价可以大大降低。

　　为测试上述混合增强学习方法在求解 Markov 决策问题的全局近似最优解中的鲁棒性,在仿真研究中,将神经网络的隐含层数目由 6 个增加到 8 个,其他参数保持不变。对群体进行 10 代的进化-梯度混合学习,记录群体的平均适应度和算法获得的全局近似最优解。图 5.13 和图 5.14 显示了部分仿真结果,其中图 5.13 为 10 代进化过程中群体平均适应度的变化曲线,图 5.14 为算法获得的全局近似最优解决定的控制策略作用下第一杆角度变化曲线。

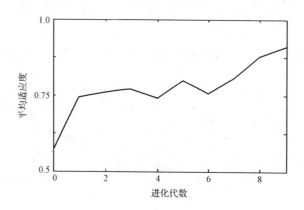

图 5.13　群体平均适应度变化曲线(隐含层节点数为 8)

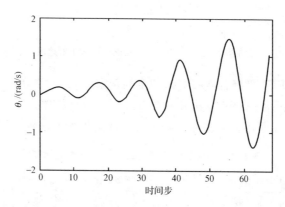

图 5.14　近似最优解作用下第一杆角度变化曲线(隐含层节点数为 8)

　　图 5.15 显示了改变群体初始化条件后,算法的群体平均适应度变化曲线。其中,隐含层节点数仍然为 6,但初始群体初始化为[-5,0]内的随机数。算法在其他参数保存不变的条件下,经过 5 代的进化-梯度混合学习,获得了与图 5.11 和图 5.12 中几乎一致的全局近似最优解。

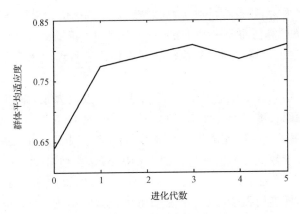

图 5.15　群体平均适应度变化曲线（改变群体初始化条件后）

　　仿真结果表明,在改变神经网络中间层节点数和权值初始化条件后,HERG 算法仍然能够成功地对全局近似最优解进行有效搜索,显示了进化算法的鲁棒性和全局搜索能力,同时克服了梯度增强学习算法对初始值敏感并且容易陷入局部极值的缺点。

5.3　求解连续行为空间 MDP 的进化-梯度混合增强学习算法

　　本节讨论求解同时具有连续状态和行为空间 Markov 决策问题(MDP)的混合增强学习方法。在 5.2 节中,通过将进化算法与残差梯度增强学习算法的结合,有效地实现了对离散行为空间 Markov 决策问题全局近似最优解的搜索。本节将把以上思想推广应用到具有连续行为空间的 Markov 决策问题中。

　　在第 4 章中已经对求解连续行为空间 Markov 决策问题的梯度增强学习算法即 AHC 算法进行了研究和改进,上述算法仍然存在前面讨论的梯度算法所固有的缺点。下面将研究一种进化 AHC 算法[17],将进化算法的全局搜索与 AHC 算法基于值函数预测的策略梯度估计算法有效地结合,从而实现对连续行为空间 Markov 决策问题最优策略的全局搜索。

5.3.1　进化 AHC 算法

　　在 AHC 算法及其改进算法快速 AHC(Fast-AHC)算法中,评价器网络采用时域差值学习算法如 TD(λ)或 RLS-TD(λ)算法对当前策略的状态值函数进行估计,执行器网络利用评价器网络的内部回报信号进行策略梯度的估计。执行器网络的学习可以看做一种随机梯度下降算法,因此学习因子的选择和权值的初始化对算法性能影响很大,并且不可避免地容易陷入局部极值。采用类似 HERG 算法的思想,进化 AHC 算法也是一种 HERG 算法,AHC 算法的随机策略梯度算法用于实现局部搜索,进化算法通过对执行器网络权值进行编码来实现大范围的全局搜索。

设执行器网络的输入状态维数为 K,中间层节点数为 M,采用实数编码方式,则每个个体的编码长度为 $L=M(K+1)+1$。其中的 $M(K+1)$ 个实数编码为执行器的网络权值,另外的一个实数为执行器网络的学习因子。由于进化算法的有关算子设计和控制参数选择与前面讨论的 HERG 算法类似,这里不再详述。

在进化 AHC 算法中,个体的适应度计算采用如下的方法:对于每个个体,在经过固定次数的梯度增强学习后,单独采用执行器网络进行 Markov 决策过程的控制,对应的性能指标作为个体的适应度评价。

下面给出算法流程的详细描述。

算法 5.3 进化 AHC 算法。

给定群体规模、交叉概率 P_c、变异概率 P_m,以及连续行为空间 Markov 决策过程 $\{S,A,R,P,J\}$ 和每个个体的最大学习步数 $t_{\max}$。

(1) 初始化群体,进化代数 $T=0$。

(2) 循环,直到满足以下停止条件:

① 循环,对群体中的每个个体分别利用如下的 AHC 或 Fast-AHC 算法进行梯度下降学习。

a. 利用个体的编码设定执行器神经网络的初始权值和学习因子;

b. 迭代次数 $t=0$;

c. 初始化 Markov 决策过程的状态 s 和评价器网络权值的适合度轨迹;

d. 根据当前状态 s_t,根据执行器和评价器网络的输出以及高斯分布式(4.76)选择当前行为 a_t;

e. 将当前行为作用于 Markov 决策过程,观测状态转移和回报;

f. 利用 TD(λ)算法或 RLS-TD(λ)算法对评价器网络的权值进行迭代学习;

g. 根据式(4.78)和式(4.80)对执行器网络的权值进行随机梯度下降的迭代计算;

h. 若 s_t 为目标状态,则 $t=t+1$,若 $t=t_{\max}$,则结束当前个体的梯度下降学习,若 $t\neq t_{\max}$,返回 c,否则返回 d。

② 对经过梯度下降学习后的每个个体进行适应度评价。

③ 利用期望值方法对群体进行选择,生成参加交叉和变异的候选群体。

④ 按照交叉概率 P_c,利用算术交叉算子对群体进行交叉操作。

⑤ 按照变异概率 P_m,利用高斯变异算子进行变异操作。

⑥ 生成下一代群体,$T=T+1$。

(3) 输出算法得到的最优个体,利用基于最优个体的局部梯度搜索确定 Markov 决策过程的近似最优策略。

与求解离散行为空间 Markov 决策问题的 HERG 算法不同,进化 AHC 算法通过对执行器网络权值的进化-梯度混合学习,实现对连续行为空间 Markov 决策问题最优策略的全局逼近。在具体实现上,根据算法在若干代进化-梯度混合学习后得到的最优个体进行局部搜索,得到算法最终输出的近似最优解,并且由该近似最优解确定执行器网络的权值,从而实现对全局近似最优策略的逼近。

5.3.2 连续控制量条件下 Acrobot 系统的进化增强学习仿真

为研究进化 AHC 算法的性能,下面考虑连续控制量条件下 Acrobot 系统的学习控制问题。

Acrobot 系统的动力学模型和参数仍然与 4.3 节相同,只是控制量由离散变量改变为 $-3\sim3N$ 内的连续变量。AHC 算法的评价器网络采用 CMAC 神经网络,其结构与参数参见 4.4 节。评价器网络的学习算法采用 RLS-TD(λ)学习算法,方差矩阵的初始值为 $P_0=50I$。在每次学习控制实验中,Acrobot 的状态初始化为(0,0,0,0),评价器网络的权值全部初始化为 0。执行器网络的权值和学习因子由进化算法个体的编码确定。

进化算法个体的适应度函数采用与式(5.17)相同的形式,即以执行器网络控制作用下 Acrobot 成功摇起的时间来评价个体优劣。算法的其他参数设定如下:群体规模 $P=40$,交叉概率 $P_c=0.8$,变异概率 $P_m=0.005$,选择策略为采用最佳个体保留的估计期望值方法,最大进化代数为 10 代,$\gamma=0.95$,$\lambda=0.6$。

执行器采用一个多层前馈神经网络,其输入节点数目为 4,对应系统的四维状态向量,输出节点数为 1,中间层节点数选为 5。学习因子的变化范围设定为 $[0.001,0.02]$。因此每个个体的编码长度为 $5\times5+1=26$。高斯变异算子的方差为 0.1。

仿真结果如图 5.16~图 5.18 所示。其中,图 5.16 为群体的最佳适应度变化曲线,图 5.17 显示了系统在混合学习算法获得的最优解作用下 Acrobot 第一杆角度变化曲线,图 5.18 为 Acrobot 第二杆角度变化曲线(如图中实线所示)。为进行比较,图 5.17 和图 5.18 中用虚线绘出了基于梯度增强学习的 AHC(图中简称梯度 AHC)算法在收敛后获得的近似最优控制器的性能。由图中可以看出,在进化 AHC 算法获得的近似最优控制器作用下,Acrobot 摇起时间为 4.2s,而基于梯度增强学习的 AHC 算法实现的最短摇起时间为 7.0s,可见进化 AHC 算法获得的近似最优解性能远优于已有的梯度学习算法。

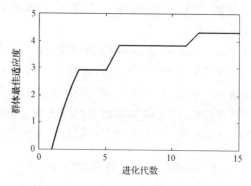

图 5.16　群体最佳适应度变化曲线

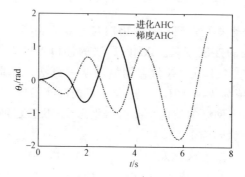

图 5.17　Acrobot 第一杆角度变化曲线

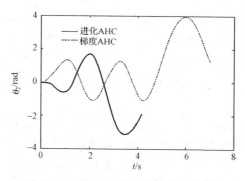

图 5.18　Acrobot 第二杆角度变化曲线

5.4　小　　结

　　本章对求解 Markov 决策问题的 HERG 算法进行了研究。首先分析了梯度增强学习算法存在的学习因子优化困难和局部收敛性等缺点,以及已有的直接对策略空间进行搜索和逼近的进化神经网络学习方法存在的学习效率不高、进化时间长的问题,首次提出将进化算法与梯度增强学习算法结合,实现对 Markov 决策过程最优值函数和最优策略的全局逼近。分别针对离散行为空间和连续行为空间的 Markov 决策问题,研究了相应的基于值函数逼近的进化-梯度混合增强学习算法——HERG 算法和进化 AHC 算法。上述算法由于在利用进化算法进行全局搜索的同时,结合了值函数逼近机制和梯度下降增强学习的局部搜索,能够有效地实现对 Markov 决策问题最优值函数或策略的全局最优逼近。通过仿真研究对算法的有效性进行了验证。本章的研究成果对于求解动态系统的无模型自适应最优控制问题以及其他序贯优化决策问题都具有应用推广价值。

参 考 文 献

[1] Goldberg D E. Genetic Algorithms in Search, Optimization and Machine Learning [M]. Boston:Addison-Wesley Publishing, 1989.

[2] Back T. Evolutionary Algorithms in Theory and Practice [M]. New York:Oxford University Press,1996.

[3] Fogel L J,et al. Artificial Intelligence through Simulated Evolution [M]. New York:John Wiley, 1966.

[4] 陈国良,等. 遗传算法及其应用[M]. 北京:人民邮电出版社, 1996.

[5] 王正志,薄涛. 进化计算[M]. 长沙:国防科技大学出版社, 2001.

[6] Casttillo P A, et al. G-Prop-II:Global optimization of multi-layer perceptrons using Gas [A]. Proc. of World Congress of Evolutionary Computation [C],Washington,1999,(Ⅲ):2022-2027.

[7] Hoffman F, et al. Evolutionary design of a fuzzy knowledge base for a mobile robot [J]. International Journal of Approximate Reasoning, 1997, 17(4): 447-469.

[8] Floreano D, Mondada F. Evolutionary neuro-controller for autonomous mobile robots [J]. Neural Networks, 1998, 11(7,8): 1461-1478.

[9] Falco I D, et al. Evolutionary neural networks for nonlinear dynamics modeling [A]. Parallel Problem Solving from Nature 98 [C],Lectures Notes in Computer Science,Amsterdam,1998, 1498: 593-602.

[10] Yao X, Liu Y. Towards designing artificial neural networks by evolution [J]. Applied Mathematics and Computation, 1998, 91(1): 83-90.

[11] Moriarty D E. Efficient reinforcement learning through symbiotic evolution [J]. Machine Learning, 1996, 22: 11-32.

[12] Whitley D, Dominic S, et al. Genetic reinforcement learning for neuro-control problems [J]. Machine Learning, 1993, 13: 259-284.

[13] Holland J. H. Genetic algorithms and classifier systems, foundations and future directions [A]. Genetic Algorithms and Their Applications:Proc. Of the Second International Conf. on GA [C],1987:82-89.

[14] 高国华. 大范围多路径规划问题研究 [D]. 长沙:国防科技大学, 1999.

[15] DeJong K A. An Analysis of the Behavior of a Class of Genetic Adaptive Systems [D]. Ann Arbor:University of Michigan, 1975.

[16] Sutton R, Barto A. Reinforcement Learning, an Introduction [M]. Cambridge: MIT Press, 1998.

[17] Xu X, He H G. Evolutionary adaptive critic methods for reinforcement learning [A]. Proc. of the IEEE World Congress on Computational Intelligence [C],Hawaii,2002:1320-1325.

第 6 章　基于核的近似动态规划算法与理论

在本书第 3 章中讨论了基于核的时域差值学习算法,通过研究最小二乘时域差值学习在核函数所对应的再生核 Hilbert 空间中的推广算法,有效地实现了 Markov 链值函数的非线性学习预测。前面已经提到,增强学习可以分解为学习预测和学习控制两个子问题,学习预测是学习控制的基础,在基于时域差值算法的平稳策略值函数预测的基础上,学习控制的目标是搜索或逼近 Markov 决策过程的最优策略和最优值函数。由于不确定条件下序贯优化决策问题的复杂性,增强学习算法和理论的研究需要多个学科的共同参与,包括运筹学、自适应控制、随机逼近、统计学、泛函分析等,甚至目前对人类大脑的成像、信号分析和学习机理的研究也与增强学习的算法和模型联系日益密切,如有关人类高阶行为学习的时域差值模型等[1]。本章将在第 3 章研究成果的基础上,进一步把再生核 Hilbert 空间的有关性质与统计学习的核方法推广到增强学习算法与理论中,以实现对大规模和连续空间 Markov 决策过程近似最优策略的高效逼近。

增强学习作为一类重要的机器学习方法,强调在与环境的交互中学习,不要求环境的模型信息,因此是求解模型未知的 Markov 决策问题的有效方法。目前,增强学习的算法和理论研究与动态规划和 Markov 决策过程理论的研究联系密切,形成了“近似动态规划”[2] 这一运筹学和机器学习的交叉研究领域,其中克服 Markov 决策过程的“维数灾难”问题是增强学习与近似动态规划理论共同的研究目标[3~7]。常用的 Q-学习算法和 Sarsa 学习算法都以离散表格来存储状态的值函数,通常称为离散表格型(tabular)学习算法。当 Markov 决策过程具有大规模或连续的状态或行为空间时,离散表格型增强学习算法将无法解决计算量和存储量巨大的困难。为克服“维数灾难”,实现增强学习在大规模和连续状态空间中的泛化,近年来,基于值函数逼近的增强学习算法得到了广泛的研究和应用。作为一种通用的函数逼近器,神经网络在监督学习领域的算法和应用研究已取得了丰富的成果,在用于增强学习泛化的值函数逼近器中,神经网络也成为研究的重点,如本书第 4 章所研究的基于神经网络的增强学习方法。

本章将进一步研究利用核函数方法求解大规模或连续状态空间 Markov 决策问题的增强学习算法,与已有的大量基于参数化值函数逼近器的增强学习算法不同,通过将核函数这种非线性、非参数化函数逼近理论推广到增强学习的行为值函数逼近与近似最优策略迭代过程中,给出一种基于核的最小二乘策略迭代(kernel-based least-squares policy iteration,KLSPI)算法,并且讨论算法的收敛性特性[8]。

与已有的增强学习算法与理论相比,KLSPI 是一种具有良好收敛性和泛化性能的非线性最小二乘策略迭代算法,通过仿真实验表明,KLSPI 能够获得优于传统算法的学习效率和泛化性能,为求解不确定条件下大规模或者连续空间 Markov 决策问题的近似最优策略提供了高效的手段。

6.1 增强学习与近似动态规划的若干核心问题

本书第 4 章简要介绍了离散表格型增强学习算法及其最优收敛性理论,虽然上述算法在理论上已经比较完善,但在实际工程应用中由于大规模或者连续状态空间带来的计算和存储量巨大的问题,使得离散表格型增强学习算法难以得到广泛应用。以上问题也是机器学习算法和理论需要解决的核心问题之一,即学习系统的泛化问题。泛化是指基于有限的观测数据,通过对学习机器的结构复杂性进行有效控制,实现学习机器在整个问题空间的性能优化。显然,离散表格型算法不能很好地满足学习系统性能泛化的要求,因为在采用离散表格表示的条件下,学习系统必须对整个问题空间进行充分遍历,而且学习机器的结构复杂性也不能进行有效控制。当选择了离散表格的结构后,学习机器的结构也就确定了,并且这种结构随着问题规模的增加将不断增加存储和计算代价,而且对于连续空间问题,离散化方法会面临学习精度难以保证的困难。

针对上述问题,近年来增强学习算法和理论的研究主要围绕大规模空间的值函数与策略逼近方法来展开。目前在基于值函数与策略逼近的增强学习算法与理论研究中,已经取得的研究成果可以分为三个主要方面,即增强学习的值函数逼近算法[3,4]、策略梯度增强学习算法[5,6]以及基于 Actor-Critic 混合结构[7,8]的增强学习算法和理论。

基于值函数逼近的增强学习算法是当前研究和应用最为广泛的一种增强学习泛化方法,其基本思想来自于监督学习的函数回归,即利用各种线性或者非线性函数逼近器对 Markov 决策过程的最优值函数进行估计。有关 Markov 决策过程的值函数估计在前面第 3 章的时域差值学习算法研究中也是一个核心问题,但时域差值算法主要针对平稳策略 Markov 过程的值函数预测,而本章需要研究对 Markov 决策过程最优值函数进行逼近的学习控制问题,即 Markov 过程的行为策略是非平稳的,需要完成一个从初始策略到近似最优或者最优策略的策略优化过程。当然,在后面的讨论中可以看出,由于学习预测是学习控制的子问题,第 3 章的研究成果也将是本章研究的重要基础。有关增强学习的值函数逼近算法,主要包括广泛应用的直接梯度算法[9]、文献[10]和文献[11]研究的残差梯度学习算法等。在这些学习算法中,通常采用神经网络等非线性函数逼近器,以 Markov 决策过程的 Bellman 方程逼近误差为优化目标,设计相应的梯度下降学习算法。虽然基于神经网络的梯度增强学习算法有若干成功的应用,但在理论上缺乏收敛性保证,在某些条件下已被证明可能出现学习不收敛甚至发散的情况。另外,采用神经网络等参数化函数逼近器需要对神经网络的结构进行大量的手工选择和调整,以及初始化权重的选择,才能获得相对好的学习性能。同时,梯度学习算法具有的局部收敛性也使得基于值函数逼近的增强学习梯度算法很难对 Markov 决策过程的最优策略进行有效逼近。

与值函数逼近方法不同,策略梯度增强学习算法则直接对 Markov 决策过程的策略空间进行搜索和逼近。在策略梯度增强学习算法中,通过观测数据对策略变化的梯度进行估计,然后按照策略梯度优化的方向对参数化的策略逼近器权重进行修正。早期的策略梯度算法包括文献[12]研究的 REINFORCE 算法。最近提出的 GPOMDP 算法研究了状态部分可观测条件下的策略梯度估计问题[6],并且证明了算法的收敛性。但策略梯度算法存在的缺点是计算代价大,收敛速度慢,并且也面临值函数梯度算法类似的局部收敛性问题[13]。

另外一大类基于函数逼近的增强学习算法是所谓的 Actor-Critic 学习算法,即同时对 Markov 决策过程的值函数与策略进行逼近的增强学习算法,所以这类算法也可以看做值函数逼近算法与策略梯度算法的混合算法。在 Actor-Critic 学习算法中,评价器用于对 Markov 决策过程的策略进行评价,即估计与策略对应的值函数;而执行器则用于根据值函数估计的结果选择和优化策略,实现对最优策略的搜索。有关 Actor-Critic 结构增强学习算法的早期工作是 Barto 与 Sutton 在 1984 年发表于文献[14]的论文,该论文提出的 Actor-Critic 增强学习算法采用了线性 TD 学习算法进行策略评价,执行器则采用一种近似策略梯度算法。近年来,在神经网络自适应控制领域得到广泛研究的自适应评价设计(adaptive critic design,ACD)方法也是基于 Actor-Critic 结构增强学习的思想[7,15,16],并且结合了基于神经网络的动态系统建模技术,因此也称为近似动态规划(approximate dynamic programming,ADP)方法。典型的 ACD 方法包括启发式动态规划(HDP)、对偶启发式规划(DHP)和全局化对偶启发式规划(GDHP)等[15]。上述方法主要针对动态系统的实时学习控制,由于要求建立被控对象的动力学模型,因此具有一定的局限性。

策略迭代算法是传统动态规划的基本方法之一,具有收敛快速、学习效率高的优点[17]。在增强学习领域,由于没有传统规划的模型信息,因此虽然也能采用策略迭代的思想,但需要研究解决无模型条件下基于观测数据的策略迭代算法和理论。从概念上讲,这种无模型的策略迭代算法也是一种典型的 Actor-Critic 结构的增强学习算法,因为在策略迭代算法中对值函数的评价和对策略的优化搜索分别对应了评价器和执行器两者的功能。文献[18]研究的线性最小二乘策略迭代算法具有较好的近似最优策略收敛性,但由于采用线性基函数,仍然存在特征选择与非线性空间的泛化问题。

综合以上分析,目前的增强学习控制理论和算法虽然已经取得了大量的研究成果,但还需要在若干方面进行创新和突破,其中包括:①实现非线性值函数与策略空间的高效逼近算法,并且在理论上保证算法的近似最优策略收敛性,解决传统算法的局部收敛性问题;②研究新的特征自动选择和优化算法,克服已有大多数增强学习算法需要大量选择逼近器结构与参数的困难。

在本章的后续讨论中将研究一种基于核的最小二乘策略迭代算法,通过在核函数确定的再生核 Hilbert 空间完成最小二乘时域差值学习,实现对 Markov 决策过程行为值函数的非线性逼近,并且采用一种基于近似线性相关分析(ALD)的核稀疏化方法来实现学习机器的特征自动优化与结构复杂性控制。在建立了算法的收敛性理论的同时,通过大量的实验研究对新算法的性能进行了比较研究,验证了算法的有效性。

6.2　基于核的近似策略迭代算法与收敛性理论

在给出基于核的策略迭代算法的基本框架之前,首先简要介绍策略迭代的主要思想及其与时域差值学习的联系。

6.2.1　策略迭代与 TD 学习算法

策略迭代与 Actor-Critic 结构增强学习的关系如图 6.1 所示,策略迭代算法的策略评价模块对应于评价器,而策略改进模块对应于执行器。在策略评价模块中,通常采用时域差值学习算法进行平稳策略值函数的估计。值函数的估计可以针对状态值函数,也可以针对行为值函数,即 $Q^{\pi(t)}$。直接对行为值函数进行估计的优点是可以很方便地进行策略迭代和优化,因为在获得了策略 $\pi(t)$ 的行为值函数后,就可以根据下面的公式选择行为,从而获得一个新的优化策略 $\pi(t+1)$:

$$\pi(t+1) = \underset{a}{\mathrm{argmax}}\, Q^{\pi(t)}(s,a) \qquad (6.1)$$

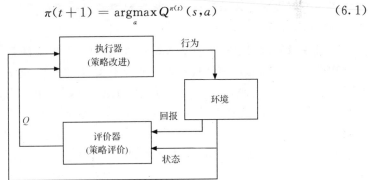

图 6.1　策略迭代与 Actor-Critic 结构增强学习

优化了的贪心策略 $\pi(t+1)$ 为一个确定性策略,并且如果行为值函数估计 $Q^{\pi(t)}$ 能够高精度地逼近策略 $\pi(t)$ 的真实行为值函数,则新的策略 $\pi(t+1)$ 的性能至少不会比前一次迭代的策略 $\pi(t)$ 差。这样的迭代过程一直重复下去,直到连续两次获得的策略 $\pi(t)$ 与 $\pi(t+1)$ 完全相同或者基本相同为止,此时策略迭代算法收敛到一个近似最优策略。如果基于时域差值学习的策略评价能够以高精度逼近每次迭代的行为值函数,则策略迭代算法能够在很少的迭代次数内收敛到 Markov 决策过程的最优策略。上述结论已经在小规模 Markov 决策问题中采用离散表格型策略迭代算法的实验中得到了验证。但对于大规模或者连续空间的 Markov 决策问题,由于已有的时域差值学习算法存在的局部收敛性和逼近能力等问题,很难实现对策略值函数的高精度逼近,因此也难以保证策略迭代算法能够快速收敛到 Markov 决策问题的最优策略或者近似最优策略。

6.2.2　核策略迭代算法 KLSPI 的基本框架

在核策略迭代算法 KLSPI 中,有效地在策略迭代过程中引入和应用 Mercer 核函数及其对应的再生核 Hilbert 空间[19]是算法成功的关键。下面将给出核策略迭代算法 KLSPI 的基本框架,主要讨论核函数方法在增强学习策略迭代机制中推广需要研究解决的问题。

设 X 为 Markov 决策过程的原始状态特征空间,选择一个 $X \times X$ 到 $\mathbf{R}$ 的函数映射作为核函数 $k(\cdot,\cdot)$,同时 $k(\cdot,\cdot)$ 要求满足 Mercer 核的条件,即对于任意的样本集合 $\{x_1, x_2, \cdots, x_n\}$,核矩阵(或者称为 Gram 矩阵)$K = [k(x_i, x_j)]$ 是正定的。则根据 Mercer 定理,存在一个再生核 Hilbert 空间 H 以及从 X 到 H 的映射 φ,并且有

$$k(x_i, x_j) = \langle \varphi(x_i), \varphi(x_j) \rangle \tag{6.2}$$

其中,$\langle \cdot, \cdot \rangle$ 为 H 中的内积。需要再次说明的是,尽管 H 的维数可能很高甚至是无限维的,但在 H 中的所有内积运算都可以通过核函数来代替。这一核方法的基本思想近年来在监督学习与无监督学习领域已经得到了若干成功应用,如支持向量机、核主成分分析等[19]。

通过在策略迭代过程中引入 Mercer 核函数及其对应的再生核 Hilbert 空间,KLSPI 算法可以看做已有线性空间策略迭代算法的核化(kernelized)算法。但在 KLSPI 算法中,需要研究解决两个方面的关键问题,其中一方面是如何在 TD 学习算法中集成核方法,来实现对行为值函数的高精度逼近。为此,在第 3 章研究的基础上,本章将进一步研究实现平稳策略行为值函数逼近的 KLSTD-Q 学习算法。在 KLSTD-Q 算法中,行为值函数 $Q(s, a)$ 的逼近形式为

$$\widetilde{Q}(x, a) = \sum_{i=1}^{t} \alpha_i k(s(x, a), s(x_i, a_i)) \tag{6.3}$$

其中, $s(x,a)$ 为状态-行为对 (x,a) 的联合特征; α_i $(i=1,2,\cdots,t)$ 为加权系数; (x_i,a_i) $(i=1,2,\cdots,t)$ 为采样数据集合中的样本点。

在 KLSPI 算法中需要解决的另一个的关键问题是如何保证解的稀疏性,从而减小核方法的计算与存储代价,同时有效地提高算法的泛化性能[20]。实际上,在各种核方法的应用中,由于在通常情况下基于核的学习机器的可调参数与样本点的个数相同,所以当观测样本点个数增加时,核方法必须要解决解的稀疏性问题。目前,针对核方法的稀疏化问题已经开展了大量的研究工作,如各种正则化(regularization)理论和算法的研究等[21]。在 KLSPI 算法中,将采用一种称为近似线性相关分析(ALD)的正则化方法来实现核方法的稀疏化。近年来,近似线性相关分析方法在其他的一些基于核的学习机器中得到了应用,包括在线贪心支持向量机算法、核递推最小二乘方算法等[22]。基于近似线性相关分析,可以得到一个近似线性无关的维数较低的数据词典,而其他样本点则可以通过数据词典中样本数据的线性组合近似表示,因此利用数据词典就可以代替原来高维的样本数据集合(注意:这里的维数是指样本点的个数,因为这是与核矩阵的维数相对应的)。设 $D_{t-1}=\{x_j\}$ $(j=1,2,\cdots,d_{t-1})$ 为已经得到的数据词典集合,则对于一个新的数据样本 $\phi(x_t)$,其近似线性相关性可以通过如下的判别不等式进行计算:

$$\delta_t = \min_c \left\| \sum_j c_j \phi(x_j) - \phi(x_t) \right\|^2 \leqslant \mu \tag{6.4}$$

其中, $c=[c_j]$; μ 为确定稀疏化程度和线性逼近精度的阈值参数。通过对参数 μ 的选择,可以有效地实现对核矩阵的稀疏化。

在 KLSPI 算法中,上述近似线性相关分析方法被集成到基于核的时域差值算法 KLSTD-Q 中,主要包括两个步骤,第一个步骤是计算下面的优化解:

$$\delta_t = \min_c \left\| \sum_j c_j \phi(x_j) - \phi(x_t) \right\|^2 \tag{6.5}$$

即

$$\delta_t = \min_c \left(\sum_{i,j} c_i c_j \langle \phi(x_i),\phi(x_j) \rangle - 2\sum_i c_i \langle \phi(x_i),\phi(x_t) \rangle + \langle \phi(x_t),\phi(x_t) \rangle \right) \tag{6.6}$$

由核函数的有关性质,可以得到

$$\delta_t = \min_c (c^T K_{t-1} c - 2c^T k_{t-1}(x_t) + k_u) \tag{6.7}$$

其中, $[K_{t-1}]_{i,j}=k(x_i,x_j)$, $x_i(i=1,2,\cdots,d)$ 为数据词典中的元素, d 为数据词典的维数或者元素个数; $k_{t-1}(x_t)=(k(x_1,x_t),k(x_2,x_t),\cdots,k(x_d,x_t))^T$; $c=(c_1,c_2,\cdots,c_d)^T$; $k_u=k(x_t,x_t)$。

易知,优化问题式(6.5)的最优解为

$$c_t = K_{t-1}^{-1} k_{t-1}(x_t) \tag{6.8}$$

$$\delta_t = k_u - k_{t-1}^T(x_t) c_t \tag{6.9}$$

　　在基于近似线性相关分析的稀疏化过程中,第二个步骤是比较 δ_t 与稀疏化阈值 μ 的大小,当 $\delta_t < \mu$ 时,数据词典保持不变;否则,将样本 x_t 添加到数据词典中,即 $D_t = D_{t-1} \bigcup x_t$。

　　在给定了某个 Markov 决策过程的观测数据样本集合 $\{(x_i, a_i, r_i, x'_i, a'_i)\}$ $(i=1,2,\cdots,n)$ 后,对于每个状态-行为对,定义一个联合特征 $s(x, a)$。然后通过对该数据集合进行近似线性相关分析而得到一个经过降维的数据词典 D_n,相应地,Markov 决策过程的状态行为值函数就能够通过降维的核特征向量表示,即

$$\widetilde{Q}(x,a) = \sum_{j=1}^{d_n} a_j k(s(x,a), s(x_j, a_j)) \tag{6.10}$$

其中,d_n(通常远小于原始数据样本个数 n)为稀疏化后的词典元素个数;(x_j, a_j) $(j=1,2,\cdots,d_n)$ 为词典中的元素。

　　基于以上对 KLSPI 算法有关问题的讨论,下面给出该算法的详细流程描述,如算法 6.1 所示,其中集成了近似线性相关分析的 KLSTD-Q 算法将在后面的讨论中进一步详细介绍。

　　算法 6.1　核策略迭代 KLSPI 算法。

　　(1) 给定:

　　① 正定核函数 $k(\cdot, \cdot)$ 及其参数;

　　② 算法的停止条件(如最大迭代次数或者连续两次迭代获得的策略误差)以及稀疏化阈值 μ;

　　③ 初始化策略 π_0,可以随机生成;

　　④ Markov 决策过程在初始化策略 π_0 条件下产生的观测数据集合 $\{(x_i, a_i, r_i, x_{i+1}, a_{i+1})\}$。

　　(2) 算法初始化:设迭代次数 $t=0$。

　　(3) 循环:

　　① 对于当前的数据集合,采用集成了近似线性相关分析的 KLSTD-Q 算法对行为值函数进行估计,有关 KLSTD-Q 算法的详细讨论见 6.2.3 节;

　　② 采用式(6.1)计算策略的优化与改进,生成一个新的在当前值函数估计下的贪心策略 π_{t+1};

　　③ 利用策略 π_{t+1} 生成新的数据样本集合;

　　④ $t=t+1$,返回①。

直到算法停止条件满足。

　　需要说明的是,KLSPI 算法需要的样本集合可以在第一次迭代前由随机初始化策略产生,这些样本的部分信息在后面的迭代过程中能够重复使用,在开始一次新的迭代前,上一次迭代的数据样本 $(x_i, a_i, r_i, x_{i+1}, a_{i+1})$ 可以被替换为

$$(x_i, a_i, r_i, x_{i+1}, a'_{i+1}) \tag{6.11}$$

其中,a'_{t+1} 为根据新的贪心策略 π_{t+1} 选择的贪心行为

$$a'_{t+1} = \operatorname*{argmax}_a \widetilde{Q}_{\pi(t)}(x_{t+1},a) \tag{6.12}$$

6.2.3　采用核稀疏化技术的 KLSTD-Q 时域差值算法

基于核方法的有关思想,KLSTD-Q 采用如下形式对 Markov 决策过程的行为值函数进行逼近:

$$\widetilde{Q}(x,a) = \sum_{i=1}^{t} \alpha_i k(s(x,a),s(x_i,a_i)) \tag{6.13}$$

其中,$s(x,a)$ 为状态-行为对 (x,a) 的联合特征。

最小二乘时域差值学习 LS-TD(λ)($\lambda=0$) 的回归方程为

$$E_0\{\phi(s_i)[Q(x_i,a_i) - \gamma Q(x_{i+1},a_{i+1})]\} = E_0[\phi(s_i)r(x_i)] \tag{6.14}$$

其中

$$Q(x,a) = \phi^{\mathrm{T}}(s(x,a))W \tag{6.15}$$

式(6.14)的等价形式为

$$E_0\{\phi(s_i)[\phi^{\mathrm{T}}(s_i) - \gamma\phi^{\mathrm{T}}(s_{i+1})]\}W = E_0[\phi(s_i)r(s_i)] \tag{6.16}$$

$$s_i = s(x_i,a_i) \tag{6.17}$$

类似文献[17]的讨论,权重向量 W 能够以状态特征向量的加权和表示

$$W = \sum_{i=1}^{T} \phi(s(x_i,a_i))\alpha_i \tag{6.18}$$

其中,$x_i(i=1,2,\cdots,T)$ 为观测状态;α_i 为相应的系数。

数学期望 $E_0[\cdot]$ 可以采用如下的采样加权平均来逼近:

$$E_0[y] = \frac{1}{T}\sum_{i=1}^{T} y_i \tag{6.19}$$

其中,$y_i(i=1,2,\cdots,T)$ 为随机变量 y 的观测数据,回归方程(6.14)可表示为

$$\sum_{i=1}^{T}\{\phi(s_i)[\phi^{\mathrm{T}}(s_i) - \gamma\phi^{\mathrm{T}}(s_{i+1})]\}\sum_{j=1}^{T}\phi(s_j)\alpha_j = \sum_{i=1}^{T}\phi(s_i)r_i \tag{6.20}$$

对应的单步观测方程为

$$\phi(s_i)[\phi^{\mathrm{T}}(s_i) - \gamma\phi^{\mathrm{T}}(s_{i+1})]\sum_{j=1}^{T}\phi(s_j)\alpha_j = \phi(s_i)r_i + \varepsilon_i \tag{6.21}$$

其中,ε_i 为观测噪声。

令

$$\Phi_t = (\phi^{\mathrm{T}}(s_1),\phi^{\mathrm{T}}(s_2),\cdots,\phi^{\mathrm{T}}(s_T))^{\mathrm{T}} \tag{6.22}$$

$$k(s_i) = (k(s_1,s_i),k(s_2,s_i),\cdots,k(s_T,s_i))^{\mathrm{T}} \tag{6.23}$$

在式(6.21)两边同时乘以 Φ_t 后,根据核函数的性质,可以得到

$$k(s_i)[k^{\mathrm{T}}(s_i)\alpha - \gamma k^{\mathrm{T}}(s_{i+1})\alpha] = k(s_i)r_i + \nu_i \tag{6.24}$$

其中，$\upsilon_i \in \mathbf{R}^{t \times 1}$ 为变换后的噪声向量；α 为系数向量

$$\alpha = (\alpha_1, \alpha_2, \cdots, \alpha_T)^{\mathrm{T}} \tag{6.25}$$

令

$$A_T = \sum_{i=1}^{T} k(s_i)[k^{\mathrm{T}}(s_i) - \gamma k^{\mathrm{T}}(s_{i+1})] \tag{6.26}$$

$$b_T = \sum_{i=1}^{T} k(s_i) r_i \tag{6.27}$$

则系数向量可以利用下式求解得出：

$$\alpha = A_T^{-1} b_T \tag{6.28}$$

由式(6.26)与式(6.27)，可以得到 KLSTD-Q 算法的增量递推公式

$$A_t = A_{t-1} + k(s_t)[k^{\mathrm{T}}(s_t) - \gamma k^{\mathrm{T}}(s_{t+1})] \tag{6.29}$$

$$b_t = b_{t-1} + k(s_t) r_t \tag{6.30}$$

在第 3 章已经讨论论过，TD 学习算法需要处理两类 Markov 链的值函数预测问题，一类是遍历 Markov 链，另外一类为吸收 Markov 链。对于遍历 Markov 链，可以直接采用以上算法进行值函数估计；而对于吸收 Markov 链，由于吸收状态的值函数一般设置为 0，因此相应的增量迭代公式为

$$A_t = A_{t-1} + k(s_t) k^{\mathrm{T}}(s_t) \tag{6.31}$$

在 KLSTD-Q 算法中，集成了前面介绍的近似线性相关分析方法，以实现对基于核的特征向量的稀疏化与降维。在核向量 $k(s)$ 的稀疏化过程中，首先定义一个空的数据词典，利用式(6.4)来确定是否增加新的样本数据到数据词典中。当获得一个给定策略的数据样本集合后，就可以采用基于 ALD 的核稀疏化方法得到下面的降维特征向量：

$$\Phi^d = (\phi^{\mathrm{T}}(s_1), \phi^{\mathrm{T}}(s_2), \cdots, \phi^{\mathrm{T}}(s_d))^{\mathrm{T}} \tag{6.32}$$

$$k^d(s_i) = (k(s_1, s_i), k(s_2, s_i), \cdots, k(s_d, s_i))^{\mathrm{T}} \tag{6.33}$$

其中，$\{s_i = s(x_i, a_i)\}(i=1,2,\cdots,d)$ 为数据词典的元素，通常词典的维数 $d \ll t$，t 为原始的样本个数。

在采用核稀疏化技术后，KLSTD-Q 算法的增量迭代公式为

$$A_t^d = A_{t-1}^d + k^d(s_t)[k^d(s_t) - \gamma k^d(s_{t+1})]^{\mathrm{T}} \tag{6.34}$$

$$b_t^d = b_{t-1}^d + k^d(s_t) r_t \tag{6.35}$$

稀疏化后的基于核的最小二乘时域差值解向量为

$$\alpha = (A_t^d)^{-1} b_t^d \tag{6.36}$$

$$\alpha = (\alpha_1, \alpha_2, \cdots, \alpha_d)^{\mathrm{T}} \tag{6.37}$$

与文献[23]提出的线性最小二乘 TD 学习算法 LSTD-Q 相比，KLSTD-Q 采用基于核稀疏化过程自动构造的 $k(s(x, a))$ 作为特征向量，而 LSTD-Q 需要手工选择和优化线性特征向量。因此，KLSTD-Q 算法中的核稀疏化过程可以看做一

个新的非线性特征自动构造方法。另外,基于核函数的特征映射将极大地提高算法的非线性逼近能力。

下面给出集成了核稀疏化特征选择过程的 KLSTD-Q 算法的描述。

算法 6.2　KLSTD-Q 算法。

(1) 给定:

① 平稳策略的采样数据集合 $\{(x_i, a_i, r_i, x_i', a_i')\}(i=1,2,\cdots,n)$。

② 核函数 $k(\cdot,\cdot)$。

③ 近似线性相关分析的阈值 μ。

(2) 执行稀疏化过程:

① 令 $i=0$,初始化数据词典 Dic$=\{\ \}$。

② 对整个数据集合或者部分数据集合的每个元素,按如下方式循环:

a. $i=i+1$;

b. 对每个状态-行为对 (x_i, a_i),采用式(6.7)与式(6.8)计算 ALD 系数 $c_t\delta_t$ 与 c_t;

c. 如果 $\delta_t<\mu$,数据词典不变,即 Dic$=$Dic,否则,Dic$=$Dic$\bigcup s(x_i, a_i)$,其中 $s(x_i, a_i)$ 为状态-行为对 (x_i, a_i) 的联合特征;

d. 对于状态-行为对 (x_i', a_i'),进行相同的近似线性相关分析及数据词典的更新。

(3) 递推计算 A_t^d 与 b_t^d:

① 令 $t=0, A_t^d=0, b_t^d=0$。

② 对整个数据集合,按以下方式循环:

a. $t=t+1$;

b. 对当前样本 $(x_t, a_t, r_t, x_{t+1}, a_{t+1})$,采用式(6.33)计算状态-行为对 (x_t, a_t) 与 (x_{t+1}, a_{t+1}) 的核特征向量;

c. 采用式(6.34)与式(6.35)计算 A_t^d 和 b_t^d。

(4) 计算 KLSTD 的解(式(6.36)),输出 α 与数据词典。

对于吸收 Markov 链,上述 KLSTD-Q 算法只是在吸收状态的计算处理不同,即如果状态-行为对 (x_t, a_t) 为吸收状态,则 A_t^d 的迭代公式为

$$A_t^d = A_{t-1}^d + k^d(s_t)[k^d(s_t)-0]^\mathrm{T} \tag{6.38}$$

6.2.4　KLSPI 算法的收敛性分析

KLSPI 算法的收敛性主要由三方面的因素决定:第一方面是基于 ALD 的核稀疏化过程;第二方面是 KLSTD-Q 算法的收敛性与逼近精度;第三方面是整个基于近似策略评价与贪心策略优化的近似策略迭代过程的收敛性。在给出 KLS-PI 算法的收敛性定理之前,先引入下面的三个引理,分别对上述三方面的因素进

行分析。

引理 6.1[22]　对于基于近似线性相关分析的核稀疏化过程,如果 $k(\cdot,\cdot)$ 为连续的 Mercer 核函数,X 为 Banach 空间的一个紧子集,则对于任意的训练序列 $\{x_i\} \in X\ (i=1,2,\cdots,\infty)$ 和任意的 $\mu>0$,经过核稀疏化后得到的词典向量集合是有限的。

引理 6.1 中的有关结论表明,如果原始状态空间是紧的,则经过基于 ALD 的核稀疏化过程后,最终得到的词典集合为有限维,而与 Hilbert 空间的维数无关。有关引理 6.1 的证明以及基于 ALD 的核稀疏化方法与核 PCA 的关系的分析讨论可参见文献[22]。

KLSTD-Q 算法的收敛性可以直接由再生核 Hilbert 空间的最小二乘固定点算法来保证,因此有关 KLSTD-Q 算法的分析主要是针对值函数逼近的精度,即通过式(6.15)得到的行为值函数估计与真实值函数 $Q^*(x,a)$ 的误差。由于 KLSTD-Q 实际上在核函数确定的再生核 Hilbert 空间进行线性最小二乘不动点 TD 学习,因此可以利用有关线性 TD 学习的误差分析理论来讨论 KLSTD-Q 算法的逼近误差。下面将根据文献[24]的有关结论研究 KLSTD-Q 算法的值函数逼近误差性能。

在给出有关引理之前,首先设定 Markov 过程的状态空间表示仍然按照状态有限或者可数情况来考虑,这主要是为了便于有关结论的符号表示,对于一般空间的情况,可以类似文献[24]的讨论进行推广。

设 Markov 过程的状态空间维数为 N,在经过对样本进行基于 ALD 的核稀疏化降维后(降维后的词典元素个数为 d),相应的核矩阵可以表示为

$$K = (k^d(s_1),k^d(s_2),\cdots,k^d(s_N))^{\mathrm{T}} \in \mathbf{R}^{N\times d} \tag{6.39}$$

基于文献[24]的有关线性 TD 学习的值函数估计误差分析理论,很容易得到下面的引理 6.2。

引理 6.2　设 α^* 为式(6.36)确定的系数向量,Q^* 为 Markov 链的真实行为值函数。令 S 为状态-行为对构成的联合空间,如果以下假设(1)~(3)成立:

(1) 设遍历 Markov 链 $\{x_t\}$ 的状态由 Markov 决策过程在每个平稳策略条件下的状态-行为对构成,其状态转移概率矩阵为 P,并且具有唯一的稳态分布满足 $\pi P^{\mathrm{T}}=\pi$,其中 $\pi(i)>0,i\in S$,π 为一个有限或者可数无限的向量(其维数由空间 S 的维数确定)。

(2) Markov 决策过程的状态转移回报 $r(x_t,x_{t+1})$ 满足

$$E_0[r^2(x_t,x_{t+1})] < \infty$$

其中,$E_0[\cdot]$ 为平稳分布 π 条件下的数学期望。

(3) 对每个 $i(i=1,2,\cdots,d)$,基函数 $k_i(x) = k(x_i,x)$ 满足

$$E_0[k_i^2(x_t)] < \infty \tag{6.40}$$

则如下的不等式关系成立：

$$\|K\alpha^* - Q^*\|_D \leqslant \frac{1-\lambda\gamma}{1-\gamma}\|\Pi Q^* - Q^*\|_D \tag{6.41}$$

其中，$D = \mathrm{diag}\{\pi_i\}$；$\Pi = K(K^\mathrm{T}DK)^{-1}K^\mathrm{T}D$；$0 \leqslant \lambda \leqslant 1$ $(\lambda = 0)$；$\|X\|_D = \sqrt{X^\mathrm{T}DX}$。

类似文献[24]的讨论，假设条件(1)~(3)可以很容易得到满足，并且文献[24]有关基函数的线性独立性假设也不是必要条件，只是为了证明的方便而引入的。根据引理 6.2，可以得出 KLSTD-Q 算法对真实行为值函数的逼近误差上界为式(6.41)。

引理 6.3[18] 设 $\pi_0, \pi_1, \pi_2, \cdots, \pi_m$ 为策略迭代算法生成的策略序列，$\tilde{Q}_1$，$\tilde{Q}_2, \cdots, \tilde{Q}_m$ 为对应的近似值函数估计，令 δ 为各次迭代行为值函数逼近误差的上界，即

$$\forall m, \quad \|\tilde{Q}_m - Q^*\|_\infty \leqslant \delta \tag{6.42}$$

则策略迭代算法生成的策略序列将最后收敛于一个近似最优策略，并且该策略与最优策略的性能误差具有如下形式的上界：

$$\limsup_{m \to \infty} \|\tilde{Q}_m - Q^*\|_\infty \leqslant \frac{2\gamma\delta}{(1-\gamma)^2} \tag{6.43}$$

基于上述三个引理的结论，可以给出有关 KLSPI 算法收敛性的如下定理：

定理 6.1 如果初始化数据样本集合$\{(x_i, a_i, r_i, x_{i+1}, a_{i+1})\}$由 Markov 决策过程在平稳初始策略的作用下生成，则采用上述 KLSPI 求解得到的策略序列将收敛到一个包含近似最优策略的局部策略空间，其中的近似最优策略与最优策略的性能误差具有由 KLSTD-Q 算法的行为值函数逼近误差确定的上界。另外，当行为值函数的逼近误差趋近于 0 时，KLSPI 生成的策略序列将收敛到 Markov 决策过程的最优策略。

证明 在 KLSPI 算法中，根据引理 6.1，经过基于近似线性相关分析的核稀疏化过程后，可以得到一个有限的近似线性无关的基函数；在策略评价过程中，通过平稳策略生成的 Markov 决策过程的数据样本等价于对应的 Markov 链状态轨迹，对于该等价的 Markov 链，由于 KLSTD-Q 算法实际上完成了在再生核 Hilbert 空间的线性最小二乘不动点 TD 学习，因此由引理 6.2，KLSTD-Q 算法的值函数逼近误差可以由式(6.41)给出。最后，根据引理 6.3，KLSPI 生成的策略序列将收敛到一个包含近似最优策略的局部策略空间，并且该近似最优策略与最优策略的性能误差上界也由 KLSTD-Q 的值函数逼近误差确定。

6.3 核策略迭代算法的性能测试实验研究

本节将通过大量的实验研究来分析 KLSPI 算法的性能。由于 KLSPI 可以看

做文献[18]研究的 LSPI 算法在再生核 Hilbert 空间的推广,并且 LSPI 已经在相关实验中显示了在收敛性等方面优于传统增强学习算法的性能,因此本节重点对 KLSPI 算法与 LSPI 算法的性能进行了对比分析。实验结果表明,KLSPI 能够通过基于核的非线性时域差值学习实现对行为值函数的高精度逼近,因而在策略迭代的收敛速度和近似最优策略的性能方面优于 LSPI;另外,KLSPI 采用的基于近似线性相关分析的核稀疏化方法有效地实现了非线性特征的优化选择,克服了 LSPI 存在的手工选择线性基函数的缺点,所以在复杂优化决策问题中具有重要的应用价值。有关的性能对比实验围绕三个随机优化决策问题展开,其中包括:具有 20 个状态的随机 Markov 链问题、具有 50 个状态的随机 Markov 链问题以及具有连续状态空间的随机倒立摆控制问题。

6.3.1　具有 20 个状态的随机 Markov 链问题

实验研究的第一个问题是一个具有 20 个状态的随机 Markov 链问题,虽然该问题只有 20 个状态,但问题的最优策略和最优值函数具有较强的非线性,并且由于其最优策略能够通过显式计算得到,因此有利于分析比较算法的收敛性能。图 6.2 所示为一个经过简化了的 4 状态随机 Markov 链,对于每个状态有两个可选行为,即按照向左或者向右的箭头运动到相邻状态或者自身状态,每个行为的成功概率是 0.9,即以 0.1 的概率向相反箭头的方向改变状态。Markov 链的两个端点状态即状态 1 和状态 4 按照概率 0.9 转移到自身状态。进入 4 个状态的回报函数可以用向量表示为(0,＋1,＋1,0),总回报的折扣因子为 0.9。在文献[18]中对图 6.2 的 4 状态 Markov 链的最优策略进行了研究,采用了一种策略迭代算法求解不确定条件(即状态转移模型未知,在后面的讨论中,都假设 Markov 决策过程或者 Markov 链的模型对于增强学习算法来说是未知的,仅仅能获得观测数据)下的近似最优策略,在策略评价中应用了线性 LSTD 算法,但结果并不令人满意,线性策略迭代获得的策略在两个次优策略 RRRR 与 LLLL 之间振荡,没有收敛到 Markov 决策问题的最优策略 RRLL。

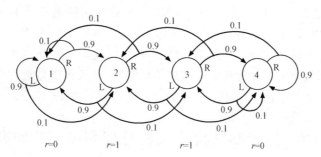

图 6.2　4 状态 Markov 决策问题[18]

在文献[18]中,采用 LSPI 对类似的问题进行了研究,并且 Markov 链的状态空间扩大到 20。在具有 20 个状态的 Markov 决策问题中,状态转移的概率特性与前面的 4 状态问题相同,即每个状态具有两个方向的状态转移行为,每个行为的成功概率是 0.9。但回报函数采用了不同的形式,即只有两个端点状态(状态 1 和状态 20)具有回报 +1,其他状态的回报为 0。在已知状态转移模型的前提下,可以计算出该问题的最优行为策略如下:对于状态 1~状态 10,选择向左的状态转移方向;对于状态 11~状态 20,选择向右的状态转移方向。

在实验中采用与文献[18]相同的状态 20 的 Markov 决策问题进行算法性能研究。为进行比较,分别利用 KLSPI 算法和 LSPI 算法对该问题的最优策略进行求解。对于 LSPI,采用与文献[18]相同的手工优化选择的线性基函数,即采用 4 阶的多项式逼近器,每个行为具有 5 个基函数,总的基函数个数为 10。两个算法都采用对 Markov 决策过程在随机行为策略作用下进行均匀采样的数据样本集合,样本数目为 5000。算法的性能采用策略迭代的收敛速度以及收敛后最终获得的近似最优策略的性能来进行评价。图 6.3 与图 6.4 分别显示了 KLSPI 算法与 LSPI 算法的策略迭代收敛过程,其中各个子图为每步迭代获得的行为策略的示意图。图 6.3 中,深色阴影表示在相应状态采用 R 行为;浅色阴影表示在相应状态采用 L 行为;每个子图的顶部表示 KLSPI 获得的策略;底部矩形表示行为值函数对应的精确策略。图 6.4 中,深色阴影表示在相应状态采用 R 行为;浅色阴影表示在相应状态采用 L 行为;每个子图的顶部表示 LSPI 获得的策略;底部矩形表示行为值函数对应的精确策略。由两图中可以看出,虽然 KLSPI 与 LSPI 在这个问题中都能够收敛到最优策略,但 KLSPI 往往在不需要进行大量参数优化的条件下以更快的速度收敛到最优策略(KLSPI 在 3 次迭代后即收敛到最优策略,而 LSPI 则需要 7 次迭代)。对于 KLSPI 算法,选择了在核方法中普遍采用的径向基函数(radius basis function, RBF)作为核函数,该函数已经被证明具有正定核函数的性质。在 KLSPI 算法的实现中,有关特征和参数选择大大简化,通常只需要对径向基核函数的宽度参数进行一维搜索即可。在实验中采用的径向基核函数的宽度为 $\sigma = 0.4$。KLSPI 的另外一个可选参数是近似线性相关分析的阈值 μ,由于算法性能对该参数的选择不敏感,在实验中全部采用 0.001。

在前面的理论分析中已经阐明了 KLSPI 算法的收敛性主要得益于策略评价过程中采用的基于核的非线性最小二乘时域差值学习以及基于 ALD 的核稀疏化方法。正是由于在策略评价中利用了核方法的强非线性逼近能力,因而可以实现对行为值函数的高精度逼近,改进策略迭代算法的收敛性能。图 6.5 与图 6.6 分别显示了 KLSPI 算法与 LSPI 在行为值函数逼近精度。图 6.5 中,实线所示为 KLSPI 逼近的行为值函数;虚线所示为对应策略的真实行为值函数。图 6.6 中,实线所示为 KLSPI 逼近的行为值函数;虚线所示为对应策略的真实行为值函数。由

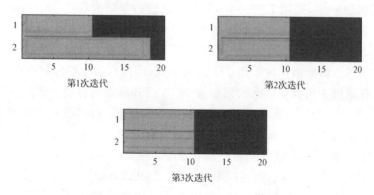

图 6.3　KLSPI 每步迭代获得的改进策略

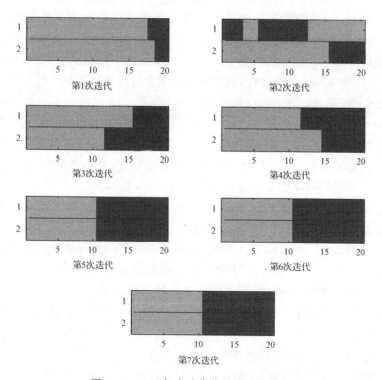

图 6.4　LSPI 每步迭代获得的改进策略

两个图中可以看出,KLSPI 能够很快以较高精度逼近行为值函数,因此能够以更少的迭代次数收敛到 Markov 决策问题的最优策略。而 LSPI 算法的值函数逼近精度则受到线性基函数的限制,影响了算法的收敛性能。

在实验中,由于每个状态由两个可选行为,所以具有 20 个状态的 Markov 决策过程共有 40 个状态-行为对。每个状态-行为对采用一个二维向量(s_t, a_t)来表

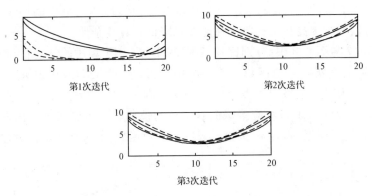

图 6.5　KLSPI 每步迭代估计的行为值函数 $Q(s,\pi(s))$ 与真实行为值函数

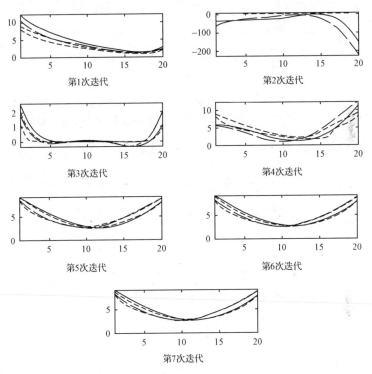

图 6.6　LSPI 每步迭代估计的行为值函数 $Q(s,\pi(s))$ 与真实行为值函数

示,其中的元素变化范围分别为 $s_t \in \{1/20, 2/20, \cdots, 20/20\}, a_t \in \{0.1, 0.2\}$。对于 KLSPI,经过核稀疏化后自动构造的特征向量维数为 17,虽然比 LSPI 算法的线性特征略多,但仍然是对原始状态空间(40 维)的降维逼近,并且 KLSPI 通过自动构造的基于核的非线性特征往往可以获得比线性特征更好的非线性逼近能力,从而可以极大地改进算法的收敛性能,因此特征维数增加带来的计算代价是较小的。

另外,在后面的实验中,KLSPI 还能够获得维数比线性特征更少的非线性特征向量,因此可以同时提高算法的收敛性能并且降低计算复杂性。

在图 6.7 与图 6.8 中,分别比较了 KLSPI 与 LSPI 算法的状态值函数估计以及对应策略的真实状态值函数。图 6.7 中,实线所示为 KLSPI 逼近的行为值函数;虚线所示为对应策略的真实行为值函数。图 6.8 中,实线所示为 LSPI 逼近的行为值函数;虚线所示为对应策略的真实行为值函数。可以明确看出,KLSPI 算法能够以高精度逼近 Markov 决策过程的状态值函数,实现更快速的收敛。

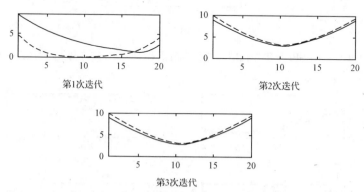

图 6.7　KLSPI 每步迭代估计的状态值函数 $V(s)$ 与真实值函数

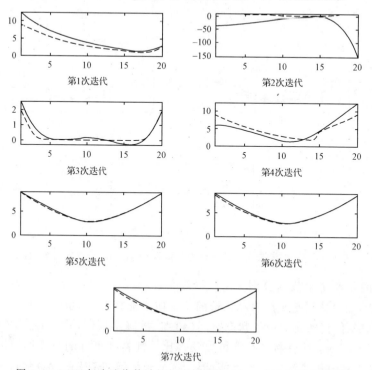

图 6.8　LSPI 每步迭代估计的行为值函数 $Q(s, \pi(s))$ 与真实值函数

6.3.2　具有 50 个状态的随机 Markov 决策问题

具有 50 个状态的随机 Markov 决策问题类似于前面讨论的 20 状态的 Markov 链问题，但状态空间更大，求解最优策略的过程相对复杂，并且由于这两个问题的最优策略都可以在模型已知的条件下计算得到，因此能够有效地对策略迭代算法的最优策略收敛性进行评价。在 50 状态 Markov 链问题中，回报函数仅仅在状态 10 和状态 41 为＋1，其他状态的回报全部为 0，有关状态转移的行为选择与概率都与 20 状态 Markov 决策问题相同。根据问题的对称性，可以计算得到最优策略是在状态 1～状态 9 以及状态 26～状态 41 采用向右转移的行为，而在状态 10～状态 25 以及状态 42～状态 50 采用向左转移的行为。

在文献[18]中，应用 LSPI 算法对上述问题进行了求解，求解过程中仍然假设问题的模型未知，只能获得状态转移的观测数据。有关实验结果表明，LSPI 的性能受到线性基函数选择的影响很大，当基函数选择不当时，算法很难收敛到最优策略或者较好的近似最优策略。

在实验中，利用 KLSPI 算法对相同的问题进行了求解。KLSPI 算法的核函数仍然采用 RBF 核函数，其宽度参数优化选择为 $\sigma = 0.4$（经过一个一维搜索过程）。KLSPI 算法中基于核的非线性特征由基于 ALD 的核稀疏化方法自动构造，在样本集合包含 10000 个样本的条件下，得到的特征维数是 18，少于 LSPI 算法经过人工选择的特征维数（20）。图 6.9 和图 6.10 分别显示了 KLSPI 与 LSPI 算法的迭代过程中策略变化情况。图 6.9 中，深色阴影表示在相应状态采用 R 行为；浅色阴影表示在相应状态采用 L 行为；每个子图的顶部表示 KLSPI 获得的策略；底部矩形表示行为值函数对应的精确策略。图 6.10 中，深色阴影表示在相应状态采用 R 行为；浅色阴影表示在相应状态采用 L 行为；每个子图的顶部表示 LSPI 获得的策略；底部矩形表示行为值函数对应的精确策略。可以看出，KLSPI 算法能够以更少的迭代次数收敛到最优策略，而 LSPI 算法不仅收敛相对较慢，而且往往难以收敛到最优策略。

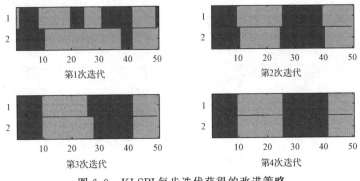

图 6.9　KLSPI 每步迭代获得的改进策略

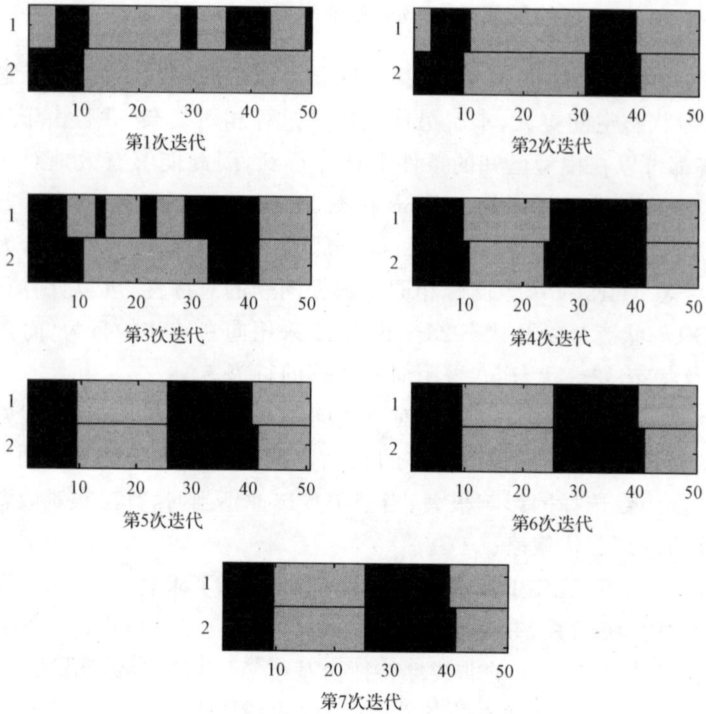

图 6.10 LSPI 每步迭代获得的改进策略

从图 6.11 与图 6.12 可以看出，KLSPI 算法快速收敛的关键是在策略评价过程中的高精度值函数逼近。在图 6.11 与图 6.12 中分别给出了 KLSPI 与 LSPI 算法对行为值函数的估计以及对应策略的真实行为值函数。图 6.11 中实线所示为 KLSPI 逼近的行为值函数，虚线所示为对应策略的真实行为值函数。图 6.12 中实线所示为 LSPI 逼近的行为值函数，虚线所示为对应策略的真实行为值函数。

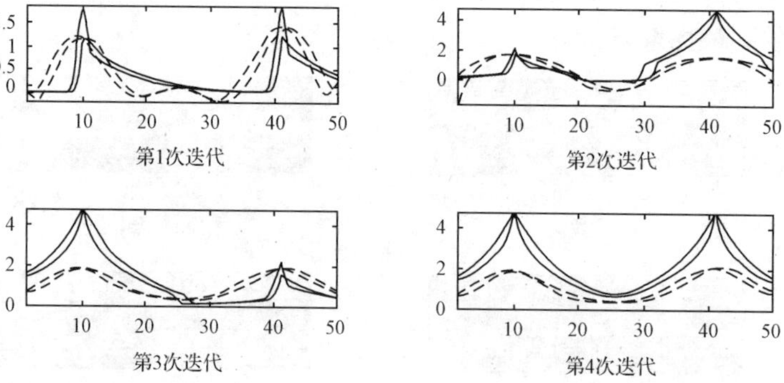

图 6.11 KLSPI 每步迭代估计的行为值函数 $Q(s, \pi(s))$ 与真实行为值函数

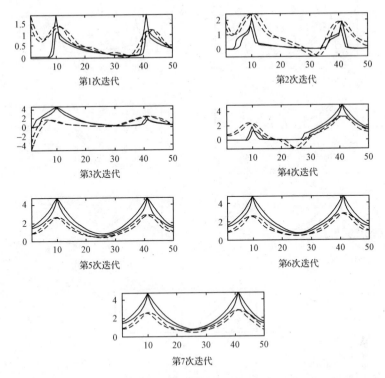

图 6.12　LSPI 每步迭代估计的行为值函数 $Q(s, \pi(s))$ 与真实行为值函数

在图 6.13 与图 6.14 中,分别给出了 KLSPI 与 LSPI 算法对状态值函数的估计以及对应策略的真实状态值函数。图 6.13 中,实线所示为 KLSPI 逼近的状态值函数;虚线所示为对应策略的真实状态值函数。图 6.14 中,实线所示为 LSPI 逼近的状态值函数;虚线所示为对应策略的真实状态值函数。可以进一步明确看出,KLSPI 算法快速收敛的关键是在策略评价过程中的高精度值函数逼近。

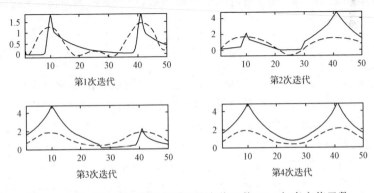

图 6.13　KLSPI 每步迭代估计的状态值函数 $V(s)$ 与真实值函数

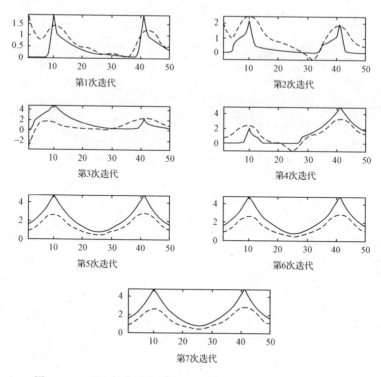

图 6.14　LSPI 每步迭代估计的状态值函数 $V(s)$ 与真实值函数

图 6.15 与图 6.16 所示为 LSPI 算法在线性基函数选择不当时,策略迭代的收敛性能相对较差,往往在次优策略附近振荡,并且图 6.16 也显示了 LSPI 算法的值函数逼近误差大是策略迭代不能收敛到最优解的关键因素。图 6.15 中,深色阴影表示在相应状态采用 R 行为;浅色阴影表示在相应状态采用 L 行为;每个子图的顶部表示 LSPI 获得的策略;底部矩形表示行为值函数对应的精确策略。图 6.16 中,实线所示为 LSPI 逼近的行为值函数;虚线所示为对应策略的真实行为值函数。

6.3.3　随机倒立摆学习控制问题

倒立摆(inverted pendulum)问题是非线性控制领域的经典问题,具有强非线性和不稳定性的特点,同时也是增强学习研究的一个标准测试问题。与非线性控制不同,在增强学习中不需要已知倒立摆的动力学模型和参数,只需要获得观测数据即可,因此是对传统控制理论和方法的重要扩展和补充,对于模型复杂或者不确定的控制与优化决策问题具有重要的应用价值。下面将研究一类更为复杂的倒立摆控制问题,即随机倒立摆控制问题,也就是在倒立摆的动力学模型中增加了大量的随机噪声,以进一步验证增强学习算法和理论的有效性。倒立摆控制问题对增

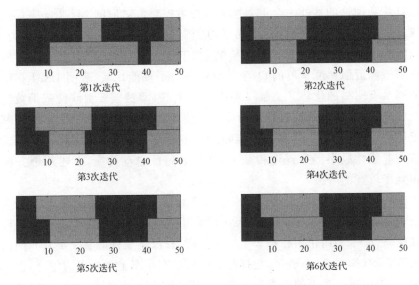

图 6.15　LSPI 每步迭代获得的改进策略

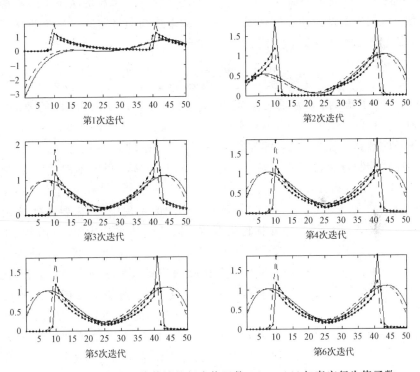

图 6.16　LSPI 每步迭代估计的行为值函数 $Q(s, \pi(s))$ 与真实行为值函数

强学习算法和理论的另外一个重要挑战是与被控对象对应的 Markov 决策过程具有多维连续的状态空间,因此对增强学习的逼近和泛化性能提出了更高的要求。在文献[18]中,利用 LSPI 算法对随机倒立摆问题进行了研究,并且与已有的基于值函数逼近和近似梯度学习的 Q-学习算法进行了性能比较,表明 LSPI 在策略收敛性方面具有明显的优势。文献[18]也指出,LSPI 算法需要对线性基函数特征进行手工优化选择,并且直接对算法的策略收敛性具有关键影响。另外,线性基函数的逼近能力也限制了 LSPI 算法性能的进一步提高。在 KLSPI 算法中,通过实现基于核的非线性最小二乘逼近和基于 ALD 的特征自动构造,上述几个方面的问题都得到了较好的解决。

下面将通过有关仿真实验研究来进一步验证 KLSPI 算法的性能,并且与 LS-PI 算法进行比较。在仿真实验中,倒立摆学习控制的目标是在被控对象模型和参数未知的条件下,利用作用在小车上的水平推力,保持摆杆能够在竖直方向的平衡位置附近摆动(如图 6.17 所示,摆杆能够以绞接在小车上的端点为中心,在竖直平面摆动)。作用在小车上的推力为 3 个离散值,即 LF(−50N)、RF(+50N)和 NF(0N),并且所有行为都添加了−10~10N 的均匀噪声。系统的状态空间由摆杆偏离竖直位置的角度及其角速度构成,为一个二维连续向量空间。系统的状态转移由如下的非线性动力学方程确定:

$$\ddot{\theta} = \frac{g\sin\theta - \alpha m l \dot{\theta}^2 \sin(2\theta)/2 - \alpha u \cos\theta}{4l/3 - \alpha m l \cos^2\theta} \tag{6.44}$$

其中,u 为水平推力;g 为重力加速度($g = 9.8\text{m/s}^2$);m 为摆杆的质量($m = 2.0\text{kg}$);$\alpha = 1/(m + M)$,M 为小车质量($M = 8.0\text{kg}$);l 为摆杆长度($l = 0.5\text{m}$)。动力学仿真的计算步长为 0.1s,即控制输入按照 10Hz 的频率变化,在每个 0.1s 的控制周期内控制量保持不变。如果摆杆偏离竖直位置的角度不超过 $\pi/2$,则回报为 0;否则为−1。折扣回报因子为 0.95。

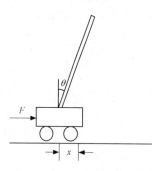

图 6.17　倒立摆平衡
控制系统示意图

在 KLSPI 算法的实现中,只需要选择核函数与核稀疏化参数。因此仍然采用 RBF 核函数,宽度参数为 $\sigma = 0.2$。实验中对倒立摆的状态向量进行了归一化。核稀疏化阈值参数为 0.001。在基于 ALD 的核稀疏化过程完成后,得到的核特征向量的维数为 78。与 LSPI 算法不同的是,KLSPI 的 78 维特征向量是自动构造与优化的,且满足近似线性无关的条件。LSPI 算法的函数逼近器采用文献[18]优化选择的结构与参数,即每个行为对应 10 个 RBF 基函数,RBF 的中心利用对状态空间的均匀离散化网格点获得,总的线性特征函数维数为 30。

　　训练样本的收集仍然采用与文献[18]相同的方法,即通过随机策略控制下的状态转移观测数据构造训练样本集合。训练样本集合由多个训练周期的数据构成,每个周期由竖直平衡位置的附近开始,平均长度为 6 个时间步长。

　　KLSPI 算法与 LSPI 算法的性能通过在不同训练样本数目条件下策略迭代获得的近似最优策略的性能来评价,其中每个近似最优策略的性能由该策略控制下倒立摆保持平衡的时间步长来计算,并且每个策略独立运行 1000 次,取 1000 次性能的平均值来作为该策略的性能指标。在实验中,策略迭代算法的最大迭代次数为 20,策略性能评价的最大运行实际步长为 2000,即大于 2000 步长的控制策略性能都认为是具备成功控制倒立摆的能力。

　　实验结果如表 6.1 和表 6.2 所示,表 6.1 为采用 50 周期的训练样本条件下,经过 20 次策略迭代后不同算法获得的近似最优策略对倒立摆系统独立控制 2000 次得到的性能评价,表中列出了 2000 次评价中的最好、最差与平均性能,即控制倒立摆的最大、最小与平均时间步长,其中大于 2000 步长的性能指标都截止于 2000。由表 6.1 可以看出,KLSPI 算法能够在相同的训练样本条件下获得远优于 LSPI 算法与 Q-学习算法的性能,并且在 50 周期的训练样本条件下,KLSPI 已经基本能够成功控制倒立摆。

表 6.1　采用 50 周期的训练样本获得的策略性能(以控制倒立摆的时间步长数计算)

	最小值	最大值	平均值
KLSPI	898	2000	1997.9
LSPI	6	2000	460
Q-学习算法	6	32	16

表 6.2　采用 100 周期的训练样本获得的策略性能(以控制倒立摆的时间步长数计算)

	最小值	最大值	平均值
KLSPI	2000	2000	2000
LSPI	6	2000	896
Q-学习算法	12	38	27

　　表 6.2 中的数据表明,采用 100 周期的训练样本,经过 20 次迭代后,KLSPI 已经能够完全成功控制倒立摆,而 LSPI 获得的近似最优策略只能平均控制倒立摆 896 步,Q-学习算法则不能收敛到一个较优的控制策略。

6.4　小　　结

　　近年来,基于核的机器学习方法即核方法成为机器学习领域的一个研究热点。

随着核方法在监督学习与无监督学习中的广泛研究和成功应用,增强学习中的核方法也开始得到学术界的注意。有关基于核的增强学习算法和理论研究的较早工作开始于 2002 年文献[25]发表的基于核的局部加权平均算法及其收敛性理论,但该算法的学习效率和性能不能令人满意。最近,利用支持向量机(support vector machine, SVM)和高斯过程模型等基于核的学习算法和模型在增强学习值函数逼近中的研究也取得了初步进展,如文献[26]研究的基于高斯过程回归的时域差值学习算法,并且与一种"乐观"的策略迭代机制(optimistic policy iteration, OPI)结合,但该方法缺乏收敛性分析。文献[27]研究的基于高斯过程的策略迭代学习,需要建立 Markov 决策过程的状态转移模型估计,并且特征向量要进行手工优化和选择,因此相应的算法收敛性分析很复杂,还没有得到解决,其算法性能仍然有待验证和提高。

相比已有的研究工作,本章研究的基于核的策略迭代算法 KLSPI 在如下两个方面取得了创新性的进展:第一个方面是在策略迭代的策略评价过程中,利用再生核 Hilbert 空间的最小二乘不动点 TD 学习实现高精度的行为值函数逼近,从而有效地保证了算法的收敛速度和对最优策略的逼近能力;第二个方面是在 KLSTD-Q 算法中集成了基于 ALD 分析的核稀疏化方法,实现了基于核的特征向量的自动构造与优化,在降低算法复杂性、提高算法泛化性能的同时,克服了已有算法需要进行大量手工特征选择与优化的困难。因此,本章的研究成果对于增强学习在自主系统优化控制中的推广应用具有重要的理论和应用价值。

参 考 文 献

[1] Seymour B, O'Doherty J P, et al. Temporal difference models describe higher-order learning in humans [J]. Nature, 2004, 429(10): 664-667.

[2] Powell W B. Approximate Dynamic Programming: Solving the Curses of Dimensionality [M]. New York: John Wiley & Sons, Inc. , 2007.

[3] Sutton R. Generalization in reinforcement learning: Successful examples using sparse coarse coding [A]. Advances in Neural Information Processing Systems 8 [C], Denver: MIT Press, 1996: 1038-1044.

[4] Tesauro G J. Temporal difference learning and TD-gammon [J]. Communications of ACM, 1995, 38: 58-68.

[5] Sutton R, et al. Policy gradient methods for reinforcement learning with function approximation [A]. Proc. of Neural Information Processing Systems [C], Denver: MIT Press, Cambridge, 1999.

[6] Baxter J, Bartlett P L. Infinite-horizon policy-gradient estimation [J]. Journal of Artificial Intelligence Research, 2001, 15: 319-350.

[7] Saeks R, Cox C, Neidhoefer J, et al. Adaptive critic control of a hybrid electric vehicle [J]. IEEE Transactions on Intelligent Transportation Systems, 2002, 3(4).

[8] Xu X, Hu D W, Lu X C. Kernel-based least-squares policy iteration for reinforcement learning [J]. IEEE Transactions on Neural Networks, 2007, 18(4): 973-992.

［9］蒋国飞，吴沧浦. 基于 Q 学习算法和 BP 神经网络的倒立摆控制［J］. 自动化学报，1998，24(5)：662-666.

［10］Baird L C. Residual algorithms：Reinforcement learning with function approximation［A］. Proc. of the 12th Int. Conf. on Machine Learning［C］，San Francisco，1995.

［11］徐昕，贺汉根. 神经网络增强学习的梯度算法研究［J］. 计算机学报，2003，26(2)：227-233.

［12］Williams R J. Simple statistical Gradient-following algorithms for connectionist reinforcement learning ［J］. Machine Learning，1992，8：229-256.

［13］王学宁，陈伟，张锰，等. 增强学习中的直接策略搜索方法综述［J］. 智能系统学报，2007，2(1)：16-24.

［14］Barto A G，Sutton R，Anderson C W. Neuronlike adaptive elements that can solve difficult learning control problems［J］. IEEE Transactions on System，Man，and Cybernetics，1983，13：834-846.

［15］Prokhorov D，Santiago R，Wunsch D. Adaptive critic designs：A case study for neurocontrol［J］. Neural Networks，1995，8：1367-1372.

［16］Prokhorov D，Wunsch D. Adaptive critic designs［J］. IEEE Transactions on Neural Networks，1997，8 (5)：997-1007.

［17］Puterman M. Markov Decision Processes：Discrete Stochastic Dynamic Programming［M］. New York：John Wiley & Sons，Inc. ，1994.

［18］Lagoudakis M G，Parr R. Least-squares policy iteration［J］. Journal of Machine Learning Research，2003，4：1107-1149.

［19］Muller K B，et al. An introduction to kernel-based learning algorithms［J］. IEEE Transactions on Neural Networks，2001，12(2)：181-202.

［20］Liu C M，Song J Z，Xu X，Zhang P C. Reordering sparsification of kernel machines in approximate policy iteration ［A］. Proc. of International Symposium on Neural Networks［C］，2009，LNCS 5552：398-407.

［21］Vito E D，Rosasco L，Caponnetto A，et al. Some properties of regularized kernel methods［J］. Journal of Machine Learning Research，2004，5：1363-1390.

［22］Engel Y，Mannor S，Meir R，The kernel recursive least-squares algorithm［J］. IEEE Transactions on Signal Processing，2004，52(8)：2275-2285.

［23］Brartke S J，Barto A. Linear least-squares algorithms for temporal difference learning［J］. Machine Learning，1996，22：33-57.

［24］Tsitsiklis J N，Roy B V. An analysis of temporal difference learning with function approximation［J］. IEEE Transactions on Automatic Control，1997，42(5)：674-690.

［25］Ormoneit D，Sen S，Kernel-based reinforcement learning［J］. Machine Learning，2002，49(2,3)：161-178.

［26］Engel Y ，Mannor S，Meir R. Bayes meets bellman：The Gaussian process approach to temporal difference learning ［A］. Proc. of the 20th International Conference on Machine Learning［C］，ICML-03，Vancouver and Whistler，2003.

［27］Rasmussen C E，Kuss M. Gaussian processes in reinforcement learning［A］. Proc. of the 2003 Neural Information Processing Systems ［C］，NIPS-2003，2003：751-759.

第7章 基于增强学习的移动机器人反应式导航方法

　　智能移动机器人是一类能够通过传感器感知环境和自身状态,实现在有障碍物的环境中面向目标的自主运动(称为导航),从而完成一定作业功能的机器人系统。由于移动机器人的导航问题涉及感知、规划和决策、知识获取等智能科学的重要课题,因此该问题的研究解决不仅是移动机器人系统推广应用的关键之一,而且成为人工智能和机器学习研究的一个热点领域。目前,在已知环境中的移动机器人导航方法已取得了大量研究成果,其中主要包括:移动机器人的全局路径规划和环境地图表示、路标识别、路径跟踪控制和基于功能分解的体系结构等[1]。近年来,随着移动机器人应用需求的不断扩大,其应用领域已从结构化的室内环境扩展到海洋、空间和极地、火山等人类难以涉足的环境。这些环境的共同点包括非结构化、有关环境的先验信息很少或完全未知。特别是对于在海洋和外星球进行探测的移动机器人系统(如中国的 6000m 水下机器人、美国的 Sojourner 火星探测移动机器人,以及未来的月球探测移动机器人等),将面临复杂的未知环境。迄今为止,在外星球登陆的移动机器人(如 20 世纪 70 年代苏联的 Lunokhod,1997 年美国的 Sojourner 等)均采用地面指挥中心遥控方式。尽管移动机器人遥控技术已经比较成熟,但是在空间探测应用中存在有限通信带宽、大延时以及遥控人员感知过载(cognitive overload)和误操作等一系列问题。因此,现有的空间移动机器人系统存在适应性差、作业范围小等缺点。未知环境中移动机器人的自主导航功能是弥补上述缺陷、提高系统适应性和容错性的关键之一。具有自主导航能力的移动机器人对环境能及时做出反应,不必等待地面控制指令,其工作效率和安全性将显著提高。因此,未知环境中的移动机器人自主导航控制技术将成为月球和火星探测机器人的一项关键技术,同时该技术的研究成果将促进移动机器人系统在工业、建筑、交通等领域的推广应用。

　　虽然针对已知环境中的移动机器人导航问题已提出了许多有效的方法,但上述方法一般难以用于未知环境中的自主导航。对于未知环境中的移动机器人导航问题,需要开展的研究课题主要包括环境建模、定位、局部运动规划、反应式(reactive)导航控制器的学习和优化等[1]。其中,反应式导航方法由于对环境的适应性强、实时性好,因此在未知环境中移动机器人导航问题的研究中具有重要的地位和作用。

　　移动机器人反应式导航的思想由著名的人工智能专家 Brooks 等首先提出[2],他根据昆虫等动物的行为特点提出了"无须表示和推理的智能"(intelligence without representation and reasoning)的观点,从而对传统的基于符号表示和知识推理与规划的人工智能方法提出了挑战。在 Brooks 的移动机器人反应式导航方法中,应用了一种基于行为分解的包容式(subsumption)体系结构,强调行为模块的分解和功能选择。在进一步的研究中,Brooks 的方法也暴露了一些弱点,如缺乏有效的高层知识表示、行为控制规则的设计与优化等。因此近年来,同时结合基于功能分解和基于行为分解的混合式移动机器人体系结构得到了普遍研究和应用。

不论是采用单纯的基于行为分解的体系结构还是采用混合式体系结构,反应式导航控制器的性能仍然是成功实现移动机器人在未知环境中导航的关键。目前,随着智能控制特别是计算智能方法研究的发展,用于移动机器人反应式导航的智能控制方法也取得了一系列成果,如基于模糊逻辑的反应式导航方法[3]、基于神经网络的反应式导航控制器、移动机器人的模糊神经网络导航方法[4]和进化机器人(evolutionary robotics)方法[5]等。在已有的反应式导航方法中,大量的成果都采用了监督学习方法,即需要给出各种状态下的教师信号进行控制器的学习,然而在许多未知环境的应用中,教师信号往往难以事先设计,并且采用监督学习方法获得的控制器无法实现对新环境的适应性,因此限制了上述方法在未知环境中的推广应用。进化机器人方法虽然可以利用环境的评价信号,实现一种广义上的增强学习,但存在进化时间长、计算代价大和效率较低的缺点。与上述方法相比,增强学习方法在未知环境中移动机器人反应式导航中具有更广泛的应用前景。增强学习算法的增量迭代式特点有利于实现在线和高效率的学习,以提高系统对未知环境的适应性。虽然目前学术界对基于增强学习的移动机器人反应式导航方法已开展了一些研究工作[6],但在学习控制器的泛化性能和学习效率方面仍然有待提高。

本章对基于增强学习的移动机器人反应式导航方法进行了研究。具体安排如下:7.1 节针对未知环境中的移动机器人导航问题,提出了一种基于分层学习的移动机器人混合式体系结构,讨论了应用机器学习方法实现移动机器人导航系统自优化和自适应的途径;7.2 节针对未知环境中移动机器人的导航控制研究了基于增强学习的移动机器人反应式导航算法[7];7.3 节利用面向实际机器人系统的仿真建模方法对移动机器人增强学习导航方法进行了仿真研究,实现了移动机器人反应式导航控制器在仿真环境中的优化和自动设计,并且在 CIT-AVT-VI 移动机器人平台上对基于增强学习的移动机器人反应式导航方法进行了实验验证;7.4 节对本章进行了小结。

7.1　基于分层学习的移动机器人混合式体系结构

移动机器人的体系结构(architecture)描述了移动机器人各个组成部分之间以及它们与外部环境交互的功能关系和信息流程,是分析和设计移动机器人系统的基本依据。由于移动机器人特别是自主式移动机器人对环境的感知和适应能力往往体现出智能行为的特点,因而对移动机器人体系结构的研究也基本从人工智能的观点出发来探索智能行为的实现问题。在早期的研究工作中,主要提出了两类不同的移动机器人体系结构,即基于符号表示的功能分层体系结构和基于行为

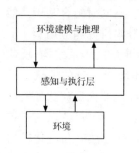

图 7.1　基于符号表示的功能分层体系结构

分解的体系结构。前者从符号智能的观点出发,将机器人系统按功能分层,底层基本不具备智能特性,仅仅完成环境信息的获取和上层命令的执行;高层则在接收底层信息的基础上对环境进行符号建模,并利用已有的知识进行推理和决策。图 7.1 表示了这种功能分层的体系结构与环境的交互和信息流程。后者从人工智能的行为主义学派观点出发,将机器人系统分为若干并行的行为模块,每个行为模块直接与环境交互,完成机器人的某一功能,在行为模块中没有对环境的建模和符号表示,而以"IF 条件THEN 行动"的规则形式依据传感器信息进行行为决策,

行为模块之间具有一定的层次关系,高层模块可以对低层模块进行激活或禁止操作。图 7.2 表示了这种基于行为的移动机器人体系结构与环境的交互和信息流程。

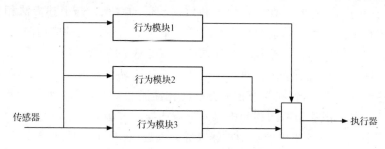

图 7.2　基于行为的包容式体系结构

功能分层体系结构由 Fikes 和 Nilsson 等于 20 世纪 70 年代[8]提出,并基于该结构设计了 Strip-Planex 移动机器人系统,其后有许多移动机器人系统都采用了类似的体系结构。但基于功能分层的体系结构在动态、非结构化和不确定环境中由于传感器对环境感知和理解的困难而难以满足实时导航的要求。

基于行为的机器人体系结构最早由 Brooks[2]等提出,并成为人工智能行为主义学派的主要观点。在 Brooks 提出的机器人包容式结构中,若干行为模块直接完成从传感器信息到执行器件动作的映射功能,同时行为模块之间具有一定的层次化控制和选择机制。基于行为的机器人体系结构具有反应式系统的特点,无需对环境的建模、表示和推理,对动态、不确定环境具有一定的适应能力,采用该体系结构构造的机器人系统能够有效地完成在不确定环境中的避障等行为。Brooks 据此提出了"无须推理和表示的智能"的观点。但经过深入研究后人们发现,基于行

为的反应式机器人系统仅能完成一些基本的类似"昆虫"的智能行为,而无法适应复杂任务的要求。

针对上述两种体系结构的优缺点,国外近年来开展了一些将两种体系结构的特点相结合的研究工作,如基于 LICA(locally intelligent control agent)的体系结构[8]、Somass 系统的体系结构[9]以及 Chella 等提出的三层体系结构[10]。基于 LICA的体系结构具有多个反应式行为模块,同时具备一定的高层推理能力,其中的一部分行为模块可以完成类似于功能分层结构中的符号表示层的功能。在 Somass 系统中,采用类似于 Strips-Planex 系统的高层推理模块,在底层采用行为模块完成从符号表示到执行器动作的转换。Chella 等提出的三层体系结构则较好地结合了功能分层的体系结构和基于行为的反应式体系结构各自的优点。在该体系结构中,底层由多个行为模块构成,称为子概念层(subconceptual level),具有反应式系统的特点,能够完成避障等反应式导航行为;中间层称为概念层(conceptual level),由独立于符号语言的认知信息描述构成;最高层称为语言层,为符号语言表示的信息。在上述三层体系结构中,语言层作为系统的中心控制模块,对移动机器人的整体行为进行控制,这种中心控制作用克服了基于行为的体系结构在某些情况下难以实现对环境和任务的高层信息进行有效表示的缺点。语言层的另一个重要功能就是产生对环境的假设和期望,即对环境在一定假设下的结构化地图建模,语言层产生的假设和期望传送到概念层和子概念层,并最终控制机器人采取行动。

Chella 等提出的三层体系结构虽然结合了前两种体系结构的优点,但针对未知环境中的移动机器人导航应用,知识的自动获取与反应式导航控制器的优化问题仍然是有待解决的关键问题。

机器学习作为人工智能的一个重要分支学科,是解决人工智能中知识自动获取的瓶颈问题的关键。目前机器学习方法的研究已取得了大量成果,已提出的学习方法包括决策树学习、增强学习、BP 神经网络监督学习、ART-3 和进化学习方法等。机器学习方法在移动机器人中的应用即机器人学习(learning robots)的研究是提高其自主性和智能性的重要途径,目前已成为国际机器人和机器学习研究的热点领域[11]。

由于移动机器人导航问题的复杂性和导航控制模块的多层次性,单纯应用一种机器学习方法实现移动机器人在未知环境导航中的知识自动获取往往难以获得良好的性能。因此,下面给出一种基于分层学习的移动机器人导航体系结构,如图 7.3所示,该体系结构在结合层次化混合体系结构的基础上,强调机器学习方法在移动机器人导航知识获取应用中的多层次性。在图 7.3 所示的分层学习体系结构中,移动机器人系统采用 Chella 等提出的思想,分为语言层、概念层和子概念层。其中,在语言层中完成对环境的符号描述、全局地图建模和路径规划的功能;在概念层中完成环境特征的识别与局部路径规划;在子概念层中完成反应式导航功能,包括避障模块等。在上述三层功能模块中,分别引入不同的机器学习方法。在语言层中,主要应用基于符号的机器学习方法和基于概率学习的地图建模方法;在概念层中,应用有关的模式分类学习方法,实现对环境特征的分类与识别;在子概念层中,将主要应用增强学习等方法实现对反应式导航控制器的优化,虽然监督学习方法也可以用于反应式导航控制器的设计,但根据前面的分析,对于未知环境的导航应用问题,增强学习方法需要更少的先验信息,将能够更有效地实现知识的自动获取和系统对环境的自适应。

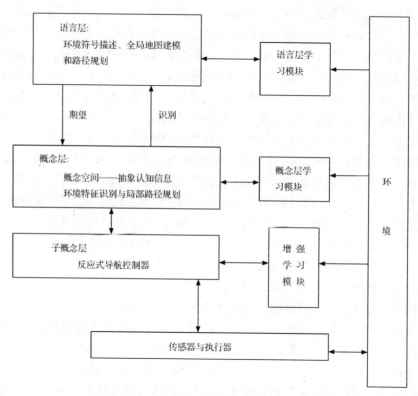

图 7.3　基于分层学习的移动机器人体系结构

　　以上分层学习思想的提出是基于 Agent 行为分层的设计原则。在分层学习中,Agent 的底层行为学习作为上层行为学习的基础,从而在提高 Agent 对环境的适应性的同时,克服了对其整体行为引入学习机制的困难。

　　在基于分层学习的移动机器人体系结构中,不同学习模块之间存在着一定的层次化关系。子概念层的学习是其他两层学习模块的基础,主要完成机器人基本行为的性能改进,如有效地避障和绕障等。概念层的学习则不断增强机器人对视觉等传感器认知信息的表示和推理能力,并为语言层的学习提供基础。语言层的学习用于提高移动机器人对环境的地图建模和符号知识表示与推理的能力。

与已有的体系结构比较,基于分层学习的体系结构在结合了功能分解与行为分解体系结构的特点的同时,体现了移动机器人智能行为的层次性和知识获取的模块化与层次化结构,对于实现移动机器人在未知环境导航中的应用具有应用和推广的意义。在本章后面的研究中,将基于上述体系结构进行移动机器人增强学习导航的仿真和实验研究,对其有效性进行初步验证。

7.2　基于增强学习的移动机器人反应式导航体系结构与算法

反应式导航方法对于提高移动机器人在复杂、未知环境中的适应性和控制实时性具有重要的作用,是近年来移动机器人导航研究的热点领域之一。随着增强学习算法和理论研究的开展,应用增强学习方法实现移动机器人反应式导航控制器的设计和优化开始得到学术界的重视,并取得了一些研究成果[6,11]。但由于移动机器人系统及其环境的复杂性,移动机器人的反应式导航问题将面临连续的状态空间,如何实现增强学习在连续状态空间中的泛化,提高系统学习效率,克服计算量和存储量巨大的"维数灾难",是基于增强学习的移动机器人反应式导航方法需要解决的关键问题。针对已有的研究成果在学习泛化性能和效率方面不够理想的缺点,下面将利用本书中有关增强学习算法的研究成果,对基于增强学习的移动机器人反应式导航方法进行深入研究,一方面为移动机器人反应式导航问题的解决提供新的方法和手段,另一方面也对本书研究的增强学习算法性能进行进一步验证。由于反应式导航通常作为移动机器人混合式体系结构的一个底层功能模块,需要与其他模块协调完成未知环境中的导航控制,因此在给出基于增强学习的反应式导航算法之前,首先讨论一种未知环境中移动机器人混合式体系结构的具体设计方法,为反应式导航算法的应用提供基础。

7.2.1　未知环境中移动机器人导航混合式体系结构的具体设计

7.1 节讨论了基于分层学习的移动机器人混合式体系结构,该体系结构强调了导航系统功能的层次性和模块性,以及知识获取的层次性。在语言层具有全局规划模块,用于根据当前地图信息的任务规划和全局路径规划。由于在未知环境中环境信息是完全未知的,因此地图信息可以利用基于概率学习的地图建模模块来实现。考虑到地图学习和建模超出了本书的研究范围,在下面的仿真和实验研究中没有引入在线地图学习功能,因此在环境信息未知的条件下,全局路径规划模块等价于一种目标趋向功能模块。在导航系统的概念层,主要包括环境特征的感知和局部路径规划功能。其中,局部路径规划模块根据传感器感知的局部环境特征,确定移动机器人当前的可通行路径。考虑结合反应式导航和局部路径规划的导航控制方法,由局部路径规划模块根据当前环境特征提供预测的可通行路径集合,反应式导航模块则通过与环境的交互完成对实际可通行路径的选择,以进一步

　　克服传感器信息感知和处理的不确定性,实现系统性能的在线优化。最近,文献
[12]和文献[13]提出的基于预测控制思想的移动机器人滚动路径规划方法虽然能
够在局部传感器感知的条件下实现基于滚动优化的路径规划,但仍然需要对传感
器和执行器件的不确定性进行补偿和优化。基于增强学习的反应式导航方法可以
在上述滚动路径规划方法的基础上,进一步提高移动机器人系统对未知环境的适
应性和导航控制系统的性能。

　　　　根据 7.1 节讨论的分层学习思想,局部路径规划模块的设计除了可以采用文
献[12]的滚动路径规划方法外,也能够通过采用机器学习方法来实现。一种典型
的情况是采用监督学习方法对环境特征的不同类别设定不同的预测可通行路径。
为集中研究基于增强学习的反应式导航方法,在仿真和实验研究中直接根据先验
知识直接给出根据环境特征的预测可通行路径集合。图 7.4 给出了几种典型环境
特征条件下预测的可通行路径集合,其中,图 7.4(e)和图 7.4(f)对应简单的墙跟
踪(wall-following)行为。

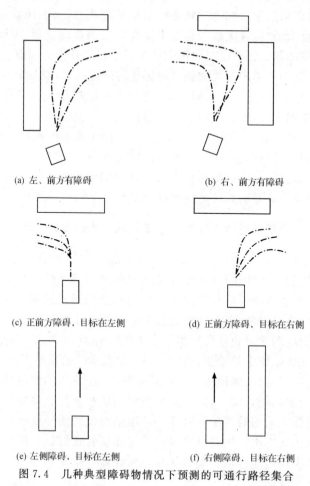

(a) 左、前方有障碍　　　　　　(b) 右、前方有障碍

(c) 正前方障碍,目标在左侧　　　(d) 正前方障碍,目标在右侧

(e) 左侧障碍,目标在左侧　　　　(f) 右侧障碍,目标在右侧

图 7.4　几种典型障碍物情况下预测的可通行路径集合

与结合路径跟踪控制的路径规划方法不同,上述路径不是以精确的路径点形式描述路径,而是对应于反应式导航模块中不同的行为选择方式,即通过速度和角速度大小或速度-曲率的形式描述路径。这种以速度和角速度描述运动规划的方法在文献[14]中的曲率-速度方法(curvature-velocitymethod,CVM)中进行了研究,该方法通过优化一个局部避碰的目标函数来进行路径的选择。CVM 中目标函数和有关参数的选择需要较多的先验知识,并且难以实现对环境的自适应。下面将利用基于增强学习的反应式导航方法来实现上述曲率-速度运动规划。由于增强学习算法能够通过系统与环境的交互进行学习,不要求显式地给出教师信号,而利用评价性的反馈信号实现性能的优化,因此基于增强学习的反应式导航方法在对环境的自适应性和控制器的自动优化设计方面具有优势。

7.2.2　基于神经网络增强学习的反应式导航算法

在前面讨论的采用曲率-速度方式进行运动规划的基础上,考虑采用第 4 章提出的基于多层前馈神经网络的 RGNP 算法实现移动机器人反应式导航控制器的设计和优化。移动机器人的状态信息为超声传感器的读数,构成一个多维连续向量,作为神经网络值函数逼近器的输入;移动机器人的行为空间离散化为 n 个元素,分别对应几种不同的速度和角速度组合。

为实现移动机器人避障行为的优化,增强学习算法的回报函数采用了一种基于障碍探测距离的设计方法,即当移动机器人处于安全避障距离 D 以内时,通过极大化移动机器人与障碍物的平均距离来实现安全避障。将图 7.5 中的移动机器人超声传感器分为左右两组,左侧一组包括 $S_1 \sim S_4$,右侧一组包括 $S_5 \sim S_8$。设左侧 4 个传感器的平均读数为 d_1,右侧 4 个传感器的平均读数为 d_r,所有传感器的最小读数为 $d_{\min}$。对于不同的超声传感器读数情况分为如下的五种条件。

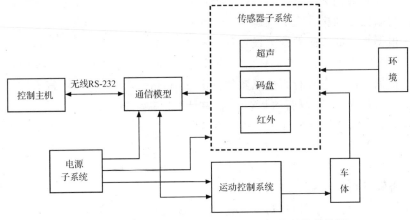

图 7.5　CIT-AVT-VI 移动机器人导航系统硬件结构图

条件 1 (Cond 1)：$d_{\min} < Q$（最小传感器读数小于某一安全阈值）。

条件 2 (Cond 2)：$d_l < D$、$d_r < D$ 且 $d_{\min} > Q$（左、右两侧传感器平均读数小于安全避障距离）。

条件 3 (Cond 3)：$d_r > D$、$d_l < D$ 且 $d_{\min} > Q$（左侧传感器平均读数小于安全避障距离）。

条件 4 (Cond 4)：$d_r < D$、$d_l > D$ 且 $d_{\min} > Q$（右侧传感器平均读数小于安全避障距离）。

条件 5 (Cond 5)：$D > d_{\min} > Q$、$d_l > D$ 且 $d_r > D$（左、右两侧传感器平均读数均大于安全避障距离）。

在给出上述五种不同条件的基础上，回报函数的设计如下：

$$r_t = \begin{cases} -100, & \text{条件 1} \\ -k(D-d_l) - k(D-d_r), & \text{条件 2} \\ -k(D-d_l), & \text{条件 3} \\ -k(D-d_r), & \text{条件 4} \\ 0, & \text{条件 5} \end{cases} \tag{7.1}$$

其中，$k > 0$，为比例常数。紧急停车的功能用于在任意一个超声传感器（$S_1 \sim S_8$）的读数小于一个最小安全阈值 Q（条件 1）时启动，且回报函数值为 -100。

下面给出基于增强学习的移动机器人反应式导航算法的描述。

算法 7.1　基于增强学习的反应式导航算法。

给定移动机器人避障的安全距离 D，前方传感器读数的最小安全阈值 Q，回报函数的比例常数 k，前馈神经网络的中间层节点数 M。

(1) 初始化三个前馈神经网络的权值和学习参数，包括学习因子 α，折扣因子 γ，SoftMax 行为选择策略的温度参数 T，学习次数 $n = 0$。

(2) 循环，直到满足以下算法终止条件：

① 初始化移动机器人的状态 s_0，$t = 0$。

② 根据当前的传感器读数设置移动机器人的状态。

a. 如果条件 1～条件 5 的任意一个满足，则进行基于增强学习的反应式避障。

ⓐ 根据当前状态和行为值函数估计由 SoftMax 策略选择当前行为 a_t；

ⓑ 执行行为 a_t，观测新的状态 s_{t+1}，并计算回报函数；

ⓒ 在状态 s_{t+1} 下由 SoftMax 策略选择行为 a_{t+1}；

ⓓ 利用 RGNP 算法进行神经网络权值的迭代计算；

ⓔ 若条件 5 满足，则学习次数 $n = n+1$，返回①，否则，$t = t+1$，返回 a。

b. 否则进行目标趋向控制。

算法 7.1 的停止条件可以选择为学习次数大于某一数值。为避免发生死锁的情况，对于目标趋向模块，在完成避障行为后，采用直线运动一段距离（可以设置为一定范围的随机数)再进行面向目标的方向调整。根据第 4 章中有关神经网络增强学习算法设计的理论分析,上述算法利用基于神经网络的 RGNP 算法实现了对折扣总回报函数的局部极大化,从而极大化了移动机器人到障碍物的距离。该算法的有效性将在下面的未知环境移动机器人导航仿真和实验研究中得到验证。

7.3　移动机器人增强学习导航的仿真和实验研究

下面基于国防科技大学移动机器人实验室的 CIT-AVT-VI 移动机器人平台,对 7.2 节提出的基于增强学习的移动机器人反应式导航方法进行仿真和实验研究。首先对 CIT-AVT-VI 移动机器人的传感器系统和相应的仿真与实验研究环境进行简要介绍。

7.3.1　CIT-AVT-VI 移动机器人平台的传感器系统与仿真实验环境

图 7.5 为 CIT-AVT-VI 移动机器人导航控制系统的硬件总体结构示意图,图 7.6 为系统的外观图片。

图 7.6　CIT-AVT-VI 移动机器人

CIT-AVT-VI 移动机器人系统主要由传感器、运动控制、通信和电源四个子系统组成。运动控制子系统包括左右两个独立驱动的电机和主动轮、相应的电机驱动电路以及四个万向随动轮。通信子系统由一对无线 Modem 构成,通过 RS-232 标准完成控制主机与传感器和运动控制子系统的通信。电源子系统包括两个 58A·h 的 12V 蓄电池和相应的充电电路。传感器系统主要包括超声测距传感器、红外接近传感器、视觉传感器和光电码盘传感器等。其中,超声测距传感器可以进行 10m 范围内的连续距离测量，是反应式导航研究中的主要传感器，单个超声探头的探测角度在 10°左右，具有较好的方向性；红外接近传感器主要用于近距离的障碍物感知，以对超声传感器系统起辅助作用；视觉传感器采用 CCD 摄像机；光电码盘传感器用于对移动机器人的位置和方向进行精确推算，实现移动机器人的定位功能，在一般室内环境中其定位误差小于 5%。

在下面的仿真和实验研究中，将采用超声传感器和光电码盘传感器实现移动机器人在室内未知环境中的导航控制。由于实际条件的限制，在仿真和实验中采用了 8 个超声传感器，分布在移动机器人的前方和左右两侧，实现对障碍物距离的感知。在某些应用中，为了进一步提高移动机器人对环境的感知能力，可以考虑增加超声传感器的数目。

CIT-AVT-VI 移动机器人的超声传感器布置如图 7.7 所示。在图中，W_1 和 W_2 分别为左、右驱动轮，8 个超声传感器 $S_1 \sim S_8$ 较为均匀地分布在前方和左右两侧靠前的位置。

为方便进行实验研究，实验建立了 CIT-AVT-VI 移动机器人基于超声传感器导航的图形仿真研究环境。在仿真环境中，障碍物的类型包括圆形、方形、任意多边形和隔墙型障碍，其大小和位置可以改变，并且对于移动机器人系统来说是完全未知的。移动机器人系统仅能通过超声传感器探测不同方向的障碍物距离，但可以感知当前的位置信息。一个典型的仿真研究环境如图 7.8 所示。在图 7.8 中，深色的部分表示未知的障碍物，同时还按实际比例绘出了机器人及其超声传感器的探测情况。由移动机器人的大小和障碍物的分布可以看出，该环境属于障碍物较为密集的环境，因此对反应式导航系统的性能提出了较高的要求。

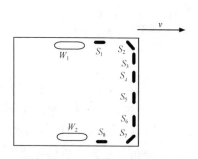

图 7.7　CIT-AVT-VI 移动机器人
超声传感器系统示意图

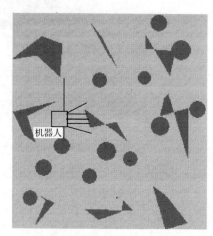

图 7.8　一个典型的仿真研究环境（环境信息
对机器人系统完全未知）

7.3.2　增强学习导航的仿真研究

首先在图 7.8 所示的仿真环境中进行了移动机器人基于增强学习的反应式导航研究。

在仿真研究中,移动机器人大小设置为 0.64m×0.64m 的正方形,与实际的 CIT-AVT-VI 移动机器人相同,其运行速度范围设定为 20~35cm/s。超声传感器的读数范围为 0~2m。在图 7.4 所示的局部路径规划模块的基础上,移动机器人的反应式导航行为包括如下 6 个速度与角速度组合:① $\Delta \nu = -5\text{cm/s}$, $\omega = 0°/\text{s}$; ② $\Delta \nu = 0\text{cm/s}$, $\omega = 5°/\text{s}$; ③ $\Delta \nu = 0\text{cm/s}$, $\omega = 10°/\text{s}$; ④ $\Delta \nu = 0\text{cm/s}$, $\omega = 20°/\text{s}$; ⑤ $\Delta \nu = 0\text{cm/s}$, $\omega = 40°/\text{s}$;⑥ $\nu = 25\text{cm/s}$, $\omega = 30°/\text{s}$。

由于移动机器人具有 6 个反应式导航行为,因此采用 6 个多层前馈神经网络分别逼近 6 个行为值函数。8 个超声传感器的读数编为 6 组,即左、右、左前方 45°、右前方 45°、正前方偏左和正前方偏右。学习算法采用第 4 章提出的 RGNP 算法,有关参数设置如下:用于行为值函数逼近的神经网络具有 7 个输入神经元,对应 6 组超声传感器数据和当前速度大小,一个输出神经元用于决定行为值函数的估计,中间层节点数为 6,学习因子 $\alpha = 0.008$,折扣因子 $\gamma = 0.95$,SoftMax 行为选择策略的温度参数 $T = 0.05$。移动机器人的安全避障距离为 45cm,最小安全距离为 10cm。移动机器人从起始点 S 开始,直到与障碍物发生碰撞或达到目标点 G 的过程作为一次运行,即每次运行结束后移动机器人返回到起始点重新开始。图 7.9(a)~图 7.9(c)分别显示了移动机器人经过 1 次、3 次和 6 次运行后导航的轨迹。从图 7.9 中可以看出,移动机器人在局部路径规划模块提供预测可通行路径的基础上,通过与环境的交互,利用增强学习不断提高反应式导航的性能,实现对实际可通行路径的选择。

在仿真研究中,通过改变环境的特征,以进一步对基于增强学习的反应式导航算法进行泛化性能分析。图 7.10 给出了另一种环境条件下的移动机器人学习导航仿真结果。其中,图 7.10(a)为机器人第一次导航的轨迹,由于在点 C 与障碍物发生了碰撞,所以未能成功到达目标点 G;图 7.10(b)为经过 3 次学习后的导航轨迹,可以看出移动机器人已能够成功地实现到目标点的无碰撞运动,并且与障碍物保持了良好的安全距离。

对于传统的未知环境移动机器人导航方法如引力势场法[15]等,在一些复杂障碍物条件下往往存在参数优化困难,无法对环境变化实现自适应,而增强学习方法则可以有效地利用与环境的交互克服上述问题。特别地,对于如凹型障碍物等复杂环境,传统引力势场法会出现局部极值,即引力和斥力相等,一些其他基于规则的方法也容易出现循环振荡。基于分层学习的移动机器人体系结构和基于增强学习的反应式导航将为解决上述困难问题提供有效的手段。

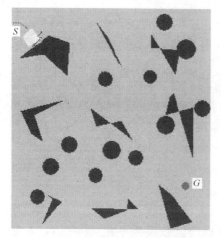

(a) 移动机器人经过1次运行的轨迹

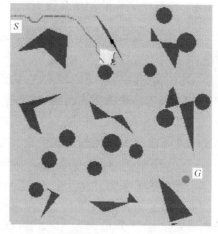

(b) 移动机器人经过3次学习后的轨迹

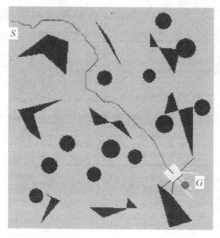

(c) 移动机器人经过6次学习后的轨迹

图 7.9　移动机器人在未知环境中基于增强学习的导航轨迹

　　图 7.11 给出了在凹型障碍物条件下,学习导航方法与传统的引力势场法运行结果的比较。其中,图 7.11(a)为采用学习导航方法的移动机器人运行轨迹,图 7.11(b)为采用引力势场法的移动机器人导航轨迹,点 S 为起始点,点 G 为目标点。由图中可以看出,学习导航方法不存在局部极值问题,传统的引力势场法则由于陷入局部极值而无法成功到达目标点 G。

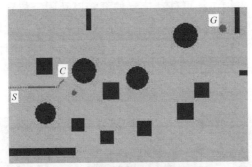

(a) 第 1 次导航的轨迹（在点 C 发生碰撞）

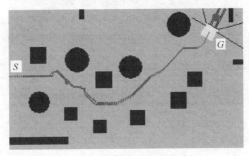

(b) 第 3 次导航的轨迹

图 7.10　在变化了的未知环境下移动机器人学习导航的轨迹

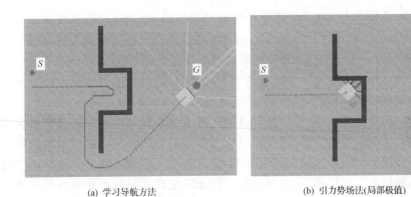

　　(a) 学习导航方法　　　　　　　　　　　　(b) 引力势场法(局部极值)

图 7.11　学习导航方法与传统引力势场法在典型复杂障碍物条件下的导航结果比较

7.3.3　CIT-AVT-VI 移动机器人的实时学习导航控制实验

　　为进一步对上述学习导航方法的有效性进行验证,以下利用 CIT-AVT-VI 移动机器人平台进行了未知环境中实时导航的实验研究。实验环境是基于实验室的室内场地,环境中障碍物包括可移动位置的纸箱以及固定位置的书柜、桌椅等。环境的改变通过移动纸箱的位置和改变纸箱的大小来实现。图 7.12 为移动机器人导航实验环境的一个场景。学习导航实验采用的控制主机硬件配置为 PentiumIII 667MHz 中央处理器、256MB 内存,软件环境基于 Windows 2000 Professional 操作系统和 Visual C++7.0 软件开发平台。

图 7.12　CIT-AVT-VI 移动机器人及其室内导航实验环境

在以上移动机器人导航实验环境中进行了如下两类实验,一类是在完成仿真环境的学习过程后,利用仿真获得的神经网络控制器进行移动机器人的实时导航控制实验,以验证上述基于仿真环境的学习导航控制器的有效性;另一类是移动机器人在实际物理环境中的实时在线增强学习,即移动机器人通过与真实环境的交互来获得导航控制知识。

对于第一类导航实验,由于仿真环境和机器人仿真模型的建立是直接根据实际移动机器人系统的有关特性,因此利用仿真环境获得的学习导航控制器能够比较方便地直接用于实时导航控制。图 7.13 所示为移动机器人基于仿真环境学习后实时导航控制的实验结果,其中用于移动机器人反应式导航控制的神经网络权值由仿真学习获得的数据提供。图中绘出了整个实验室室内导航环境的示意图,其实际大小约为 7.5m×5m,机器人的大小约为 0.64m×0.64m,在图中以浅色圆形表示;环境中的围墙、桌椅和纸箱等障碍物以深色表示。图 7.13(a)和图 7.13(b)分别为移动机器人在两个不同环境中的导航轨迹,移动机器人的位置由码盘传感器的实测数据提供。上述实验结果表明移动机器人的导航控制器对于未知环境具有良好的适应性和泛化性能,从而验证了仿真研究的有效性。

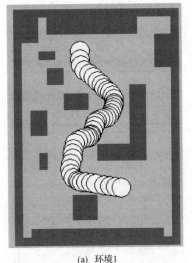 

(a) 环境1　　　　　　　　　　　　(b) 环境2

图 7.13　经过仿真环境学习后移动机器人实时导航轨迹(根据码盘实测数据)

　　在人工智能研究领域,利用仿真环境来实现基于机器学习方法的系统优化设计已成为一种重要的研究手段,结果进一步显示了该手段的可行性。虽然仿真研究与实际系统的应用比较一致,但由于仿真环境与真实环境在某些条件下可能存在较大差异,因此,在今后的智能学习系统的研究和应用中,需要结合仿真建模的有关研究来推动机器学习方法在实际系统优化设计中的应用。

　　前面讨论了利用仿真环境来实现基于增强学习的导航控制器优化设计,并用于实际移动机器人系统的实时导航。需要说明的是,虽然在仿真环境中的学习优化具有容易实现、代价小的优点,但由于移动机器人可能面临的复杂未知环境以及仿真建模存在的局限性,如何使移动机器人具有在实际运行过程中的自学习能力成为未知环境中自主移动机器人系统的一个重要研究课题。基于增强学习的反应式导航方法由于不需要明确地给出教师信号,能够通过与环境的交互和评价性的反馈来完成系统性能的优化,因此对于移动机器人在未知环境中的自学习和自适应具有重要应用价值。本书对移动机器人在实际物理环境中的在线实时增强学习进行了研究,完成了移动机器人实时学习导航的有关实验。实验方法的设计与仿真研究类似,即移动机器人每次运行由初始位置开始,直到发生碰撞或成功到达目标结束;神经网络学习控制器的结构和参数设置与仿真研究基本相同,导航算法仍然采用 7.1 节提出的分层混合式体系结构和基于增强学习的反应式导航算法。与图 7.13 对应的实验不同,移动机器人在开始运行时没有在仿真环境学习的“经验”,即神经网络值函数逼近器的权值是随机初始化的。

　　图 7.14 给出了移动机器人在线实时增强学习的实验结果,图 7.14(a)和

图 7.14(b)分别为移动机器人第 1 次和第 3 次运行的轨迹,由于与障碍物发生碰撞,因此都未能到达目标。图 7.14(c)和图 7.14(d)分别为移动机器人第 6 次和第 10 次的运行轨迹,其中,第 10 次运行的环境已经发生改变,两种情况下移动机器人均能够成功到达目标,从而显示了增强学习方法在实时学习导航中的良好性能。

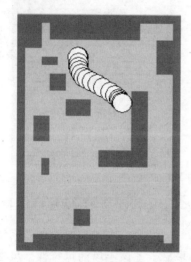

(a) 第1次运行(出现碰撞)

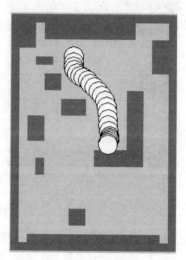

(b) 第3次运行(出现碰撞)

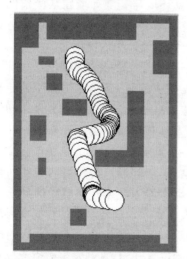

(c) 第6次学习后的运行轨迹

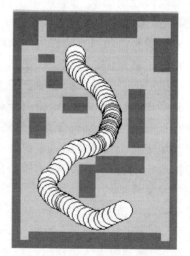

(d) 第10次学习后的轨迹(环境发生改变)

图 7.14　移动机器人在实际环境中学习导航的运行轨迹(根据码盘实测数据)

以上的仿真和实验结果进一步表明,基于增强学习的反应式导航方法具有学习效率高,泛化性能好的优点。同时,由于结合了面向分层学习的混合式体系结构,有效地简化了学习控制器的设计。

7.4　小　　结

本章研究了基于增强学习的移动机器人反应式导航方法。针对未知环境中的移动机器人导航问题,提出了一种基于分层学习的移动机器人混合式体系结构,该体系结构在结合了功能分解型体系结构和行为分解型体系结构的特点的同时,强调导航系统的模块化分层学习方法,在上层模块主要进行对未知环境的地图学习和建模以及环境特征识别和局部路径规划,在下层模块采用反应式导航模块提高系统对未知障碍物反应的实时性。为实现反应式导航控制器对环境的自适应,提出采用增强学习方法对反应式导航控制器进行设计和优化。基于本书的有关算法研究,给出了基于增强学习的移动机器人导航算法,并通过 CIT-AVT-VI 移动机器人平台的仿真和实验研究,验证了算法的学习效率和泛化性能。

进一步的工作可以结合文献[12]提出的移动机器人滚动路径规划方法,在基于预测控制的滚动路径规划的基础上,利用增强学习实现移动机器人系统对实际环境感知误差和未知动力学特性的补偿和优化,实现更为高效的未知环境移动机器人自主导航控制系统。

参 考 文 献

[1] Salichs M A, Moreno L. Navigation of mobile robots:Open questions [J]. Robotica, 2000, 18: 227-234.

[2] Brooks R, et al. A robust layered control system for a mobile robot [J]. IEEE Transactions Robotics and Automation,1986, 2: 14-23.

[3] Baxter J W, Bumby J R. Fuzzy control of a mobile robotic vehicle [J]. Proc. of the Institute of Mechanical Engineers. Part I, Journal of Systems & Control Engineering, 1995, 209(2): 79-91.

[4] 张明路.基于神经网络和模糊控制的移动机器人反应导航和路径跟踪的研究[D].天津:天津大学, 1997.

[5] Meeden L A. Trends in evolutionary robotics [A]//Jain L C,Fukuda T. Soft Computing for Intelligent Robotic Systems [M]. New York: Physical Verlag,1998,215-233.

[6] Zalama E,et al. Reinforcement learning for the behavioral navigation of a mobile robot [A]. Proc. of the 14th IFAC World Congress [C], Beijing,1999,Q:157-162.

[7] Xu X, et al. A self-learning reactive navigation method for mobile robots[A].Proceedings of IEEE Int. Conference on Machine Learning and Cybenetics [C],Xi'an,2003.

[8] Fikes R E, Hart P E, Nilsson N J. Learning and executing generalized robot plans [J]. Artificial Intelligence, 1972, 3: 251-288.

[9] Malcom C, et al. Symbol grounding via a hybrid architecture in an autonomous assembly system [J]. Robotics and Autonomous Systems, 1990, 6:123-144.

[10] Chella A, et al. An architecture for autonomous agents exploiting conceptual representations [J]. Robotics and Autonomous Systems, 1998, 25: 231-240.

[11] Lin L J. Reinforcement Learning for Robots Using Neural Networks [D]. Pittsburg:Carnegie Mellon U-

niversity，1993.

［12］张纯刚，席裕庚. 移动机器人滚动路径规划的次优性分析［J］. 中国科学，2002，32(5)：713-720.

［13］席裕庚，张纯刚. 一类动态不确定环境下的机器人滚动路径规划［J］. 自动化学报，2002，28(2)：161-175.

［14］Simmons R. The curvature-velocity method for local obstacle avoidance［A］. Proc. Of IEEE International-al Conference on Robotics and Automation［C］，Xi'an，1996.

［15］Khatib O. Real-time obstacle avoidance for manipulators and mobile robot［J］. International Journal of Robotic Research，1986，5(1)：90-98.

第8章　RL与ADP在移动机器人运动控制中的应用

随着人类生产的发展和科学技术的进步,移动机器人系统在工业、交通等实际领域具有越来越广泛的应用背景和需求。有关的两个典型例子是智能化交通系统中的自动驾驶汽车(通常称为智能车辆)和工厂自动化生产线的自动导引车(AGV)。目前,有关自动驾驶汽车的导航控制方法和技术的研究已广泛展开,具有代表性的系统有卡内基-梅隆大学(CMU)的 NavLab 系列[1]、德国联邦国防军大学与奔驰汽车公司合作的 VaMoRs-P 系统[2],以及中国清华大学的 THMR-III、THMR-V[3]和国防科技大学的红旗系列自动驾驶汽车。在自动驾驶汽车的导航控制方法研究中,除了包括视觉信息处理在内的环境感知方法和技术、路径规划等相关技术外,路径跟踪控制方法与技术也是其中的一个重要内容。另外,对于工厂自动化生产线中的 AGV 系统,也要求实现对给定路径的跟踪控制。目前,针对上述应用背景的移动机器人路径跟踪控制问题已开展了大量的研究,取得的成果主要包括 PID 控制方法[4]、非线性控制方法[5,6]和智能控制方法[7~9]等。

由于移动机器人系统动力学模型的复杂性、模型参数和环境影响的不确定性以及非完整约束的存在,采用传统的基于模型的设计方法往往难以取得良好的路径跟踪控制效果。近年来,随着智能控制方法和理论研究的深入,用于移动机器人系统路径跟踪的智能控制方法研究日益得到重视。在已提出的用于移动机器人路径跟踪的智能控制器设计方法中,主要包括神经网络控制方法、模糊控制方法以及两者相结合的方法。有关的研究工作包括:Fierro 等[10]研究的移动机器人神经网络路径跟踪控制器;杨欣欣[3]提出的移动机器人智能预测控制方法,该方法通过引入预测信息来改善自动驾驶汽车路径跟踪的性能;吴晖[11]提出的基于模糊 CMAC 的移动机器人路径跟踪方法,通过模糊 CMAC 的监督学习来完成路径跟踪控制器的设计。上述智能控制方法具有的特点是对动力学模型的依赖少,通过引入先验知识来实现控制器的优化设计,并且对于神经网络和模糊控制器的设计一般采用监督学习方法。由于监督学习要求给出教师信号,因此需要设计者的大量先验知识,并且在设计完成后仍然存在系统对外界条件变化的自适应和自优化问题。

与监督学习不同,增强学习基于动物学习心理学的"试误法"原理,能够在与环境的交互过程中根据评价性的反馈信号实现序贯决策的优化,从而可以用于解决某些监督学习难以应用的优化控制问题。基于以上分析,并且以前面各章有关增强学习算法和理论的研究为基础,本章将以增强学习方法在移动机器人路径跟踪控制器优化设计中的应用为研究内容。作为一类用于序贯优化决策问题的自适应最优控制方法,增强学习在复杂系统的控制器优化设计中具有广泛的应用前景,并且已经取得了若干研究成果[12,13],其中一个重要发展方向就是增强学习方法在移动机器人路径跟踪控制器优化设计中的应用。

　　本章将对增强学习与近似动态规划在移动机器人运动控制特别是路径跟踪控制中的应用开展研究,有关内容组织如下:8.1 节提出了一种基于增强学习的自适应 PID 控制器的结构与学习算法;8.2 节将上述控制器用于自动驾驶汽车侧向控制器的优化设计,通过仿真对控制器的性能进行了研究;8.3 节研究了基于在线增强学习的自适应 PID 控制器在室内移动机器人路径跟踪控制中的应用,并且在仿真研究的基础上,以 CIT-AVT-VI 移动机器人为实验平台进行了基于增强学习的移动机器人路径跟踪实验研究,验证了增强学习控制器的有效性;8.4 节开展了采用近似策略迭代的移动机器人学习控制方法研究,充分利用了近似动态规划方法的离线优化与在线控制相结合的特点;8.5 节为本章的小结。

8.1　基于增强学习的自适应 PID 控制器

　　在各种控制器设计方法中,PID 控制方法由于具有实现简单、鲁棒性较好等优点,成为一种在工程中应用广泛的控制器设计方法。但常规的 PID 控制器对于复杂的控制对象,往往存在参数优化困难、控制效果欠佳等缺点。为解决以上问题,自适应 PID 控制器的设计得到了普遍的注意和研究。在自适应 PID 控制器中,通过根据系统特性的变化而改变 PID 参数,以获得更好的控制效果。目前已提出的自适应 PID 控制方法包括模糊自适应 PID 控制[14]、基于神经网络的自适应 PID 控制[15,16]和基于进化算法的自适应 PID 控制器[17]等。基于模糊逻辑的自适应 PID 控制器设计方法往往对先验知识要求较多,并且仍然存在参数优化的问题。基于神经网络的自适应 PID 控制器一般采用监督学习进行参数的优化,因此也受到一些应用条件限制,如监督学习的教师信号难以获取等。基于进化算法的自适应 PID 控制器设计方法虽然对先验知识要求较少,但存在计算时间长、难以进行实时、在线优化的缺点。

　　通过引入参考模型和适当地定义回报信号,可以应用本书第 4 章讨论的 Fast-AHC 等在线增强学习算法对 PID 参数进行在线自适应整定,从而实现对系统性能的在线优化。图 8.1 给出了基于增强学习的自适应 PID 控制器的结构。

　　在图 8.1 中,参考模型用于指定期望的动态特性,回报函数用于根据系统状态与参考模型状态的误差来确定系统状态转移的回报 r,y 为控制对象的输出或状态向量,y_r 为参考模型的输出或状态向量,q 为期望轨迹,u 为由自适应 PID 控制器计算得到的控制量。图 8.1 中虚线框内为基于神经网络的增强学习控制器,其结构采用了 Actor-Critic 结构。执行器网络的输入为控制对象的输入与参考模型的

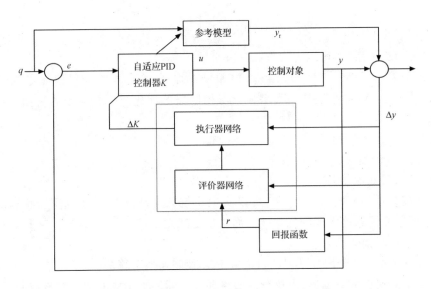

图 8.1　基于增强学习的自适应 PID 控制器结构

输出之间的误差 Δy，输出为 PID 参数的改变量 ΔK，评价器网络根据误差信号 Δy 和回报信号 r 进行时域差值学习，评价器网络的值函数估计和时域差值信号由于执行器网络的内部回报信号。自适应 PID 控制器的 PID 增益由如下的公式确定：

$$K(t) = K_0 + \Delta K \tag{8.1}$$

其中，K_0 为常数向量。

由于 PID 参数通常包括比例、微分和积分增益，因此 $K(t)$ 和 ΔK 均为向量形式。在第 4 章讨论 AHC 算法及其改进方法时，主要针对一维控制输出的情形。对于多维输出的情况，可以分别采用多个相同结构的单输出执行器网络或一个多输出执行器网络。由于两种方法的讨论类似，在以下的研究中，仅考虑采用多个相同结构的单输出执行器网络。在多维输出的条件下，可以采用如下的多维高斯分布进行执行器网络输出的随机探索：

$$\Delta K \sim N(\overline{K}(\Delta y_t), \sigma(\Delta y_t)) \tag{8.2}$$

其中，$\overline{K}$ 为多个执行器网络输出构成的向量；σ 为行为探索的方差，仍然由如下公式决定：

$$\sigma = \frac{\sigma_1}{1 + \exp(\sigma_2 V(\Delta y))} \tag{8.3}$$

其中，$V(\Delta y)$ 为评价器对当前状态的值函数估计；σ_1、σ_2 为常数。

在设计具有期望性能的参考模型的基础上，对回报函数的设计需要考虑系统状态或输出对参考模型的跟随性能，通常可以选择为如下的跟随误差线性函数形式：

$$r_t = c \, |\Delta y|$$ (8.4)

其中，c 为比例系数，可以为常数或分段常数。

由于采用了 Actor-Critic 结构，控制器的学习算法考虑采用第 4 章讨论的 AHC 或 Fast-AHC 算法[18]，则增强学习控制器的优化目标是下面的折扣总回报指标：

$$J = \sum_{t=0}^{T} \gamma^t r_t$$ (8.5)

其中，γ 为折扣因子，通常选择为接近 1 的常数。

通过对性能指标 J 的优化，可以实现系统状态或输出对参考模型状态的跟随，进而保证了系统性能的优化。下面给出上述基于增强学习的自适应 PID 控制器的学习算法描述。

算法 8.1　　基于增强学习的自适应 PID 控制器学习算法。

给定回报函数 $r(\Delta y)$，由执行器网络和评价器网络构成的增强学习控制器，单次运行的时间长度 T。

(1) 初始化学习控制器的参数，包括神经网络的权值，折扣因子 γ，时域差值学习算法的有关控制参数（λ、P_0 或 α），执行器网络的学习因子 β，评价器网络权值的适合度轨迹向量；学习次数 $n=0$。

(2) 循环，直到满足算法停止条件：

① 初始化控制对象的状态，控制时间步 $t=0$；

② 根据当前的控制对象状态和参考模型状态，计算模型跟随误差；

③ 根据当前时刻的模型跟随误差 Δy_t，计算执行器网络输出 $\overline{K}$ 和评价器网络的输出 $V(\Delta y_t)$；

④ 由式(8.1)和式(8.2)计算实际的 PID 参数整定值 $\Delta K(t)$，从而计算 PID 控制器的控制量输出 u；

⑤ 将输出 u 作用于控制对象，观测下一采样时刻的对象状态和参考模型状态，计算新的模型跟随误差，同时计算回报函数 r_t；

⑥ 对评价器网络的权值，利用 TD(λ)算法或 RLS-TD(λ)算法进行时域差值学习，对执行器网络，根据式(4.80)计算策略梯度估计，利用随机梯度下降算法式(4.82)进行权值的迭代；

⑦ $t=t+1$，若 $t=T$，则 $n=n+1$，返回(2)，否则，返回③。

上述算法的停止准则可以选择为系统性能指标达到给定要求或学习次数达到给定的最大值。

对于增强学习在复杂系统控制器优化设计中的应用，在文献[19]中利用 AHC 算法对一类大时延对象进行了学习控制研究，其中 AHC 算法执行器网络的输出直接作为控制量作用于控制对象,以不断减小与参考模型的跟随误差为目标。采用增强学习算法对 PID 参数进行自适应优化整定,与文献[19]的算法相比具有两方面的优势,一方面是由于结合了 PID 控制策略,能够有效地利用 PID 控制的鲁棒性,保证在学习过程中系统的稳定性,而文献[19]的算法在学习的初始阶段很难保证系统稳定性;另一方面是可以采用基于多步递推最小二乘时域差值学习的进化 AHC 算法,从而能够获得更高的学习效率,对于一些在线学习控制问题具有更大的应用价值。在本章的 8.2 节和 8.3 节中将分别以自动驾驶汽车的侧向控制和一类室内移动机器人系统的路径跟踪控制问题为应用背景,对上述基于在线增强学习的自适应 PID 控制器的优化性能进行研究。

8.2　自动驾驶汽车的侧向增强学习控制

　　自动驾驶汽车作为一类在智能交通系统等领域具有广泛应用前景的移动机器人系统,需要在高速公路等道路环境中能够实现高速路径跟踪控制。典型的自动驾驶汽车的运动机构如图 8.2 所示。

　　在图 8.2 中,w_1 和 w_2 为两个用于转向的前轮,w_3 和 w_4 为相对车体方向固定的后轮,XOY 为道路全局坐标系,$X_1O_1Y_1$ 为车体坐标系。自动驾驶汽车的路径跟踪控制包括对前轮偏角和车体纵向运动速度的控制。为简化控制器设计,通常分别对汽车的方向控制系统和速度控制系统进行研究,并且在高速运行条件下,速度变化相对较小,因此下面针对车速恒定条件下的自动驾驶汽车方向控制问题讨论基于增强学习的路径跟踪控制器优化设计。

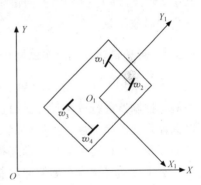

图 8.2　自动驾驶汽车的运动机构示意图

8.2.1　自动驾驶汽车的动力学模型

　　在自动驾驶汽车的建模仿真与控制器设计中,经常采用如下简化的车体-道路一体化模型[20]:

$$\begin{cases} \ddot{y} = A_1\dot{y}/v - A_1\theta + A_2\dot{y}/v + B_1a(t) + (A_2 - v^2)/\rho \\ \ddot{\theta} = A_3\dot{y}/v - A_3\theta + A_4\dot{\theta}/v + B_2a(t) + A_4/\rho \\ \tau_a(t)\dot{a}(t) + a(t) = a_c(t) \end{cases} \tag{8.6}$$

其中,y 为路径跟踪的侧向偏差;θ 为方向角偏差,即汽车的纵轴方向与期望路径切线方向的偏差；$a(t)$ 为前轮偏角；$a_c(t)$ 为前轮偏角的控制量；$\tau_a(t)$ 为方向控制的时间常数；ρ 为道路曲率。设 L_f、L_r 分别为汽车重心到前、后轴的距离，C_f、C_r 为汽车前后轮的综合侧偏系数，v 为纵向速度，m、I_z 分别为汽车的质量和转动惯量，则其他参数 $A_i(i=1,2,3,4)$ 和 $B_i(i=1,2)$ 的定义如下：

$$\begin{cases} A_1 = \dfrac{-2(C_f + C_r)}{m}, \quad A_2 = \dfrac{2(C_r L_r - C_f L_f)}{m} \\[2mm] A_3 = \dfrac{2(C_r L_r - C_f L_f)}{I_z}, \quad A_4 = -\dfrac{2(C_f L_f^2 + C_r L_r^2)}{I_z} \\[2mm] B_1 = \dfrac{2C_f}{m}, \quad B_2 = \dfrac{2L_f C_f}{I_z} \end{cases} \tag{8.7}$$

对于上述自动驾驶汽车的侧向控制问题，常规的 PID 控制律通常简单表示为

$$u(t) = k_P y(t) + k_a \theta(t) + k_D \dot{y}(t) + k_I \sum_{i=0}^{t} y(i) \tag{8.8}$$

其中，k_P、k_D 和 k_I 分别为侧向偏差的比例、微分和积分增益系数；k_a 为方向角偏差的比例增益系数。

8.2.2　用于自动驾驶汽车侧向控制的增强学习 PID 控制器设计

下面采用 8.1 节提出的基于增强学习的自适应 PID 控制器对自动驾驶汽车的侧向控制器进行优化设计。自适应 PID 控制器的固定增益通过手工调整获得，以保证系统的稳定性；通过增强学习来实现对可变增益系数的自适应调节，以优化自动驾驶汽车在高速运行下的路径跟踪性能。

对于自动驾驶汽车的侧向控制问题，基于增强学习的自适应 PID 控制律具有如下的形式：

$$u(t) = (k_{P0} + \Delta k_P) y(t) + (k_{a0} + \Delta k_a) \theta(t) + k_D \dot{y}(t) + k_I \sum_{i=0}^{t} y(i) \tag{8.9}$$

其中，k_{P0}、k_{a0}、k_D 和 k_I 为固定增益常数，根据手工调整的 PID 参数设定；Δk_a 和 Δk_P 为执行器神经网络的输出，分别用于对方向角偏差和侧向偏差的比例增益进行自适应调节。

基于上述自适应 PID 控制律，增强学习控制器由一个评价器网络和一个执行器网络构成。评价器网络的输入为系统的状态，包括：侧向偏差 y 及其变化率 $\dot{y}$，方向角偏差 θ 及其变化率 $\dot{\theta}$，输出为系统状态值函数的估计。执行器网络的输入与评价器网络相同，输出用于确定 PID 控制器的可变增益。评价器网络采用 CMAC 网络，其结构参数如下：泛化参数 $C=4$，每个输入的量化等级 $M=7$，经过 Hash 映射后物理地址空间大小为 $N=100$。学习算法采用 TD(λ) 算法，有关参数如下：折扣因子 $\gamma=0.95$，适合度轨迹参数 $\lambda=0.6$。执行器采用两个多层前馈神经

网络,中间层节点数为 6。Δk_P、Δk_a 由式(8.2)和式(8.3)给出的高斯分布进行行
为探索,高斯分布的均值由执行器网络输出确定。设两个执行器网络的输出分别
为 z_1、z_2($0 \leqslant z_1, z_2 \leqslant 1$),则 Δk_P、Δk_a 的均值由如下公式决定:

$$\Delta \bar{k}_P = (z_1 - 0.5)U_{\Delta P} \tag{8.10}$$

$$\Delta \bar{k}_a = (z_2 - 0.5)U_{\Delta a} \tag{8.11}$$

其中,$U_{\Delta P}$、$U_{\Delta a}$ 分别为可变增益 k_P、k_a 的变化范围。

为实现路径跟踪性能的优化,考虑采用如下形式的侧向偏差性能参考模型:

$$\dot{y}_D = -by_D \tag{8.12}$$

其中,$b > 0$ 为常数。以上参考模型对侧向偏差的变化给出了一种指数收敛的性能
指标曲线,适当地选择常数 b 可以进一步对系统性能进行优化。

在设计了参考模型的基础上,对回报函数的设计如下:

$$r_t = \begin{cases} k|y - y_D|, & |y - y_D| > e_1 \\ -c, & e_2 \leqslant |y - y_D| \leqslant e_1 \\ 0, & |y - y_D| < e_2 \end{cases} \tag{8.13}$$

其中,e_1、e_2 和 c 为常数,且 $0 \leqslant e_2 \leqslant e_1$;$k < 0$ 为回报比例系数。以上回报函数的设
计是为了尽量使系统侧向偏差的变化接近给定的参考模型,即具有指数收敛的性能。

在仿真研究中,车体动力学的有关参数如下:方向控制系统的惯性时间常数
$\tau_a = 0.2$s,车体质量 $m = 1175$kg,车体的转动惯量 $I_z = 2618$kg·m^2,车体重心到前
后轴的距离分别为 $L_f = 0.946$m 和 $L_r = 1.719$m,前后轮的综合侧偏系数分别为 C_f
$= 48000$N/rad,$C_r = 42000$N/rad。仿真时间步长为 $T = 0.005$s。总的仿真时间为
30s。有关控制系统的结构参见本章 8.1 节。

8.2.3　自动驾驶汽车直线路径跟踪仿真

根据以上基于增强学习的自适应 PID 控制器(以下简称为增强学习 PID 控制
器)设计方案,利用算法 8.1 对汽车的侧向控制问题进行了仿真研究。有关参考模
型和回报函数的具体参数选择如下:$b = 0.2, k = 0.5, e_1 = 0.05, e_2 = 0.01, c = 0.1$。
考虑直线跟踪的情形,初始侧向偏差为 $y = -2$m,方向角偏差为 0。评价器网络采
用线性 TD(λ)学习算法,学习因子为 0.05;执行器网络的学习因子为 0.2。进行
20 个周期的学习控制仿真,每个学习控制周期的仿真时间长度为 15s,系统的性能
指标用如下的总回报指标来评价:

$$J = \sum_{t=0}^{T} |r_t| \tag{8.14}$$

对于 PID 控制器的固定增益部分,采用如下的由手工整定获得的 PID 参数:

$$k_P = -0.0184, \quad k_D = -0.01385, \quad k_I = -0.00001, \quad k_a = -0.02$$

增强学习 PID 控制器的可变增益 k_P、k_a 的变化范围如下:$U_{\Delta P} = 0.02, U_{\Delta a} = 0.02$。

图 8.3 给出了 20 个学习控制周期中系统性能指标 J 的变化曲线。由图 8.3 可以看出,采用算法 8.1 的增强学习 PID 控制器能够经过较少的学习次数实现对性能指标的优化,经过 15 次学习后控制器的参数已基本稳定,且具有良好的性能。

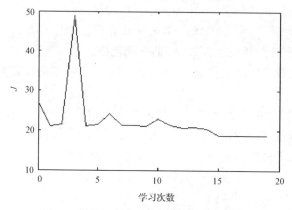

图 8.3　增强学习 PID 控制器的学习曲线

图 8.4～图 8.7 分别给出了增强学习 PID 控制器在学习前(仅有固定增益部分)和 15 个学习周期后的控制性能比较,包括侧向偏差变化、侧向偏差变化率、方向角偏差和控制量变化的比较,这些图中实线所示为增强学习 PID 控制器经过 15 个学习周期后的误差和控制量曲线,虚线所示为学习前的误差和控制量变化曲线。由上述仿真结果可以看出,增强学习 PID 控制器能够较好地实现系统动态性能和稳态误差性能的优化。

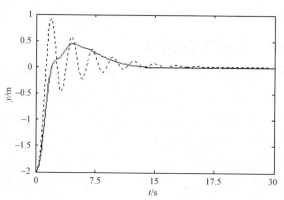

图 8.4　增强学习 PID 控制器作用下的侧向偏差变化曲线

直线跟踪,车速 $v = 30\text{m/s}$,实线表示 15 个学习周期后,虚线表示学习前的初始固定增益控制器

图 8.8 显示了经过 15 个学习周期后增强学习 PID 控制器的 PID 增益变化曲线。在图 8.8 中,侧向偏差的比例增益在固定增益 -0.0184 的基础上变化到 -0.005 附近,方向角偏差的比例增益则随着误差的变化情况而进行自适应的改变。

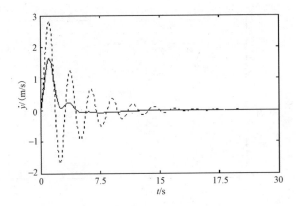

图 8.5　增强学习 PID 控制器作用下的侧向偏差变化率曲线

直线跟踪, 车速 $v = 30\mathrm{m/s}$, 实线表示 15 个学习周期后, 虚线表示学习前的初始固定增益控制器

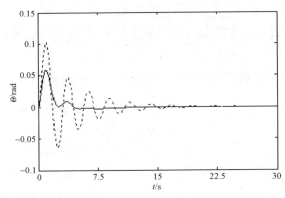

图 8.6　增强学习 PID 控制器作用下的方向角偏差变化曲线

直线跟踪, 车速 $v = 30\mathrm{m/s}$, 实线表示 15 个学习周期后, 虚线表示学习前的初始固定增益控制器

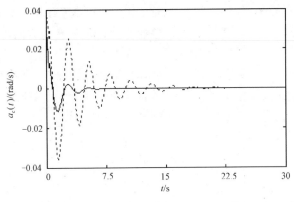

图 8.7　增强学习 PID 控制器作用下的前轮偏角控制量变化曲线

直线跟踪, 车速 $v = 30\mathrm{m/s}$, 实线表示 15 个学习周期后, 虚线表示学习前的初始固定增益控制器

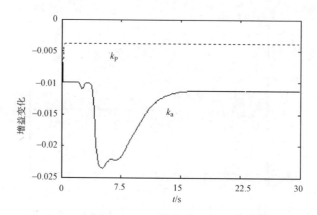

图 8.8　增强学习 PID 控制器的误差比例增益变化

8.3　基于在线增强学习的室内移动机器人路径跟踪控制

8.3.1　一类室内移动机器人系统的运动学和动力学模型

用于室内环境的轮式移动机器人,通常采用双轮差速驱动的控制结构,如

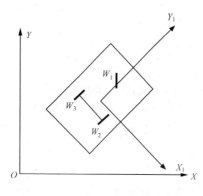

图 8.9　一类双轮差速驱动的移动
机器人示意图

图 8.9所示。上述双轮差速驱动的控制结构具有与汽车不同的运动学和动力学特性,因此其建模和控制问题的研究也成为移动机器人导航与控制的重要研究课题。

图 8.9 所示为一个三轮移动机器人,其中 W_2 和 W_3 为左右两个驱动轮,W_1 为支撑轮。W_2 和 W_3 具有相同的固定转轴,采用差速驱动;W_1 通常为方向可变的万向轮。

在图 8.9 的全局坐标系 XOY 中,上述 $(2,0)$-型移动机器人(有关移动机器人运动学特性的分类,参见文献[21])的运动学模型具有下面的形式:

$$\begin{cases} \dot{x} = v\cos\theta \\ \dot{y} = v\sin\theta \\ \dot{\theta} = \omega \end{cases} \tag{8.15}$$

其中,(x, y) 为移动机器人质心在 XOY 坐标系中的坐标;θ 为移动机器人运动方向与 OX 轴的夹角;v 和 ω 分别为运动速度和角速度。

上述移动机器人路径跟踪控制系统的控制量包括方向控制量 a_c 和速度控制量 v_c，其中方向控制量用于给定期望的角速度，速度控制量用于给定期望的速度。为进行路径跟踪控制的仿真研究，考虑到在实际系统中存在的时延，移动机器人系统的动力学特性用如下的两个惯性环节来描述：

$$\tau_a \dot{\omega} + \omega(t) = a_c(t) \tag{8.16}$$

$$\tau_v \dot{v} + v(t) = v_c(t) \tag{8.17}$$

其中，τ_a 和 τ_v 分别为方向控制通道和速度控制通道的惯性参数。

8.3.2　增强学习路径跟踪控制器设计

动力学模型式(8.16)和式(8.17)虽然是对系统动力学特性的近似，但由于增强学习 PID 控制器不依赖于系统的动力学模型，因此能够用于验证方法的自适应优化性能。在仿真研究中，积分步长为 0.05s，控制周期为 0.2s。仿真研究中考虑车速为恒定的情形，$v = 0.4\text{m/s}$。方向控制的时延常数为 $\tau_a = 0.1\text{s}$。

控制器的设计采用对方向偏差和侧向偏差进行比例控制，即微分和积分增益系数为 0。对应的常规 PID 控制律具有如下形式：

$$a_c = k_1 \Delta y + k_2 \Delta \theta \tag{8.18}$$

其中，Δy 和 $\Delta \theta$ 分别为侧向偏差和方向角偏差；k_1 和 k_2 分别为相应的比例系数。

增强学习 PID 控制器的控制律为

$$a_c = (k_1 + \Delta k_1) \Delta y + (k_2 + \Delta k_2) \Delta \theta \tag{8.19}$$

其中，Δk_1 和 Δk_2 为自适应增益，由执行器网络的输出确定。

系统性能的参考模型采用式(8.12)描述的动力学特性，其中参数 $b = 0.2$。在给定参考模型后，回报函数的设计仍然采用式(8.13)确定的形式，有关的参数如下：$k = 2, e_1 = 0.1, e_2 = 0.05, c = 0.5$。神经网络学习控制器的评价器采用 CMAC 网络，其输入为系统的四维误差向量，即 $(\Delta y, \Delta \dot{y}, \Delta \theta, \Delta \dot{\theta})$，输出为状态值函数的估计，结构参数如下：泛化参数 $C = 4$，每个输入的量化区间数 $M = 7$，物理地址空间大小为 $N = 40$；执行器网络采用多层前馈神经网络，中间层节点数目为 6。学习控制器的学习算法为本书第 4 章讨论的 Fast-AHC 算法，即评价器网络采用 RLS-TD(λ)学习算法，有关参数如下：$\lambda = 0.6, P_0 = 0.1I$；执行器网络采用策略梯度估计法，学习因子 $\beta = 0.2$。

8.3.3　参考路径为直线时的仿真研究

首先考虑参考路径为直线时的情况，参考直线的方程如下：$y_r = 0, \theta_r = 0$。移动机器人的初始位置为 $(0, 0.5)$，对于直线跟踪的情形，侧向偏差和方向角偏差的计算公式为

$$\Delta y = y - y_r \tag{8.20}$$
$$\Delta \theta = \theta - \theta_r \tag{8.21}$$

仿真中增强学习 PID 控制器的固定增益部分采用的手工整定值如下：$k_1 = 0.2, k_2 = 0.4$，可变增益的范围如下：$U_{\Delta k_1} = 0.4, U_{\Delta k_2} = 0.8$。

在仿真研究中，增强学习 PID 控制器的学习周期数为 10 次，每个周期的仿真时间长度为 20s。图 8.10 为学习前后侧向误差的变化曲线比较。图 8.10 中，实线所示为 10 次学习后的侧向误差变化曲线，虚线所示为采用学习前的固定 PID 增益控制的侧向误差变化曲线。由图 8.10 可以看出，控制器在经过增强学习后具有更快的收敛速度和更小的超调量。

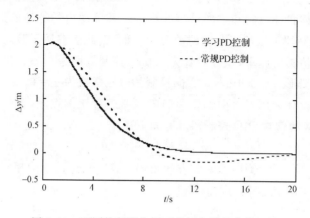

图 8.10　不同控制器作用下的侧向误差曲线比较

图 8.11 进一步给出了增强学习 PID 控制器的侧向误差增益变化曲线。从图 8.11 中可以看出，增强学习 PID 控制器在侧向误差变小后能够自动减小比例增益，以避免超调。

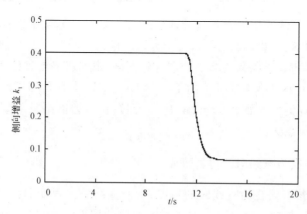

图 8.11　增强学习 PID 控制器的侧向误差增益变化曲线

8.3.4　参考路径为圆弧时的仿真研究

当参考路径为圆弧时,在计算侧向误差和方向角误差时采用了一种预瞄控制的思想,如图 8.12 所示。

在图 8.12 中,C 为参考圆弧的圆心,R 为机器人的位置,B 为预瞄点,直线 BA 为点 B 的切线方向,确定了预瞄方向,ρ 为预瞄角度。

基于上述预瞄控制的思想,路径跟踪控制器的侧向误差和方向角误差的计算方法为

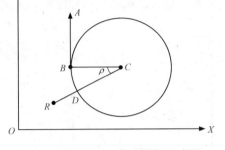

$$\Delta y = d_{CR} - d_{CD} \qquad (8.22)$$
$$\Delta \theta = \theta_{AB} - \theta \qquad (8.23)$$

图 8.12　圆弧跟踪时预瞄控制示意图

其中, d_{CR} 和 d_{CD} 分别为线段 CR 和 CD 的长度;θ_{AB} 为直线 AB 在坐标系 XOY 中的方向角;θ 为机器人的速度方向。

在仿真研究中,圆弧的半径为 2m,预瞄角度 θ_{AB} 为 0.01rad,初始侧向位置偏差为 0.5m,方向角偏差为 0,参考性能曲线的参数为 $b=0.3$。

在以上误差定义的基础上,对于圆弧路径跟踪问题的常规 PID 整定值如下:$k_1 = -3, k_2 = 2$,并且作为增强学习 PID 控制器的固定增益部分。增强学习 PID 控制器的设计过程与直线跟踪时基本相同,有关的学习参数选取为相同的数值。对于控制器的可变增益部分,其变化范围设定如下:$U_{\Delta k_1} = 6, U_{\Delta k_2} = 1$。图 8.13 为学习前后系统的侧向误差比较,其中,图中实线所示为 5 次学习后增强学习 PID 控制器作用下的侧向误差曲线,虚线为学习前的侧向误差曲线。从图中可以看出,利用控制器经过增强学习后能够获得更快的侧向误差收敛速和更小的稳态侧向跟踪误差。

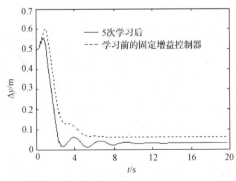

图 8.13　学习前后系统在圆弧跟踪问题中的侧向误差比较

8.3.5　CIT-AVT-VI 移动机器人实时在线学习路径跟踪实验

为进一步验证上述增强学习 PID 控制器的有效性,在 CIT-AVT-VI 轮式移动机器人系统上进行了实时在线学习路径跟踪实验研究。CIT-AVT-VI 移动机器人平台是在美国 TRC 公司生产的 LABMATE 移动机器人系统的基础上,经过传感器和通信系统改造而构建的。其运动机构包括两个由直流电机控制的独立驱动轮和 4 个导向轮,质量约为 60kg,电源由两个 58A·h 的蓄电池提供,最大运行速度为 100cm/s。CIT-AVT-VI 移动机器人的外形尺寸和 6 个车轮的位置如图 8.14 所示。其中,W_1、W_2 为分别左、右独立驱动轮,$W_3 \sim W_6$ 均为导向轮。在两个独立驱动轮的转轴上安装有两个光电码盘传感器,用于根据车轮的转动来测算移动机器人位置和方向角的变化,其定位误差在室内平整路面条件下小于 2%(运行距离小于 10m)。

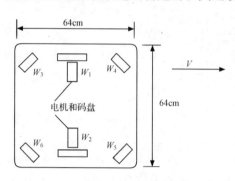

图 8.14　CIT-AVT-VI 移动机器人的
外形尺寸及运动机构

CIT-AVT-VI 移动机器人的运动控制系统包括底层的电机转速闭环控制和上层的方向与速度控制器,其结构如图 8.15 所示。

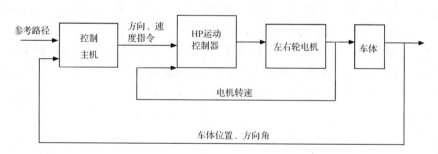

图 8.15　CIT-AVT-VI 移动机器人的运动控制系统

由图 8.15 可知,上述运动控制系统是一个双闭环控制系统,即底层的运动控制器完成电机转速的闭环控制,控制主机中的方向与速度控制器完成车体位置和方向的闭环控制。在进行移动机器人的路径跟踪控制器设计时,由于底层的电机转速闭环控制器已经在产品出厂时固定,因此只需要进行上层的方向和速度控制器的设计。

基于以上运动控制系统,进行了移动机器人实时在线增强学习的路径跟踪控制实验。在实验中,采用 8.3.2 小节讨论的基于增强学习的自适应 PD 控制器进行移动机器人方向角的控制,移动机器人的运行速度设定为常数 $v = 35\text{cm/s}$。参考路径为直线,初始侧向偏差为 250mm,方向角偏差为 0。学习控制器中的评价器网络采用 CMAC 神经网络,结构参数如下:泛化参数 $C = 4$,每个输入的量化区间数 $M = 7$,物理地址空间大小为 $N = 60$。执行器网络采用多层前馈神经网络,中间层节点数目为 5。学习控制器的学习算法为 Fast-AHC 算法,即评价器网络采用 RLS-TD(λ) 学习算法,有关参数如下:$\lambda = 0.6$,$P_0 = 0.1I$;执行器网络采用策略梯度估计算法,学习因子 $\beta = 0.2$。由于系统控制主机通过无线 Modem 与车载的 HP 运动控制器通信,因此考虑到无线通信的延时,控制器的采样周期为 400ms。

在实验中,增强学习 PID 控制器的每次学习控制周期由初始状态(时刻 $t = 0$)开始,到 $t = 18\text{s}$ 结束。图 8.16 和图 8.17 分别给出了经过 2 次和 4 次学习后增强学习 PID 控制器与学习前固定增益控制器的路径跟踪性能比较,其中数据为码盘实测数据。图中虚线所示为学习前固定增益控制器作用下的侧向误差变化曲线,其中 PD 增益如下:$k_1 = 0.6$,$k_2 = 0.6$;实线所示为增强学习 PID 控制器对应的侧向误差曲线,可变增益的幅值为 0.3。

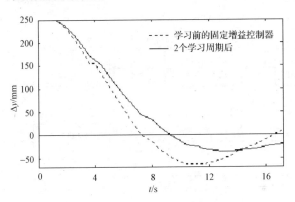

图 8.16　侧向跟踪误差比较 1

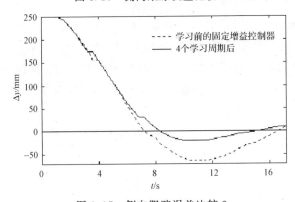

图 8.17　侧向跟踪误差比较 2

　　由实验结果可以看出,增强学习 PID 控制器能够根据性能目标函数自动实现 PID 增益的优化整定,并且具有在线、实时学习的能力,从而为复杂、不确定对象的控制器优化设计问题提供了一条新的途径。

8.4　采用近似策略迭代的移动机器人学习控制方法研究

　　目前,尽管学术界在移动机器人路径跟随控制方面进行了广泛的研究,但现有方法在优化性能方面还有待改进。最近几年,在增强学习和近似动态规划方面的研究取得重要进展,为求解复杂、不确定系统优化控制问题提供了广阔的应用空间。本节将研究基于近似策略迭代算法 KLSPI[22] 的双轮驱动移动机器人路径跟随控制器设计方法,可以在缺乏机器人动力学先验模型知识的情况下利用观测数据来离线优化控制器性能。

8.4.1　基于近似策略迭代的学习控制方法与仿真研究

　　移动机器人学习控制系统具有如图 8.18 所示的结构图[23]。

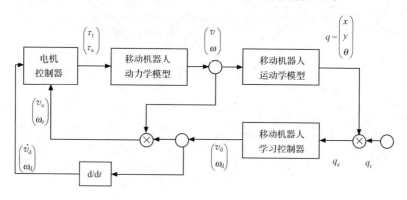

图 8.18　移动机器人学习控制系统结构图

　　图 8.18 中电机控制器采用固定的 PD 控制或者计算力矩控制,学习控制器用于根据当前状态误差生成期望的纵向速度和角速度。在控制器学习优化中,参考路径事先给定,性能优化目标为最小化路径跟随误差。为实现控制器解耦,考虑纵向速度为常数的情形,学习控制器通过改变期望角速度来实现路径跟随控制性能的优化。

　　在移动机器人学习控制模块中,移动机器人的期望角速度采用 PID 控制,侧向控制律为

$$\omega_P(t) = k_P e(t) + k_D \dot{e}(t) + k_I \sum_{i=0}^{t} e(i) \tag{8.24}$$

其中,$e(t)$ 和 $\dot{e}(t)$ 为移动机器人运动轨迹与期望轨迹的误差及其导数;k_P、k_D、k_I 分别表示跟随误差的比例、微分、积分系数。学习控制器通过系数选择来实现控制器优化。仿真中电机控制器采用固定参数的比例控制

$$u = K\left[\begin{pmatrix} v \\ \omega \end{pmatrix} - \begin{pmatrix} v_d \\ \omega_d \end{pmatrix}\right]^{\mathrm{T}} \tag{8.25}$$

其中,u 表示电机力矩输出向量;K 为电机比例控制系数;v、ω 表示电机输出的线速度和角速度;v_d、ω_d 表示期望的线速度和角速度。

　　针对上述双轮驱动移动机器人的学习控制问题,首先建立对应的 Markov 决策过程模型。Markov 决策过程模型 $\{S, A, R, P\}$ 的状态定义为三维向量 $s(t) = (e_x, e_y, e_\theta)$,$(e_x, e_y, e_\theta)$ 为机器人实际位姿与期望位姿之间的误差;考虑采用自学习优化策略的 PID 控制器结构,$A = \{a_1, a_2, \cdots, a_n\}$ 为有限的可选行为集合,集合的元素定义为一系列候选 PID 参数 $a(t) \in [(k_{P1}, k_{D1}), (k_{P2}, k_{D2}), \cdots, (k_{Pn}, k_{Dn})]$。近似策略迭代算法根据预先定义的回报函数,通过选择行为即 PID 参数切换序列来优化移动机器人侧向控制性能。回报函数和目标函数选择为

$$r_t = c\,|e_t| \tag{8.26}$$

$$J = \sum_{t=0}^{T} \gamma^t r_t \tag{8.27}$$

其中,e_t 为移动机器人的路径跟随误差;c 为负常数;γ 为接近 1 的折扣因子。

　　最优策略 π^* 满足方程

$$J^{\pi^*} = \max_\pi J^\pi = \max_\pi E_\pi \Big[\sum_{t=0}^{\infty} \gamma^t r_t\Big] \tag{8.28}$$

其中,J^π 为期望总回报。

　　在将控制器优化设计问题建模为 Markov 决策过程后,移动机器人学习控制的目标转化为逼近 Markov 决策过程的最优状态-行为值函数。由于 Markov 决策过程的状态转移模型未知,需要利用观测数据 $\{s, a, r, s', a'\}$(s' 和 a' 表示状态-行为对 (s, a) 在下一个采样时刻的状态和行为,r 为当前时刻的回报值)来实现近似最优值函数和最优策略的逼近。利用增强学习算法是解决以上问题的基本手段,但需要研究实现大规模连续空间的策略逼近与泛化问题。

　　采用传统函数逼近器的增强学习算法中存在着两个主要缺点:第一是局部收敛性,如基于梯度的学习算法;第二是利用值函数逼近器的时候,其逼近结构难以优化确定,而逼近结构的好坏直接影响到算法的性能。在基于 KLSPI 的增强学习算法中,利用 KLSTD-Q 实现高精度的行为值函数逼近,从而有效地保证了算法的收敛速度和对最优策略的逼近能力。另外,在 KLSTD-Q 算法中集成了基于近似线性相关分析(ALD)的核稀疏化方法,从而减小了核方法的计算与存储代价,实现了基于核的特征向量的自动构造与优化,在降低算法复杂性的同时,提高了算法

泛化性能。

　　与文献[24]中提出的 LSPI 算法相比,KLSPI 算法很好地解决了特征选择和优化效率之间的关系,克服了 LSPI 算法中需要人工进行特征选择与优化的困难。KLSPI 是一类近似策略迭代方法,有两个主要组成部分,分别为策略评价模块和策略改进模块。策略评价模块是估计平稳策略下的状态-行为值函数;策略改进模块是基于对当前平稳策略的状态-行为值函数估计来获得下一步的贪心策略。如果基于时域差值学习的策略评价能够以高精度逼近每次迭代的行为值函数,则近似策略迭代算法能够在很少的迭代次数内收敛到 Markov 决策过程的近似最优策略。在 KLSPI 算法中,通过应用 KLSTD-Q 算法,行为值函数 $Q(s,a)$ 的逼近形式为

$$\widetilde{Q}(s,a) = \sum_{i=1}^{t} \alpha_i k\left(s(x,a), s(x_i,a_i)\right) \qquad (8.29)$$

其中,$s(x,a)$ 为状态-行为对 (x,a) 的联合特征;$\alpha_i\,(i=1,2,\cdots,t)$ 为加权系数,$(x_i,a_i)\,(i=1,2,\cdots,t)$ 为采样数据集合中的样本点。可以利用公式

$$A_T = \sum_{i=1}^{T} k(s_i)\left[k^{\mathrm{T}}(s_i) - \gamma k^{\mathrm{T}}(s_{i+1})\right] \qquad (8.30)$$

$$b_T = \sum_{i=1}^{T} k(s_i)r_i \qquad (8.31)$$

$$k(s_i) = (k(s_1,s_i), k(s_2,s_i), \cdots, k(s_T,s_i))^{\mathrm{T}} \qquad (8.32)$$

求解得出 KLSTD-Q 中系数向量

$$\alpha = A_T^{-1} b_T \qquad (8.33)$$

　　在 KLSPI 中需要解决的另外一个关键问题是如何保证解的稀疏性。基于近似线性相关分析(详细参见第 6 章),可以得到一个近似线性无关的维数较低的数据词典,而其他样本点则可以通过数据词典中样本数据的线性组合近似表示,因此利用数据词典可以代替原来高维的样本数据集合。设 $D_{t-1} = \{x_j\}\,(j=1,2,\cdots,d_{t-1})$ 为已经得到的数据词典集合,则对于一个新的数据样本 $\varphi(x_t)$,其近似线性相关性可以通过如下的判别不等式进行计算:

$$\delta_t = \min_{c} \left\| \sum_j c_i \phi(x_j) - \phi(x_t) \right\|^2 \leqslant \mu \qquad (8.34)$$

其中,$c=[c_j]$;μ 为确定稀疏化程度和线性逼近精度的阈值参数,通过对参数 μ 的选择可以有效地实现对核矩阵的稀疏化。

　　根据定理 6.1,在一定条件下,采用 KLSPI 算法求解得到的策略序列将收敛到一个包含近似最优策略的局部策略空间,其中近似最优策略与真实最优策略的性能误差上界由 KLSTD-Q 算法的行为值函数逼近误差所确定。

　　为评价以上学习控制器的性能,本节进行了移动机器人路径跟随控制的仿真研究。根据文献[25]的研究结果,考虑采用如下的双轮驱动移动机器人动力学

模型：

$$\dot{X}(t) = AX(t) + Bu(t) \tag{8.35}$$

其中，状态向量 $X = (v, \theta, \omega)^\mathrm{T}$；$v$ 表示线速度；θ 表示机器人坐标系与笛卡儿坐标系之间的夹角；ω 为角速度；控制向量 $u = (\tau_1, \tau_2)$，τ_1 和 τ_2 为左右轮的输入转矩，其他参数矩阵定义为

$$A = \begin{bmatrix} a_1 & 0 & 0 \\ 0 & 0 & 1 \\ 0 & 0 & a_2 \end{bmatrix}, \quad B = \begin{bmatrix} b_1 & b_1 \\ 0 & 0 \\ b_2 & -b_2 \end{bmatrix}$$

$$a_1 = \frac{-2c}{Mr^2 + 2I_\omega}, \quad a_2 = \frac{-2cl^2}{I_v r^2 + 2I_\omega l^2}$$

$$b_1 = \frac{kr}{Mr^2 + 2I_\omega}, \quad b_2 = \frac{krl}{I_v r^2 + 2I_\omega l^2}$$

式中，驱动轮的间距为 $2l$；驱动轮直径为 r；机器人质量为 M；机器人转动惯量为 I_v；驱动轮的转动惯量为 I_ω；驱动轮的黏性摩擦系数为 c；驱动增益系数为 k。

在仿真研究中，假设移动机器人动力学模型是未知的，控制器的学习优化通过数据驱动来实现。动力学模型仅在仿真中用来产生与移动机器人运动状态的相关数据。在移动机器人仿真中，有关模型参数如下：$I_v = 2.64 \times 10^{-5} \mathrm{kg \cdot m^2}$；$M = 0.07 \mathrm{kg}$；$l = 0.025 \mathrm{m}$；$k = 68.0$；$I_\omega = 2.2 \times 10^{-6} \mathrm{kg \cdot m^2}$；$c = 1.0 \times 10^{-7} \mathrm{kg \cdot m^2/s}$；$r = 0.0075 \mathrm{m}$。仿真中，每个学习周期的初始状态是随机的，并在 15s 后结束，其中采样间隔 0.05s。这样在每个学习周期中采集了 300 个样本点。在 KLSPI 每次迭代中，策略评价用 10 个周期的采样数据。为最小化跟随误差，Markov 决策过程的回报函数为如下形式：

$$r_t = \begin{cases} -0.1 \times |e_t|, & |e_t| > 0.001 \\ 0, & |e_t| \leqslant 0.001 \end{cases} \tag{8.36}$$

在仿真中，移动机器人电机控制器采用典型的比例控制实现，其中电机比例控制参数 K 为 0.7。在移动机器人学习控制器中，取 k_1 为 0.0001，在典型的 PD 参数中选取三组值作为可选参数：$\{(k_\mathrm{PI}, k_\mathrm{DI})\} = \{(0.6, 0.8), (0.7, 0.7), (0.8, 0.6)\}$。

学习过程开始的初始行为策略是均匀随机策略，也就是说每组参数的选择概率是一样的。在有先验知识的情况下，也可以指定初始策略来提高学习过程。在 KLSPI 中策略评价采用的径向基核函数的宽度常数设为 1.0，核稀疏化阈值参数为 0.01，基于 ALD 的核稀疏化过程完成后，自动构造得到维数为 184 的核特征向量。以跟随直线为例，在初始侧向误差为 0.3m、速度 0.1m/s、速度有扰动情况下进行路径跟随控制。在没有先验知识情况下，初始策略是随机选择 PD 参数的。仿真结果表明，经过 7 次迭代后，KLSPI 算法收敛到近似最优控制策略。

图 8.19 中对采用传统固定参数的 PD 控制方法与基于近似策略迭代的学习控制方法进行了路径跟随效果的对比。

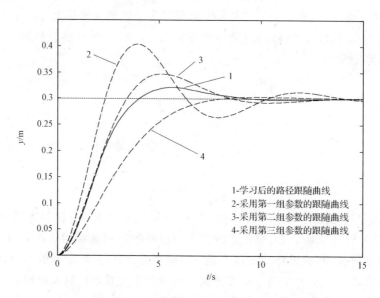

图 8.19　不同控制器作用下的移动机器人路径跟随曲线

图 8.19 中横坐标表示时间(单位:s);纵坐标表示移动机器人在笛卡儿坐标系下 y 轴坐标值。虚线 2~虚线 4 分别表示三组 PD 参数下路径跟随曲线;实线 1 表示学习后的路径跟随曲线。可以明显地看出学习控制器能够得到比传统 PD 控制更好的路径跟随性能。

图 8.20 显示 KLSPI 在经过 7 次迭代后的控制器参数切换序列。图中横坐标表示时间(单位:s);纵坐标表示离散行为序列。坐标值 1、2、3 分别代表三组不同的 PD 系数。可以看出,学习控制器通过较少的迭代就得到了优化策略,并且自学习控制方法更突出的优点是在缺少移动机器人动力学模型的情况下能通过数据驱动完成性能自动优化。

8.4.2　基于 P3-AT 平台的学习控制器设计

本小节将探讨基于 P3-AT 机器人平台的学习控制器设计方法。自 20 世纪 90 年代初起,MobileRobots 公司以斯坦福大学 SIR 实验室为技术依托,先后研发出 Pioneer1、Pioneer2、Pioneer3 三代移动机器人产品,主要型号包括适合室内运行的 DX 型、具有较强越障性能的 AT 型。用于实验研究的移动机器人是 Mobile-Robots 公司研制的 Pioneer3-AT 型(P3-AT)机器人(图 8.21)。

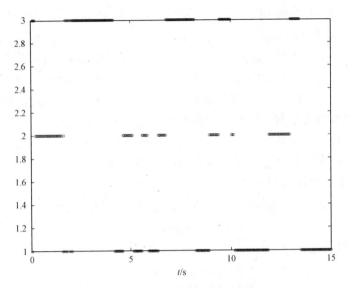

图 8.20　7 次迭代后的控制器参数切换序列

图 8.21　Pioneer3-AT 型(P3-AT)机器人

　　Pioneer3-AT 型机器人采用坚固的铝制外壳,基本的 Pioneer3-AT 型机器人质量为 9kg(带电池),可以携带 35kg 载荷。2003 年以来 Pioneer3 型机器人采用的控制器为日立公司的 H8S 系列,具有更快捷的处理速度和更强大的扩展能力。

车载计算机也全面升级到 PIII 系统。在软件方面,Pioneer3-AT 型机器人的操作系统为 ActiveMedia Robotics Operating System（AROS）,使用了高性能 32 位 SH2 系列控制器。车载计算机通过 COM1 接口与控制器连接,直接实现数据通信。

　　移动机器人学习控制器设计的基本原理与 8.4.1 小节的仿真研究相同,仍然采用基于 KLSPI 算法的近似策略迭代方法进行 PID 控制器参数的学习优化,区别在于系统的数据采集与实时控制均在实际的机器人平台上进行。在实验初始时,移动机器人保持恒定的线速度 $v_P = 0.3 \text{m/s}$,在直线 $y = 0$ 上,向 x 轴正方向行驶。Pioneer3-AT 的学习控制任务是使移动机器人保持恒定的线速度,阶跃到直线 $y = 1$ 上,并朝 X 轴正向行驶。

　　仍然考虑采用 PD 控制,侧向控制律为跟随误差及其导数

$$\omega_P(t) = k_P e(t) + k_D \dot{e}(t) \tag{8.37}$$

其中,跟随误差及其导数为

$$\begin{cases} e(t) = 1.0 - y \\ \dot{e}(t) = -v_P \sin\theta \end{cases} \tag{8.38}$$

　　在典型的 PD 参数中选取三组值作为可选参数: $\{(k_{PI}, k_{DI})\} = \{(0.6, 0.9), (0.4, 1.2), (0.2, 1.5)\}$。

　　移动机器人初始位置选择在 $x = -2\text{m}$ 处,朝 x 轴正向启动行驶,这样当移动机器人到达 $x = 0\text{m}$ 时,保证其线速度 v_P 已经达到恒定值 $v_P = 0.3\text{m/s}$,并从此刻开始进行侧向控制。

　　控制律的系数是从三组 PD 参数中随机选择的。每选定一组参数,就用这组参数进行控制,控制时间为 0.5s,并记录下当前的位姿,然后再重新随机选择一组参数进行控制。即每隔 0.5s 切换一次控制律参数,直到移动机器人在 x 轴方向上行驶了 4m。

　　移动机器人在 x 轴方向上,从 $x = 0\text{m}$ 运动到 $x = 4\text{m}$,就完成了一个数据采集周期。之后,把 $y - 1$ 作为移动机器人在 y 轴方向的值,即可重复上面的控制任务,如此反复执行控制任务,图 8.22 所示为移动机器人的实时控制数据循环采集过程。

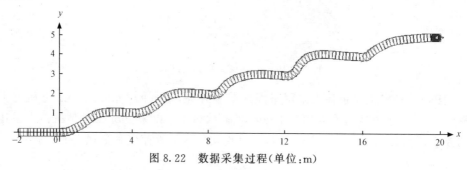

图 8.22　数据采集过程(单位:m)

本实验共进行了 800 个数据采集周期,共收集了 21539 个移动机器人的位姿数据序列 $\{(x_i, y_i, \theta_i)\}$ 和动作系列 $\{a_i\}$ $(i=1,2,\cdots,21539)$, $a_i \in \{1,2,3\}$,其中 1、2、3 分别表示控制律参数选择 (k_{I1}, k_{D1})、(k_{I2}, k_{D2})、(k_{I3}, k_{D3})。

对这些原始数据进行基于距离的筛选,可以得到简化的数据样本集合,算法流程如图 8.23 所示,实验共得到了 11244 个学习样本。

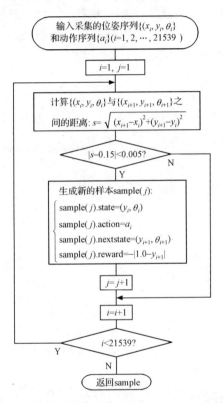

图 8.23　Markov 决策过程样本生成和筛选流程

8.4.3　直线跟随实验

在学习过程中,状态-行为对的联合特征 feature(state,action) 定义如下:

$$\text{feature(state,action)} = \begin{cases} (\text{state1} \quad \text{state2} \quad 0 \quad 0 \quad 0 \quad 0), & \text{action} = 1 \\ (0 \quad 0 \quad \text{state1} \quad \text{state2} \quad 0 \quad 0), & \text{action} = 2 \\ (0 \quad 0 \quad 0 \quad 0 \quad \text{state1} \quad \text{state2}), & \text{action} = 3 \end{cases}$$

核函数选择径向基函数,其宽度设为常数 0.5,则基函数形式如下:

$$\text{kernel}(f_1, f_2) = \exp\left[-\left(\sum_{i=1}^{6} |f_1(i) - f_2(i)|\right)/0.5\right] \tag{8.39}$$

其中,$f_1 = \text{feature(state1,action1)}$;$f_2 = \text{feature(state2,action2)}$。

核稀疏化阈值参数设为 0.2,基于 ALD 的核稀疏化过程完成后,自动构造得到 257 个核特征向量。学习过程的初始策略是随机行为策略,也就是动作集合中每个动作的选择概率是相同的。折扣因子 $\gamma = 0.99$,迭代误差 $e = 10^{-5}$。经过 5 次迭代,策略收敛到近似最优策略。实验结果如图 8.24 所示。其中,曲线 1、2、3 分别表示三组 PD 参数下路径跟随曲线;实线 4 表示学习后的路径跟随曲线。可以明显地看出学习控制器具有比传统固定增益 PD 控制器更好的路径跟随性能。实验场景如图 8.25 所示;5 次迭代后得到的策略如图 8.26 所示;KLSPI 学习得到的近似最优值函数曲面如图 8.27 所示。

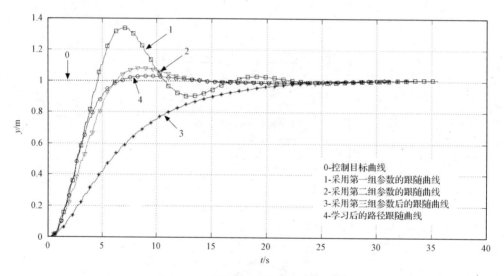

图 8.24　跟随直线的控制器性能比较

图 8.25　Pioneer3-AT 型机器人路径跟随实验场景

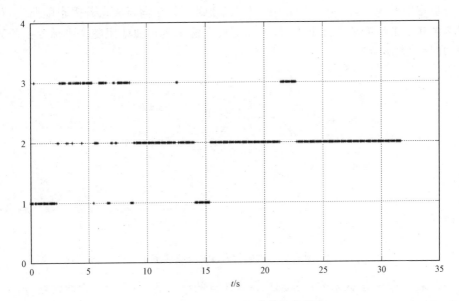

图 8.26　学习后的 PD 参数切换策略

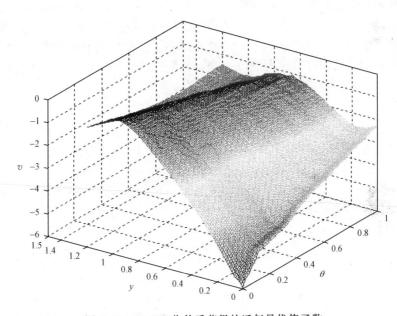

图 8.27　KLSPI 收敛后获得的近似最优值函数

8.4.4　曲线跟随实验

在上述实验中,Pioneer3-AT 型移动机器人的学习控制任务是使移动机器人保持恒定的线速度,阶跃到直线 $y=1$ 上,并朝 x 轴正向行驶。若需跟随曲线,可以考虑在以上研究的基础上,进行坐标变换方法来实现曲线跟随。坐标变换的原理如图 8.28 所示。

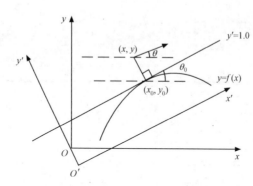

图 8.28　曲线跟踪中的坐标变换

在采用 Oxy 坐标系表示移动机器人位置的情况下,当机器人运动到点 (x,y),目标曲线为 $y=f(x)$,可以在目标曲线上找到距点 (x,y) 最近的一点 (x_0,y_0)。此时的控制任务就转换成跟踪直线 $y-y_0=f'(x_0)(x-x_0)$,即目标曲线在点 (x_0,y_0) 处的切线为目标直线。在 8.3.3 小节得到的实验结果是跟踪直线 $y=1.0$,所以需要把直线 $y-y_0=f'(x_0)(x-x_0)$ 变换成 $O'x'y'$ 坐标系下的直线 $y'=1.0$。

从图 8.28 可以看出,首先把 Oxy 坐标系绕点 O 旋转角度 θ_0,然后在 $O'y'$ 轴上平移距离 d,坐标变换方程如下:

$$\begin{bmatrix} x' \\ y' \end{bmatrix} = \begin{bmatrix} \cos\theta_0 & \sin\theta_0 \\ -\sin\theta_0 & \cos\theta_0 \end{bmatrix} \begin{bmatrix} x \\ y \end{bmatrix} + \begin{bmatrix} 0 \\ d \end{bmatrix} \tag{8.40}$$

并且点 (x_0,y_0) 在 $O'x'y'$ 坐标系下的直线 $y'=1.0$ 上,可以得出

$$y' = -\sin\theta_0 \cdot x_0 + \cos\theta_0 \cdot y_0 + d = 1.0 \tag{8.41}$$

$$d = 1.0 + \sin\theta_0 \cdot x_0 - \cos\theta_0 \cdot y_0 \tag{8.42}$$

将式(8.42)代入式(8.40)得

$$\begin{bmatrix} x' \\ y' \end{bmatrix} = \begin{bmatrix} \cos\theta_0 & \sin\theta_0 \\ -\sin\theta_0 & \cos\theta_0 \end{bmatrix} \begin{bmatrix} x \\ y \end{bmatrix} + \begin{bmatrix} 0 \\ 1.0 + \sin\theta_0 \cdot x_0 - \cos\theta_0 \cdot y_0 \end{bmatrix} \tag{8.43}$$

又因为 $\theta_0 = \arctan(f'(x_0))$,则

$$\theta' = \theta - \theta_0 = \theta - \arctan(f'(x_0)) \tag{8.44}$$

其中,$f'(x)$ 是目标曲线 $y=f(x)$ 关于 x 的导数。所以,当移动机器人运动到点 (x,y) 时,求得当前的状态值 (y',θ'),类似直线跟踪任务的学习优化方法,可得到移动机器人曲线跟踪的优化控制策略。

在实验中,仍然设定 Pioneer3-AT 型移动机器人从 $x=-2\text{m}$ 处出发,朝 Ox 轴正向行驶。当移动机器人到达 $x=1\text{m}$ 处,开始执行曲线跟随任务。目标曲线选

择衰减的正弦曲线,方程如下:

$$y = f(x) = 5.0\sin(0.5x)\mathrm{e}^{-0.2x} \tag{8.45}$$

实验结果如图 8.29 所示,该实验结果表明基于 KLSPI 的学习控制器应用在曲线跟随任务中,也具有良好的控制效果,能够有效实现控制器的自学习优化。

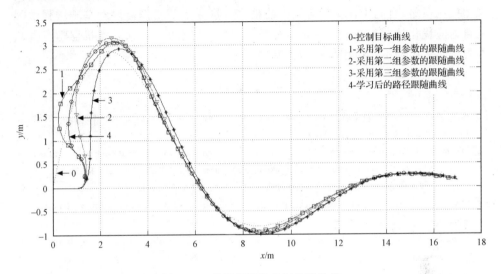

图 8.29　曲线跟踪的控制性能比较

8.5　小　　结

本章研究了增强学习在移动机器人路径跟踪控制器设计和优化中的应用。针对常规 PID 控制器存在的在线优化困难、无法对变化环境实现自适应的缺点,提出了一种基于增强学习的自适应 PID 控制器设计方法。该方法通过神经网络增强学习算法实现了 PID 增益的自适应优化整定,具有不依赖对象动力学模型,能够实现在线优化的特点。分别针对无人驾驶汽车和室内移动机器人的路径跟踪控制问题,研究了增强学习 PID 控制器在上述问题中的应用。通过仿真和实验研究对方法的有效性进行了验证。实验结果表明,增强学习 PID 控制器能够通过在线增强学习实现对 PID 增益的在线自整定和优化,且具有学习效率高的优点,不但为移动机器人路径跟踪控制器的优化设计提供了一条有效的途径,而且对于其他复杂动力学系统的优化控制也具有应用价值。

结合近似动态规划方法的研究成果,提出了一种基于近似策略迭代的移动机器人路径跟随控制方法。通过将机器人运动控制器的优化设计问题建模为 Markov 决策过程,采用 KLSPI 算法实现控制器参数的自学习优化。与传统表格型和基于神经网络的增强学习方法不同,KLSPI 算法在策略评价中应用核方法进行特征选择和值函数逼近,从而提高了泛化性能和学习效率。针对 Pioneer3-AT 型移动机器人开展了基于近似动态规划的移动机器人路径跟随控制实验研究,通过大量实际数据(跟踪直线、曲线)对本章提出的路径跟随控制器性能进行了分析评测。实验结果表明,应用提出的方法通过较少次数的学习迭代就可以获得优化的路径跟随控制策略,有利于在实际应用中的推广。进一步的工作需要对基于增强学习的自适应优化控制系统进行稳定性分析和研究,为增强学习这一类机器学习方法在控制工程中的推广应用提供理论基础。

参 考 文 献

[1] Stenz A,et al. An autonomous system for cross-country navigation [A]. Proc. of SPIE Conf. on Mobile Robots [C],Boston,1992,540-551.

[2] Dickmanns E D,et al. An integrated spatio-temporal approach to automatic visual guidance of autonomous vehicles [J]. IEEE Transactions on System,Man and Cybernetics,1990,20(6): 1273-1283.

[3] 杨欣欣. 智能移动机器人导航与控制技术研究 [D]. 北京:清华大学,1999.

[4] DeSantis R M. Modeling and path-tracking control of a mobile wheeled robot with a differential drive [J]. Robotica,1995,13: 401-410.

[5] Yang J M,et al. Sliding mode control of a nonholonomic wheeled mobile robot for trajectory tracking [A]. Proc. of the 1998 IEEE International Conf. on Robotics and Automation [C],Leuven,1998,2983-2988.

[6] Aguilar M,et al. Robust path-following control with exponential stability for mobile robots [A]. Proc. of the 1998 IEEE International Conf. on Robotics and Automation [C],Leuven,1998,3279-3284.

[7] Yang X X,et al. An intelligent predictive control approach to path tracking problem of autonomous mobile robot [A]. Proc. of the IEEE Int. Conf. On Sys. Man and Cybernetics [C],San Diego,1998,4: 3301-3306.

[8] Topalov A V,et al. Fuzzy-net control of nonholonomic mobile robot using evolutionary feed-back-error-learning [J]. Robotics and Autonomous Systems,1998,23(3): 187-200.

[9] Watanabe K,et al. A fuzzy-Gaussian neural network and its application to mobile robot control [J]. IEEE Transactions on Control Systems Technology,1996,4(2): 193-199.

[10] Fierro R,Lewis F L. Control of a nonholonomic mobile robot using neural networks [J]. IEEE Transactions. on Neural Networks,1998,9(4): 589-600.

[11] 吴晖. ALV 路径跟踪控制方法研究 [D]. 长沙:国防科技大学,1997.

[12] Crites R H,Barto A G. Elevator group control using multiple reinforcement learning agents [J]. Machine Learning,1998,33(2/3): 235-262.

[13] Whitley D,Dominic S,et al. Genetic reinforcement learning for neuro-control problems [J]. Machine Learning,1993,13: 259-284.

[14] 李友善,李军. 模糊控制理论及其在过程控制中的应用 [M]. 北京:国防工业出版社,1993.

[15] Scott G,Shavlik J W,Ray W H. Refining PID controllers using neural networks [J]. Neural Computation,1992,4: 746-757.

[16] Swiniaski R W. Novel neural network based self-tuning PID controller which uses pattern recognition technique [A]. Proc. of the 1992 American Control Conference [C],San Diego,1990:3023-3024.

[17] 徐昕,唐修俊. 实现 PID 参数自整定的遗传算法 FNN 控制器 [J]. 中南工业大学学报,1998,29: 337-340.

[18] Xu X,He H G,et al. Efficient reinforcement learning using recursive least-squares methods [J]. Journal of Artificial Intelligence Research,2002,16: 259-292.

[19] 马莉. 智能集成技术及其在工业窑炉中的应用方法研究 [D]. 长沙:中南大学,1998.

[20] Thomas H,Peng H,Tomizuka M. An experimental study on lateral control of a vehicle [A]. Proc. of American Control Conference (ACC) [C],Boston,1991:3084-3089.

[21] Campion G,et al. Structural properties and classification of dynamic models of wheeled mobile robots [J]. IEEE Transactions on Robotics and Automation,1996,12(1):47-62.

[22] Xu X,Hu D W,Lu X C. Kernel-based least-squares policy iteration for reinforcement learning [J]. IEEE Transactions on Neural Networks,2007,18(4):973-992.

[23] 张洪宇,徐昕,张鹏程,等. 一种双轮驱动移动机器人的学习控制器设计方法[J]. 计算机应用研究, 2009,26(6): 2310-2313.

[24] Lagoudakis M G,Parr R. Least-squares policy iteration [J]. Journal of Machine Learning Research, 2003,4: 1107-1149.

[25] Watanabe K,Izumi K. A fuzzy behavior-based control for mobile robots using adaptive fusion units [J]. Journal of Intelligent and Robotic Systems,2005,42(1): 27-49.

第 9 章　总结与展望

作为一个多学科交叉的研究领域,增强学习与近似动态规划的理论和方法在近年来得到了越来越多的关注。文献[1]从面向动态系统近似最优控制的自适应动态规划(adaptive dynamic programming)理论的角度出发,对相关领域的研究概况进行了综述评论,并且指出增强学习、近似动态规划、神经动态规划[2]和自适应动态规划等学术概念都是从不同角度、不同学科对序贯优化决策与控制问题求解方法的研究和探讨。文献[3]围绕解决动态规划的"维数灾难"问题,对近似动态规划理论和方法进行了深入探讨。与传统的动态规划理论与方法不同,增强学习与近似动态规划主要面向模型复杂(如具有大规模或连续状态与行为空间等)或不确定的 Markov 决策问题,强调数据驱动的自适应优化决策与控制。因此,在许多应用领域,如自主移动机器人、复杂动态系统优化控制、分布式自主系统等,增强学习与近似动态规划都具有广泛的应用前景,并且相关研究工作正在积极开展。

本书结合作者的研究工作,重点阐述了利用值函数与策略逼近机制求解大规模或连续空间 Markov 决策问题的增强学习与近似动态规划理论与算法,其中包括线性时域差值学习理论与算法、基于核的时域差值学习与近似策略迭代方法、采用值函数逼近器的梯度增强学习算法以及进化-梯度混合增强学习算法等。并且以移动机器人自主导航与控制为应用背景,探讨了增强学习和近似动态规划方法在移动机器人行为学习和运动控制器自学习优化中的应用。

目前,增强学习与近似动态规划理论与算法的研究虽然取得了可喜的研究进展,并且在一些实际问题中开始得到推广和应用,但现有的理论和算法仍然有待完善,还不能满足许多复杂系统优化控制问题的应用需求。概括来讲,未来一段时间,增强学习与近似动态规划的研究工作需要关注的重点和难点问题主要包括以下几个方面。

1) Markov 决策问题值函数逼近的自动特征选择

为实现增强学习在大规模或连续状态空间的泛化能力,值函数逼近是一个基本的技术途径。本书在有关章节深入探讨了有关增强学习的值函数逼近方法,但其中一个有待进一步解决的重要问题是如何有效地选择值函数逼近器的特征基函数。第 6 章研究的基于 ALD 的核稀疏化算法是实现基于核的特征构造的重要方法,并且保证了基于核的近似动态规划算法的学习效率。但核函数及其参数本身的选择仍然需要研究新的理论和算法。文献[4]研究了采用拉普拉斯框架的 Proto 值函数与表示策略迭代(representation policy iteration, RPI)算法,为基于扩散模型的自动基函数构造提供了一种有效方法,但针对大规模连续空间 Markov 决策问题值函数逼近问题的 Proto 值函数理论仍然有待完善。今后,如何进一步结合流形学习等理论成果研究增强学习与近似动态规划的基函数构造方法是值得关注的研究方向。

2) 高维复杂问题的空间分解方法与结构化增强学习

由于许多复杂优化决策问题具有高维状态与行为空间,如何通过对高维问题的结构化分解来简化问题空间、提高学习效率是推动增强学习和近似动态规划方法广泛应用的重要技术途径。利用对 Markov 决策过程空间的结构化分解或分层的思想是降低高维 Markov 决策过程计算复杂性的重要途径,也是结构化增强学习逐渐得到广泛关注的主要原因[5]。在不同 HRL 方法中,任务分解和问题表达方式有所不同,但其本质均可归结为划分任务并且抽象出系列子任务,学习在不同层次上分别进行。大多数 HRL 方法的抽象结构通常由专家直接设计确定,不具有自学习和自适应能力,在领域知识不完备或设计者经验不足时,学习效率会受到不同程度的影响,大规模问题的自动分层是解决该问题的途径之一,是目前 HRL 领域研究的一个热点。Hengst 研究了 HEXQ 技术,在一定条件下对离散空间问题进行了任务分层的自动学习[6]。近年来国内的有关学者对于结构化增强学习的分层方法也开展了研究[7],但仍然局限于离散空间的表达,且没有在实际应用问题中得到充分的应用验证。针对这些不足,今后 HRL 研究的发展趋势主要包括:具有高效的连续空间逼近与泛化能力的结构化增强学习方法、HRL 的自动分层理论与方法、基于部分感知 Markov 决策过程(POMDP)的 HRL 以及基于多 Agent 合作的结构化增强学习等,同时结构化增强学习在实际大规模复杂问题中的应用也是重要的研究方向。

3) 复杂动态系统优化控制的近似动态规划理论

由于许多复杂动态系统的优化控制问题通常可以建模为 Markov 决策过程,并且难以用传统的解析优化算法获得近似最优控制策略,因此增强学习与近似动态规划为复杂动态系统的优化控制提供了一种重要的研究途径,但同时也对相关理论与算法的研究也提出了一系列新的挑战。这些挑战问题包括:连续行为空间与连续时间 Markov 决策过程的增强学习与近似动态规划理论和算法、基于近似动态规划的学习控制系统稳定性分析、存在输入约束与外部干扰的鲁棒学习控制器设计等。最近的有关研究进展包括:用于大规模电力系统稳定性控制的直接 HDP 学习控制方法[8];直升机学习控制的近似动态规划方法[9];采用对策论描述框架的 HDP 与 DHP 学习控制结构等[10]。如何建立针对一般非线性系统优化控制的近似动态规划理论仍然是有待深入研究的课题。

4) 回报函数设计与 Shaping 理论

回报函数的设计对于增强学习算法的学习性能具有重要的影响,设计与实现能够融合领域先验知识的 Markov 决策过程回报函数成为近年来的一个研究方向。其中的一个研究热点是基于学习心理学的塑造(shaping)行为学习理论,研究增强学习中的回报 Shaping 理论和方法[11,12]。在回报 Shaping 中,一个重要概念就是回报时域(horizon)[13],即执行某个行为后获得回报准确评价值估计的延迟,显然如果回报函数设计得好,就可以具有较小的回报时域,加速学习收敛速度。在自主机器人控制中,有关学者已经对机器人行为学习的回报 Shaping 技术开展了初步研究,包括回报势函数等[14]。文献[12]在理论上证明了对于 Markov 决策过程的最优策略来说,在引入回报势函数后仍然是新的(具有不同回报函数的)Markov 决策过程的最优策略,即回报势函数不改变策略的最优性。文献[13]证明了引入回报势函数与采用先验知识初始化状态值函数是等价的,从而进一步说明,回报势函数方法类似于混合增强学习算法,能够通过领域知识将增强学习的计算搜索过程集中到较优的策略空间上。

5) 分布式自主系统的增强学习

在分布式自主系统中,如何实现不确定条件下分布自主系统的自配置和自优化是增强学习理论和应用面临的挑战课题。其中有代表性的就是网络计算系统的分布式自主优化决策和协同控制,如大规模计算网格(grid)中的资源分配和调度[15]、电子商务系统中的个性化自适应推荐软件[16]等。在这些分布式系统应用中,环境的不确定性更加复杂,往往存在具有不同的局部观测状态、不同决策和优化目标的多个分布式 Agent,因此传统增强学习的 Markov 决策过程模型就不能简单推广到分布式增强学习的情形。近年来,基于 Markov 对策(Markov game)模型,分布式增强学习算法得到越来越广泛的研究[17],但还有若干关键性的问题有待解决,其中包括:①大规模空间 Markov 对策的求解效率问题。与单个 Agent 的增强学习算法类似,分布式增强学习也需要研究解决大规模空间应用中的计算效率和泛化性能问题,虽然单 Agent 独立增强学习的值函数与策略逼近方法已经取得许多研究成果,但多 Agent 系统中分布式增强学习的高效逼近算法和理论还很有待完善。②已有分布式增强学习算法往往存在 Nash 均衡点不唯一时算法收敛性难以保证的缺点,并且已有的收敛性分析通常是基于自我对弈(self-play)的假设。研究具有良好收敛性保证与学习效率的分布式增强学习算法是今后的一个重要研究课题。

6) 增强学习与近似动态规划在实际优化控制问题中的应用

目前,增强学习与近似动态规划方法在一些实际系统中得到逐步推广应用,如导弹系统控制[18]、飞机自动驾驶系统[19]、电力系统控制[20]、通信系统[21]和生物化学过程[22]等。可以预计,增强学习与近似动态规划今后将在更多的复杂优化决策与控制问题中得到广泛应用。其中一个值得注意的方向是平行控制(parallel control)思想的提出[23]。所谓平行控制,是指利用人工模拟系统对现实世界的复杂系统进行仿真和优化控制,在人工模拟系统环境中利用智能优化算法进行控制策略优化,并且这种策略优化与现实世界的复杂系统控制可以平行执行,优化获得的控制策略能够用于实际系统的控制并且通过对比分析不断迭代更新,即具有"人工系统＋计算试验＋平行执行"(artificial systems＋computational experiments＋parallel executions,ACP)的特点。目前,平行控制的有关成果开始在复杂工业生产过程与交通系统控制中得到应用,取得较好效果。结合平行控制的思想,增强学习与近似动态规划理论与技术将在现实世界复杂系统优化决策与控制中发挥重要的作用,成为推动国民经济和社会发展的一项关键技术。

参 考 文 献

[1] Wang F Y, Zhang H G, Liu D R. Adaptive dynamic programming: An introduction [J]. IEEE Computational Intelligence Magazine, 2009:39-47.

[2] Powell W B. Approximate Dynamic Programming: Solving the Curses of Dimensionality [M]. New Jersey: Wiley, 2007.

[3] Bertsekas D P, Tsitsiklis J N. Neuro-Dynamic Programming [M]. Belmont: Athena Scientific, 1996.

[4] Mahadevan S, Maggioni M. Proto-value functions: A Laplacian framework for learning representation and control in Markov decision processes [J]. Journal of Machine Learning Research, 2007, 8: 2169-2231.

[5] Ghavamzadeh M, Mahadevan S. Hierarchical average reward reinforcement learning [J]. Journal of Machine Learning Research, 2007,8:2629-2669.

[6] Hengst B. Discovering Hierarchy in Reinforcement Learning [D]. Sydney: University of New South Wales, 2003.

[7] 沈晶. 分层强化学习方法研究 [D]. 哈尔滨:哈尔滨工程大学,2006.

[8] Lu C, Si J, Xie X. Direct heuristic dynamic programming for damping oscillations in a large power system [J]. IEEE Transactions Systems, Man, and Cybernetics-Part B, 2008, 38(4): 1008-1013.

[9] Enns R, Si J. Apache helicopter stabilization using neural dynamic programming [J], J. Guid. Control Dyn. , 2002, 25(1): 19-25.

[10] Al-Tamimi A, Abu-Khalaf M, Lewis F L. Adaptive critic designs for discrete time zero-sum games with application to H-∞ control [J]. IEEE Transactions on Systems, Man, Cybernetics-Part B, 2007, 37 (1): 240-247.

[11] Saksida, L, Raymond S, Touretsky D. Shaping robot behavior using principles from instrumental conditioning [J]. Robotics and Autonomous Systems, 1998, 22, 231-249.

[12] Ng A, Harada D, Russell S. Policy invariance under reward transformations: Theory and application to reward shaping [A]. Proceedings of the Sixteenth International Conference on Machine Learning [C], Bled:Morgan Kaufmann, 1999:278-287.

[13] Wiewiora E. Potential-based shaping and Q-value initialization are equivalent [J]. Journal of Artificial Intelligent Research, 2003, 19: 205-208.

[14] Laud A,DeJong G. Reinforcement learning and shaping:Encouraging intended behaviors [A]. Proceedings of the Nineteenth International Conference on Machine Learning [C],Bled:Morgan Kaufmann, 2002:355-362.

[15] Galstyan A, Czajkowski K, Lerman K. Resource allocation in the grid using reinforcement learning [A]. Proceedings of the Third International Joint Conference on Autonomous Agents and Multiagent Systems [C], New York, 2004:1314-1315.

[16] Felix H, Elena G, Jesus G B. A reinforcement learning approach to achieve unobtrusive and interactive recommendation systems for Web-based communities [A]. International Conference on Adaptive Hypermedia and Adaptive Web-based Systems[C], The Netherlands, 2004:409-412.

[17] Buşoniu L, Babuška R, Schutter B. A comprehensive survey of multiagent reinforcement learning [J]. IEEE Transactions on Systems, Man, and Cybernetics-Part C: Applications and Reviews, 2008, 38 (2):156-172.

[18] Bertsekas D P, Homer M L, Logan D A, et al. Missile defense and interceptor allocation by neuro-dynamic programming [J]. IEEE Transactions Systems, Man, and Cybernetics-Part A, 2000, 30(1): 42-51.

[19] Ferrari S, Stengel R F. Online adaptive critic flight control [J]. J. Guid. Control Dyn. , 2004, 27(5): 777-786.

[20] Mohagheghi S, Valle Y D, Venayagamoorthy G K, et al. A proportional-integrator type adaptive critic design-based neurocontroller for a static compensator in a multi-machine power system [J]. IEEE Trans. Ind. Electron. , 2007, 54(1):86-96.

[21] Liu D, Zhang Y, Zhang H. A self-learning call admission control scheme for CDMA cellular networks [J]. IEEE Transactions on Neural Networks, 2005, 16(5):1219-1228.

[22] Iyer M S, Wunsch D C. Dynamic re-optimization of a fed-batch fermentor using adaptive critic designs [J]. IEEE Transactions on Neural Networks, 2001, 12(6): 1433-1444.

[23] 王飞跃. 平行系统方法与复杂系统的管理和控制 [J]. 控制与决策, 2004, 19(5):485-489.